晶体管电路设计

陈石平 编著

科学出版社

北京

内 容 简 介

晶体管是硬件电路设计的主要元器件，晶体管电路设计是决定系统性能的关键因素，掌握晶体管电路设计对于硬件电路设计人员具有非常重要的现实意义。

本书总结作者在硬件电路设计、研究领域的相关成果，介绍晶体管电路设计的理论分析、实用电路和模拟仿真。主要内容包括晶体管基础知识、晶体管开关电路、组合负载开关电路、电平转换电路、电源切换电路、防反接保护电路、开关机电路、过欠压保护电路、晶体管应用电路及低功耗设计。本书对部分电路使用Multisim 14.0软件进行模拟仿真、实物PCB制作和实测验证，方便读者深入理解书中内容。

本书可供高等院校计算机、通信、电子信息、自动化等相关专业师生阅读，也可作为相关技术人员的参考书。

图书在版编目（CIP）数据

晶体管电路设计/陈石平编著. —北京：科学出版社，2024.1
ISBN 978-7-03-077054-7

Ⅰ.①晶… Ⅱ.①陈… Ⅲ.①晶体管电路–电路设计 Ⅳ.①TN710.2

中国版本图书馆CIP数据核字（2023）第221828号

责任编辑：孙力维 杨 凯/责任制作：周 密 魏 谨
责任印制：肖 兴/封面设计：张 凌
北京东方科龙图文有限公司 制作

科学出版社 出版
北京东黄城根北街16号
邮政编码：100717
http://www.sciencep.com
天津市新科印刷有限公司 印刷
科学出版社发行 各地新华书店经销
*
2024年1月第 一 版 开本：787×1092 1/16
2024年1月第一次印刷 印张：15 1/2
字数：290 000

定价：58.00元
（如有印装质量问题，我社负责调换）

前　言

　　电子产品离不开分立元器件，晶体管是硬件电路设计的主要元器件。在电路设计过程中，晶体管电路设计是决定系统性能的关键因素。因此，如何利用分立元器件进行新颖的电路设计，是硬件工程师十分重视的研究课题。

　　近年来，IC（集成电路）的发展日新月异，IC在电路的性能、功耗、体积、复杂度等方面更具优势。但是，晶体管仍然是电子电路的基本器件，也是电路设计的基础，只有牢固掌握晶体管的知识，才能对电路有更深入的理性认识，从而设计出优异的电路。晶体管具有灵活多样、不受IC设计约束等特点，可以设计出性能超越IC的电路，晶体管电路的设计空间更加广泛。即便在IC如此流行的当下，熟练掌握晶体管电路设计依然具有非常重要的现实意义。

　　作者总结多年从事硬件电路设计、研究的相关成果，经过多次修正和补充完成本书。全书分为10章，第1章介绍晶体管基础知识，着重介绍MOS管的相关知识。第2章~第8章分别介绍晶体管开关电路、组合负载开关电路、电平转换电路、电源切换电路、防反接保护电路、开关机电路、过欠压保护电路。第9章介绍晶体管应用电路。第10章介绍低功耗设计。全书对部分电路使用Multisim 14.0软件进行模拟仿真、实物PCB制作和实测验证，有助于读者进一步理解和掌握电路设计相关知识。作者希望读者通过学习本书，掌握晶体管的基本理论分析、电路识别和电路设计方法，为从事晶体管技术的研究、开发等工作奠定扎实的理论及实践基础。

　　本书的编写得到广东科贸职业学院钱英军教授、朱冠良副教授、王磊副教授、李烁瀚助理实验师及海格通信廖丁毅高级工程师等同仁的帮助，提出了很多宝贵意见。在本书编写过程中，郑延钊、陈金杰、郑彪、冯俊劼等同学也提出了宝贵建议，在此一并致以衷心感谢。由于作者水平有限，书中难免存在不足之处，恳请广大读者给予批评指正。

陈石平

2023年10月于广州

目 录

第1章 晶体管

1.1 晶体管分类

晶体管（transistor）泛指一切以半导体材料为基础的单一元件，包括各种固体半导体材料制成的二极管（两个端子）、晶体三极管、场效应管、晶闸管（后三者均为三个端子，简称三极管）等，有时特指双极性结型器件（晶体三极管），具有放大、开关、检波、整流、稳压、调制等多种功能，是现代电子产品的关键元器件。

晶体管具有从"低电阻输入"到"高电阻输出"特性，发明者将其取名为 trans-resistor（转换电阻），后来缩写为 transistor，是 transfer（转移、变换）和 resistor（电阻）两个单词的组合，直接翻译过来就是"阻抗变换器"，我国著名科学家钱学森，将其中文译名定为晶体管。

按照时间顺序，人类先后发明了热离子二极管、热离子真空三极管、半导体二极管、结型场效应晶体管（FET 管）、双极性结型晶体管（BJT 管）和金属 – 氧化物 – 半导体场效应晶体管（MOSFET 管）。

2016 年，劳伦斯伯克利国家实验室的一个团队打破了物理极限，将当时最顶尖的晶体管制程从 14nm（纳米）缩减到了 1nm，实现了晶体管加工技术的一大突破。

根据载流子种类，晶体管可分为双极性结型晶体管（电子和空穴）和单极型场效应晶体管（电子或空穴），电子为负电荷，空穴为正电荷。本书后续内容中的晶体管主要指双极性结型晶体管。

晶体管从器件性能上分为 BJT 管（NPN 管、PNP 管）、FET 管（N 沟道、P 沟道，均为耗尽型）、MOS 管（N 沟道、P 沟道，每种沟道还分为增强型和耗尽型）、MES 管、VMOS 管、DMOS 管、BiMOS 管等。

晶体管从功能上分为通用型、开关型、射频型、功率型、高压型等。

晶体管从材料上分为硅管、锗管等，本书主要涉及硅管。

1.2　二极管

1.2.1　二极管特性

1. 基本结构特性

晶体二极管（diode）简称二极管，将 PN 结半导体在 P 区和 N 区各引出一条金属线，分别称为正极和负极，封装后加工成一个普通二极管。P 区半导体端的端子称为 anode（缩写为 A，阳极、正极），N 区半导体端的端子称为 cathode（缩写为 C，阴极、负极）。P 型半导体的空穴浓度大于自由电子浓度，故称空穴为多数载流子（简称多子），自由电子为少数载流子（简称少子），空穴是导电的主体。N 型半导体的自由电子浓度大于空穴浓度，故称自由电子为多数载流子（简称多子），空穴为少数载流子（简称少子），自由电子是导电的主体。空穴是半导体区别导体的一个重要特征，空穴在外电场的作用下，也可以自由地在晶体中运动，和自由电子一样参与导电。温度升高，将产生更多的电子空穴对，载流子浓度升高，半导体导电能力增强。

在一定温度条件（室温）下，半导体中本征激发产生的自由电子与空穴始终处于一种平衡状态，自由电子（空穴）浓度约为 $1.45 \times 10^{10}/cm^3$，两者浓度之积为一常数（类似于 pH 值正负离子浓度之积为常数）。掺入五价元素（如磷）后，半导体中的自由电子浓度升高，相应的空穴的浓度急剧降低，本征激发产生的载流子远少于掺杂产生的载流子，其导电性能主要取决于掺杂程度。在室温（300K）下，硅材料内的电子迁移率约为 $1500cm^2/（V \times s）$，空穴迁移率约为 $475cm^2/（V \times s）$，也就是说，在给定的电场，硅材料内的电子迁移率约为空穴迁移率的 3 倍。迁移率反映了载流子的移动速度，由于空穴移动受到共价键的约束，在相同的条件下，空穴移动速度比自由电子要慢，在数字电路或者高频模拟电路中，基于自由电子导电的器件性能优于基于空穴导电的器件。

2. 伏安特性

二极管伏安正向特性：硅管产品与 PN 结一样，具有单向导电性，正向导通时，需要克服 PN 结内电压。外加正向电压等于内电压时才会出现电流，这个电压称作开启（死区）电压 $V_{F(ON)} = 0.5V$；电压继续增大到导通电压 $V_{F(TH)} = 0.6 \sim 0.7V$，当正向电压大于导通电压时，电流呈指数级上升，增加很快，导通电流可达数安。由于二极管存在半导体体电阻和引线电阻，外加相同的正向电压和电流时，二极管的电压压降略大于 PN 结，在大电流的情况下，二极管压降更加明显。理想二极管导通电阻为 0Ω、无导通压降。

二极管伏安反向特性：二极管反向截止时，存在反向饱和电流 I_S，外加反向电压 V_R 时反向（倒灌）电流 I_R 比 PN 结大一点，硅材料的反向饱和电流 I_S 小于 100nA，可以认为二极管处于断开状态。反向电压没有达到反向击穿电压时，二极管的电流一直等于反向饱和电流。当反向电压增大到一定程度（击穿电压），二极管被反向击穿，电流急剧增大。反向击穿分为齐纳击穿（击穿电压多在 6V 以下，掺杂浓度比较高的 PN 结，如稳压管）和雪崩击穿（击穿电压多在 6V 以上，掺杂浓度比较低的 PN 结，如整流管）两种，二者击穿电压的温度系数刚好相反，前者为负（温度越高击穿电压越低）、后者为正（温度越高击穿电压越高）。例如，稳压二极管就是工作在反向击穿区，只要反向电流和反向电压的乘积不超过 PN 结容许的功耗，撤去反向电压，稳压二极管还能恢复原状态；反之反向击穿的功耗过大会损坏二极管（热击穿），电击穿与热击穿概念不同，两种击穿往往共存，稳压管利用的是电击穿，应该尽量避免热击穿。理想二极管，不论反向电压多大，都无反向电流。

正向电压小于开启电压 0.5V 时，只有很微弱的电流经过二极管，近似认为 $I_D = 0$；正向电压大于 0.5V，I_D 非线性地增大；反向电压 V_R 向负方向增大时，二极管的饱和电流 I_S 在某个值达到饱和，且不会再超过此值，反向饱和电流非常小，对于分立元器件，其典型值通常在 $10^{-14} \sim 10^{-8}$A，是一个非常重要的参数，集成电路中二极管 PN 结的 I_S 值更小。PN 结施加反向电压，会形成反向电流，电流很小，在近似分析中常常忽略不计，认为 PN 结外加反向电压时处于截止状态。

二极管的伏安特性存在 4 个区：截止区、正向导通区、反向截止区、反向击穿区。

（1）截止区：正向电压小于开启电压。

（2）正向导通区：正向电压超过导通电压时二极管导通，硅管导通电压为 0.6 ~ 0.7V，锗管导通电压为 0.2 ~ 0.3V。

（3）反向截止区：施加一定反向电压时二极管截止。

（4）反向击穿区：当反向电压大于二极管反向击穿电压时，二极管被击穿。

3. 温度特性

二极管对温度特别敏感，温度增加正向压降减小、反向电流增加。室温附近，正向电流不变，温度每增加 1℃，正向压降降低 2 ~ 2.5mV；温度每增加 10℃，反向电流 I_R 增加约一倍。

4．单向导通特性

二极管具有单向导通特性，正常工作时电流只能从阳极流向阴极，阴极到阳极几乎没有电流流过（施加反向电压时存在微弱电流）。若把电流比喻成水流，阳极是上游（高水位），阴极是下游（低水位），水能从上游流到下游，即电流能从阳极流向阴极；水流不能从下游流到上游，电流也无法从阴极流向阳极，这便是二极管的整流作用。

5．二极管的主要参数

二极管的主要参数有最大整流电流、最高反向工作电压、反向电流、最高工作频率、累积效应等。

（1）最大整流电流 I_F：二极管长期运行允许通过的最大正向平均电流，电流过大会导致 PN 结温度升高，电流超过 I_F 会损坏 PN 结。

（2）最高反向工作电压 V_R：允许施加的最大反向工作电压，反向电压超过 V_R 二极管可能损坏，正常工作时稳妥的降额因数为 80%（一般推荐为 66% ~ 50%）。

（3）反向电流 I_R：I_R 越小，二极管的单向导电性能越好，I_R 对温度非常敏感，温度增加反向电流明显增加。由于二极管存在表面漏电流，总的反向电流比不封装的 PN 结反向电流大。

（4）最高工作频率 f_M：由于 PN 结存在电容效应，二极管外加电压极性翻转时，其工作状态不能瞬间变化，特别是正向偏置转为反向偏置时，翻转后有较大的反向电流，经过一定时间后电流才会变小，即反向恢复时间比较长，其主要原因就是扩散电容的影响，因此扩散电容越小，反向恢复时间越短，二极管工作频率越高。

（5）少数载流子累积效应：PN 结施加电压的方向从正向变为反向时，少数载流子会停止输入，少数载流子被输入到 N 型半导体中，空穴并非瞬间消失，而是缓慢移向 P 型半导体。施加逆向电压的瞬间会出现短时间的反向电流。

二极管作为一种非线性电阻器件（元件），随着电流的增大，正向压降也增大；多个二极管并联封装的二极管，正向压降比单管更低，但反向电流会增大。二极管用途广泛，低频电路中用于开关、整流、限幅、钳位、稳压等处理和变换，高频电路中用于检波、调幅、混频等频率变换。二极管在不同的静态工作点具有不同的静态电阻。多个同型号的二极管并联并不能使二极管导通压降 V_F 减小，但是可以增强导通电流的能力。

二极管的模型包括理想模型（$V_F = 0$，$I_R = 0$）、恒压降模型（$V_F = V_{F(ON)}$，$I_R = 0$）、折线模型（$V_F = V_{F(ON)}$，$I_R = 0$，串联静态电阻 r_D）。

由于制造工艺有限，半导体的元器件参数具有一定的离散性，同厂家同一批次同型号的晶体管也会有一定的区别，晶体管手册只给出了参数的最大值、最小值、典型值。使用时应该特别注意参数的测试条件，工作条件不同于测试条件时，参数一般会发生变化。

1.2.2 二极管分类

1. 齐纳二极管

齐纳二极管（Zener diode），又称稳压二极管，简称稳压管，是一种基于硅材料用特殊工艺制造的面接触型二极管，一种专门工作在反向击穿状态的二极管。齐纳二极管的正向特性与普通二极管一样呈指数曲线；在反向击穿区，在一定的工作电流范围内，击穿区的曲线很陡，几乎平行于纵轴，阴极端电压几乎不变，表现出稳压特性。齐纳二极管 PN 结面积较大，能够通过比较大的电流，其结电容较大，工作频率较低，用于稳压电源和限幅电路中。一般来说，PN 结掺杂浓度越高，电荷密度越大，反向击穿电压就越低，齐纳二极管就是根据这一原理制成的，一般工作于反向偏置电压。只要控制反向电流在一定范围内，齐纳二极管不会因为过热而损坏，正常使用时，为了保护齐纳二极管，需要串联一个限流电阻。

齐纳二极管工作时，负极接高电平，利用 PN 结反向击穿状态，其电流可在一定范围内变化而电压基本保持不变，主要是起稳压作用。齐纳二极管是一种直到临界反向击穿电压前都具有很高电阻的半导体器件。到临界击穿点时，反向电阻降低，在这个低电阻区中齐纳二极管电流增加而电压保持恒定，齐纳二极管是根据击穿电压来区分的，可用作为稳压器或电压基准元件。串联起来可以在较高的电压上使用，获得更高的稳定电压。

齐纳二极管的主要参数有稳定电压、最小稳定电流、最大稳定电流、动态电阻等。

（1）稳定电压 V_Z：规定电流下的反向击穿电压，具有一定的离散性，不同齐纳二极管 V_Z 存在一定的差别。

（2）稳定电流 I_Z：工作在稳定状态时的参考电流 I_Z，I_Z 低于最小稳定电流 $I_{Z(MIN)}$，稳压效果变差；I_Z 大于最大稳定电流 $I_{Z(MAX)}$ 会损坏齐纳二极管，因此稳压电路中必须串联一个限流电阻来限制工作电流,从而保护齐纳二极管正常工作,限流电阻阻值必须合适,齐纳二极管才会稳定工作。

(3)额定功耗 P_{ZM}:稳定电压 V_Z 与最大的稳定电流 $I_{Z(MAX)}$ 之积,超过此值 PN 结温度升高而损坏齐纳二极管。

(4)动态电阻 r_z:工作在稳定区时,端电压变化量与电流变化量之比,r_z 越小齐纳二极管越稳定。

(5)温度系数 α:温度每变化 1℃稳定电压的变化量,稳定电压小于 4V 属于齐纳击穿,具有负温度系数,稳定电压大于 7V 属于雪崩击穿,具有正温度系数,介于两者之间的齐纳二极管温度系数非常小,近似为 0。

齐纳二极管的主要缺点是噪声大、击穿电压值离散。

2. 肖特基势垒二极管

肖特基势垒二极管(Schottky barrier diode,SBD),简称肖特基二极管,不是利用 PN 结原理制作的,而是以金属(铝、金、镍、钛等)为正极、N 型半导体为负极,利用二者接触面上形成的势垒具有整流特性而制成的一种半导体器件,是一种热载流子二极管,正向压降低,为 0.2 ~ 0.3V。不足之处是反向击穿电压比较低,大多数不高于 60V,最高仅 300V。碳化硅(SiC)功率器件由于具有很强的击穿电场而具有很高的击穿电压,商用的碳化硅肖特基二极管击穿电压可达 600V,可以替换肖特基二极管。肖特基二极管反向电流比普通 PN 结要大,导通电流小的肖特基二极管反向电流一般会小点;温度越高肖特基二极管反向电流越大,因此对反向电流敏感的场合(特别是高温环境)尽量避免使用肖特基二极管。由于金属侧没有少数载流子输入,不存在少数载流子在 PN 结附近的累积和消散效应,肖特基二极管电容效应影响非常小,开关动作速度非常快。肖特基二极管主要用作整流二极管、续流二极管、保护二极管等,在低电压、大电流的领域,如开关电源、变频器、逆变器、高频微波通信等广泛应用。

3. 瞬态电压抑制二极管

瞬态电压抑制二极管(transient voltage suppression diode,TVS),简称 TVS 管,在规定的反向电压工作条件下,当承受一个高能量的瞬时过压脉冲时,其工作阻抗能立即降至很低的导通值,电容比较高,吸收能量大,钳位电压低,反应快,可靠性高,适合浪涌防护,是一种二极管形式的高效能保护低压器件,允许大电流通过,并将电压钳制到预定水平,从而有效地保护电子线路、信号线路中的精密元器件免受损坏。作为限压型的过压保护器件，TVS 管以 ps（10^{-12}s，皮秒）级的速度把过高的电压限制在一个安全范围之内，从而起到保护后级电路。双向 TVS 管适用于交流电路，单向 TVS 管一般用于直流电路。

4. 发光二极管

发光二极管（light emitting diode，LED），简称 LED，使用直接跃迁型半导体掺杂高浓度杂质，其正向导通电压大于普通二极管。普通硅管的正向导通电压为 0.6 ~ 0.7V（锗管为 0.2 ~ 0.3V）。红色 LED 的正向导通电压为 1.7 ~ 2.5V、绿色 LED 为 2 ~ 2.4V、蓝色 LED 为 1.9 ~ 2.4V、蓝白 LED 为 3.0 ~ 3.8V，工作电流为 2 ~ 20mA，一般不超过额定电流，如果电流超过额定值，LED 会迅速发热引起严重光衰，甚至直接损坏，高亮的 LED 电流可能超过 100mA。发光二极管除发光外的另外一种应用是信号变换，用于光纤通信。

5. 快恢复二极管

快恢复二极管（fast recovery diode，FRD），简称 FRD 管，是近年来问世的新型半导体器件，具有开关特性好、反向恢复时间短、正向电流大、体积小、安装简便等优点，主要应用于继电器、开关电源、脉宽调制器、变频器等电子电路中，作为高频整流二极管、续流二极管或阻尼二极管使用。

6. 静电二极管

静电二极管（electro static discharge diode），简称 ESD 二极管，采用层叠结构，具有极低的电容特性，吸收能力小，但反应速度快，适合静电场合。ESD 二极管并联在电路中，当电路的瞬态电压超过电路的正常工作电压，并达到 ESD 二极管的工作电压时，ESD 二极管发生雪崩，瞬间将电路的静电释放到地，使被保护的电路免遭静电冲击，防止超额电压或电流损坏电路器件。

7. 开关二极管

半导体二极管导通时相当于开关闭合（电路导通），截止时相当于开关打开（电路断开），所以二极管可用作开关，常用型号为 1N4148。半导体二极管正向导通状态的电阻很小，只有几十欧至几百欧；反向截止状态的电阻很大，一般硅管在 10MΩ 以上。利用正向导通、反向截止特性，二极管在电路中起到控制电路接通或关断的作用，成为一个理想的电子开关。

电路中二极管常用符号如图 1.1 所示。此外还有变容二极管、恒流二极管、光敏二极管、激光二极管、太阳能电池等，不一一举例。

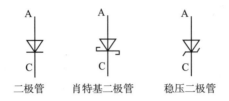

二极管　　肖特基二极管　　稳压二极管

图 1.1　常用二极管符号示意图（A：阳极，C：阴极）

1.3　双极性结型晶体管

1.3.1　工作原理

双极性结型晶体管（bipolar junction transistor，BJT），简称晶体管，又常称双载流子晶体管、三极管（triode）。它是通过一定的工艺将两个 PN 结联结在一起的器件，导电过程涉及自由电子和空穴两种载流子的流动，有 PNP 管和 NPN 管两种结构。自由电子移动速度要大于空穴移动速度，故利用自由电子导电的 NPN 管要比利用空穴导电的 PNP 管动作速度快很多。NPN 管基极（P区）很薄且掺杂浓度较低，有利于载流子的导通；发射极（N 区）面积较小、掺杂浓度很高，有利于载流子的发射；集电极（N 区）面积较大、掺杂浓度很低，有利于载流子的收集。晶体管发射区、基区和集电区的典型掺杂浓度分别为 $10^{19}/\mathrm{cm}^3$、$10^{17}/\mathrm{cm}^3$、$10^{15}/\mathrm{cm}^3$。

NPN（PNP）管中间的 P 区（N 区）很薄，电子或空穴载流子在电场的作用下从发射极"越狱"穿过基极跑向集电极。

双极性结型晶体管是一种电流型电子元器件，由输入端（基极）电流 I_B 控制输出端（集电极）与发射极（公共端）之间的电流，对 NPN 管来说，基极与发射极之间的二极管等效于电流计，一直监测基极与发射极的电流，并控制（放大）集电极与发射极之间的电流 I_C（$I_\mathrm{C} = h_\mathrm{FE} \times I_\mathrm{B}$，$h_\mathrm{FE}$ 为晶体管的直流电流增益，数值为几十至数百），工作原理如图 1.2 所示；对 PNP 管来说，发射极与基极之间的二极管等效于电流计，一直监测发射极与基极的电流，并控制（放大）发射极与集电极之间的电流 I_E。

直流电流增益 $h_\mathrm{FE}(\beta)$ 是离散性非常大的参数，即使是同型号的晶体管，h_FE 最大值与最小值之比也可达 5 ~ 10，很多厂家需要根据 h_FE 对晶体管进行分类、分档销售。

NPN 管等效电路如图 1.3 所示，基极与发射极之间等效为一个二极管，晶体管的箭头符号表示二极管的电流流动方向，基极与发射极之间压降与二极管相同，NPN 管的导通阈值电压 $V_{BE(TH)}$ 为 0.6 ~ 0.7V，与普通二极管的导通电压一致。

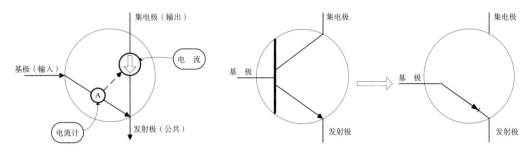

图 1.2　NPN 管工作原理　　　　图 1.3　NPN 管等效电路

NPN 管开关等效电路如图 1.4 所示，截止状态电流 I_B 和 I_C 为 0，等效电路如图 1.4(a) 所示；饱和导通状态的等效电路如图 1.4(b) 所示，$V_{BE(TH)}$ 为基极与发射极之间的导通阈值电压，$V_{CE(SAT)}$、$R_{CE(SAT)}$ 分别为集电极与发射极之间的饱和导通电压（通常为 0.2 ~ 0.3V）、饱和导通内阻（通常为几欧到几十欧）。如果电源电压远大于 $V_{CE(SAT)}$，外部的负载电阻也远大于 $R_{CE(SAT)}$，可以将饱和导通状态的等效电路简化为图 1.4(c) 的形式。

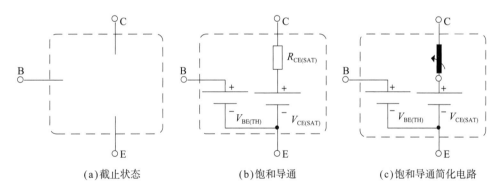

(a)截止状态　　　　　　(b)饱和导通　　　　　(c)饱和导通简化电路

图 1.4　NPN 管开关等效电路（B：基级，C：集电极，E：发射极）

NPN 管（硅管）开启（死区）电压 $V_{ON} \approx 0.5V$，导通阈值电压 $V_{BE(TH)} =$ 0.6 ~ 0.7V，有四种工作状态：截止状态、放大状态、饱和状态、倒置状态，见表 1.1。

从晶体管的结构示意图来看，晶体管的集电极和发射极都是 PN 结，二者是对称的，没有本质上的区别，但是实际的晶体管绝不是对称结构，集电极和发射极掺杂浓度相差很大（典型浓度比约为 10^4），发射极的杂质浓度要比集电极的杂质浓度高很多，反向偏置电压 $|V_{CBO}| > |V_{EBO}|$。实际的晶体管发射极

反向电压 $|V_{\text{EBO}}|$ 为 7 ～ 10V，利用这个性质，晶体管也可以作为稳压二极管使用。

表 1.1　NPN 管的工作状态

工作状态	工作条件	电路特点
截止状态	发射结电压小于开启电压，集电结反向偏置，$V_{\text{BE}} \leqslant V_{\text{ON}}$，$V_{\text{BC}} < 0\text{V}$	$I_{\text{B}} = 0$，穿透电流 $I_{\text{CEO}} < 1\mu\text{A}$，$I_{\text{CEO}}$ 越小性能越稳定，常用于数字开关电路
放大状态	发射结正向偏置，集电结反向偏置，$V_{\text{BE}} > V_{\text{ON}}$，$V_{\text{BC}} \leqslant 0\text{V}$	电流放大 $I_{\text{C}} = h_{\text{FE}} \times I_{\text{B}}$，用于模拟电路
饱和状态	发射结正向偏置，集电结正向偏置，$V_{\text{BE}} > V_{\text{ON}}$，$V_{\text{BC}} > 0\text{V}$	$V_{\text{CEQ}} < V_{\text{CE(SAT)}} = 0.2 \sim 0.3\text{V}$（饱和电压），常用于数字开关电路
倒置状态	原来为放大状态，发射极和集电极互换位置后，发射结反向偏置，集电结正向偏置，$V_{\text{BC}} \geqslant 0.6\text{V}$，$V_{\text{BE}} < 0\text{V}$	放大倍数严重下降，用于集成逻辑电路（TTL 反相器）等

集电极和发射极互换构成倒置状态，一般不会损坏晶体管，但放大倍数严重下降。倒置状态的反向偏置电压 $|V_{\text{EBO}}|$ 比较小，电压过大时，容易发生发射结击穿。因此实际的晶体管，集电极和发射极不能互换使用。

晶体管的基极 – 发射极和集电极 – 发射极之间存在结电容，晶体管的截止状态与饱和导通状态相互转换时，内部电荷的存储和释放需要一定时间，集电极输出电压 V_{O} 的变化将滞后于输入电压 V_{I}。为了降低功耗和得到尽可能低的输出电压，需要将晶体管设置为饱和导通状态，而饱和导通状态的电荷存储效应是产生电路传输延迟的最主要原因。

1.3.2　温度对晶体管的影响

温度对晶体管有一定的影响，温度每增加 10℃，发射极开路时集电结的反向饱和电流 I_{CBO} 增加约为一倍，反之温度降低 I_{CBO} 减小。

与二极管伏安特性曲线类似，温度升高，晶体管输入特性曲线左移，反之右移。$|V_{\text{BE}}|$ 具有负温度特性，温度每增加 1℃，I_{B} 不变，$|V_{\text{BE}}|$ 降低 2 ～ 2.5mV；换言之，若 V_{BE} 不变，温度升高，I_{B} 增加，反之 I_{B} 减小。

对输出而言，温度升高，I_{CEO}、h_{FE} 增大，晶体管输入特性曲线左移，集电极电流增加。

1.3.3　数字晶体管

数字晶体管（digital transistor），也称偏置电阻晶体管（bias resistor transistor），并没有采用任何数字技术，只是将电阻和晶体管集成封装在一起。数字晶体管与普通晶体管差别不大，仅仅内置了一个或两个电阻，有的仅在基极上串联一个限流电阻 R_1，有的在基极与发射极之间并联一个偏置电阻 R_2，有的同时使用 R_1 和 R_2。同一个晶体管根据电阻 R_1、R_2 不同阻值可加工成不同型号的数字晶体管，因此，数字晶体管的种类繁多。与普通晶体管相比，数字晶体管的输入与输出呈线性关系，而且工作状态稳定，常用作数字电路的反相器等，数字晶体管集成了电阻，减少了电路使用元器件的数量，节省了物理空间，缩小了 PCB 面积，省去了布局布线操作，特别适合空间受限的手持设备。NPN型数字晶体管及其等效电路如图 1.5 所示，使用过程中 V_O 需要外接上拉电阻。

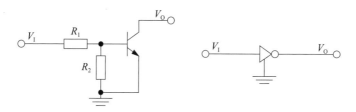

图 1.5 NPN 型数字晶体管及其等效电路

乐山无线电股份有限公司研制的数字晶体管 LMUN5311DW1T1G 集成了 NPN 管和 PNP 管（图 1.6(a)），江苏长电科技股份有限公司（简称江苏长电）研制的数字晶体管 UMH3N 集成了两个 NPN 管（图 1.6(b)）。

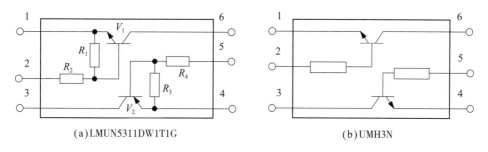

(a)LMUN5311DW1T1G (b)UMH3N

图 1.6 数字晶体管

数字晶体管具有放大和开关作用：

（1）用作放大时，注入基极电流 I_B，在集电极就能够获得放大 h_FE 倍的集电极电流 I_C。在电路应用中，通过输入信号持续控制集电极电流，可得到放大 h_FE 倍的输出电流。

（2）用作开关时，数字晶体管导通时，电气性能处于饱和状态（集电极 – 发射极间的饱和电压），获得最佳性能。

1.3.4 达林顿晶体管

达林顿晶体管（Darlington transistor，DT），简称达林顿管，又称复合管，是将两个晶体管在内部实现连接，并集成限流电阻和偏置电阻，组成一个新的等效晶体管。理论上等效晶体管的放大倍数是两个晶体管放大倍数之积，放大倍数非常高。达林顿管常用于驱动大电流负载执行低速开关动作（大功率负载、继电器、电机、灯泡等设备开关），以及输入阻抗较大的前级放大电路。达林顿管及其符号如图1.7所示。高电压、大电流电路一般使用达林顿管阵列，美国安森美半导体公司MC1413芯片其中一路达林顿管阵列如图1.8所示。

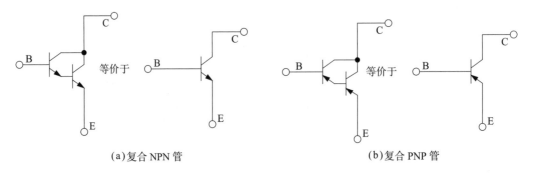

(a) 复合NPN管   (b) 复合PNP管

图1.7 达林顿管及其符号

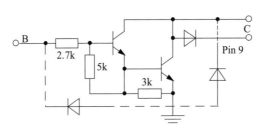

图1.8 MC1413芯片一路达林顿管阵列

1.3.5 匹配对晶体管

一对具有近似相同特性的NPN管与PNP管或NMOS管与PMOS管称为互补晶体管（complementary transistors），如NST3946DXV6T1单芯片集成了PNP管和NPN管、NCE4606单芯片集成了NMOS管和PMOS管、CMOS反相器（NMOS管与PMOS管串联）、CMOS传输门（NMOS管与PMOS管并联）等。互补晶体管TIP3055（NPN管）和TIP2955（PNP管）具有直流电流增益，放大系数可以匹配到10%以内，集电极电流可达15A，非常适合用于通用电机控制或机器人。此外，B类放大器在其功率输出级设计中使用互补的NPN管和PNP管，NPN管负责导通正半轴信号，PNP管负责导通负半轴信号。

匹配对晶体管（matched pairs transistor），简称对管，是将两个参数极为相似的同类型晶体管（NPN管、PNP管、NMOS管或PMOS管）制作在同一个基底上且封装在一个单芯片内，两个晶体管的温度互相影响，环境温度对两个晶体管产生同样的影响。两个晶体管的噪声系数、特性曲线、放大倍数等都要求尽可能一致，一致性达到 10% 以内，甚至 1%。在这种情况下，通过特定的接线方式组成电路，就可以在相当大的程度上抵消掉晶体管本身的噪声、温度造成的零点漂移，以及共模信号对差模信号等影响。如美国 AD 公司的单芯片双通道 NPN 管 MAT01。匹配对晶体管可以用于电流镜、差分放大器电路，NPN 管和 PNP 管应用于推挽型射极跟随器等。芯片 SSM2212、CMKT2222A 集成了双通道 NPN 管（图 1.9(a)），BSS84DW-7-F、CTLDM304P-M832DS 集成了双通道 PMOS 管（图 1.9(b)）。此外，还有不同类型的匹配对晶体管，如 CMKT2907A 集成了双 PNP 管等，不一一举例。

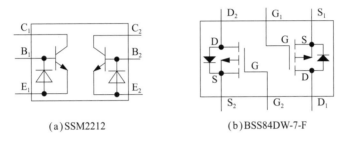

(a)SSM2212 (b)BSS84DW-7-F

图 1.9　匹配对晶体管

1.4 场效应晶体管

1.4.1 场效应晶体管分类

场效应晶体管（field effect transistor，FET），简称 FET 管。与双极性结型晶体管（BJT 管）相对应，FET 管是以一种载流子（空穴或者电子）为主参与导电，也称为单极型晶体管（unipolar transistor）。

FET 管有 3 个电极，栅极（gate，G）、源极（source，S）、漏极（drain，D），与双极性结型晶体管的基极（base，B）、发射极（emitter，E）、集电极（collector，C）一一对应，栅极对应基极（G → B）、源极对应发射极（S → E）、漏极对应集电极（D → C）。

1. 按照栅极结构分类

FET 管按照栅极结构可分为结型场效应晶体管（junction FET 管，存在二极管 PN 结，简称 JFET 管）、绝缘栅型场效应晶体管（metal oxide semiconductor FET 管，金属 - 氧化物 - 半导体场效应晶体管，简称 MOSFET

管或 MOS 管）、金属场效应晶体管（metal semiconductor FET 管，简称 MESFET 管或 MES 管）、VMOS 管、DMOS 管和 BiMOS 管等。

MESFET 管：由砷化镓（GaAs）制造的 N 沟道 FET 管，GaAs 的电子迁移率比硅快 5 ~ 10 倍，用 GaAs 制造有源器件时，具有比硅器件快得多的转换速度，高速 GaAs 主要用于数 GHz ~ 数十 GHz 微波放大装置，应用广泛。

VMOS 管：MOS 管工作在恒流区，功率只消耗在漏极这一引脚的夹断区上，漏极连接的区域面积不大，无法及时散热，所以 MOS 管不能承受较大的功率。VMOS 管从结构上较好地解决散热问题，可以加工成大功率管，VMOS 管中间腐蚀成 V 形槽，故而得名 VMOS 管。安装散热器，VMOS 管的功耗可达千瓦以上。

DMOS 管：新型短沟道沟槽功率 MOSFET 管，是双扩散 MOS 管。以轻掺杂的 N 区作为衬底，其底部做成一层重掺杂的 N+ 区，以便漏极接触。衬底的上部进行两次扩散，分别形成重掺杂的 P 沟道体、重掺杂的 N 源区。DMOS 管沟道是横向的，电流却是纵向的，沟道虽短，但是击穿电压很高（可达 600V 以上），电流可达 50A 以上。

BiMOS 管（IGBT 管）：MOS 管存在高耐压和低导通电阻之间的矛盾，耐压难以达到 500V，虽然可以通过增加硅片面积来解决，但无形中导致开关速度变慢和成本增加。利用 BJT 管的超高频性能、大电流驱动能力和低饱和压降，MOS 管的高输入阻抗、高速和低功耗，构成 BiMOS 管，也就是绝缘栅双极型晶体管（IGBT），具有 BJT 管和 MOS 管的优点。

2. 按照导电载流子分类

FET 管按照导电载流子可分为 P 沟道 MOS（PMOS）管和 N 沟道 MOS（NMOS）管。

3. 按照导电沟道形成机理分类

FET 管按照导电沟道形成机理可分为增强型、耗尽型、耗尽与增强型三种（后两种本书不涉及）。

耗尽型 MOS 管属于常开型元器件，$V_{GS} = 0V$ 时有电流，无法用在开关电路或者功率放大电路中，由于很容易构成偏置电路，多用于高频电路，通过的电流 I_D 较小。

增强型 MOS 管属于常闭型元器件，$V_{GS} = 0V$ 时无电流，多用于开关电路、电机驱动或者功率放大电路中，由于偏置电路与晶体管电路一致，可以与晶体管电路相互替换使用，特别是在低功耗电路中，用增强型 MOS 管替换晶体管，使用范围很广泛。

FET 管具体分类见表 1.2，N 沟增强型 NMOS 管的符号中漏源极之间用短线代表沟道，断开的短线表示 $V_{GS} = 0V$，此时漏源极之间没有导电沟道。

表 1.2　FET 管分类

结构分类	绝缘栅型（MOS 管）				结型（JFET 管）	
电学特性	增强型（E 型）		耗尽型（D 型）		耗尽型（D 型）	
沟道类型	N 沟 E 型 NMOS 管	P 沟 E 型 PMOS 管	N 沟 D 型 NMOS 管	P 沟 D 型 PMOS 管	N 沟 D 型 JFET 管	P 沟 D 型 JFET 管
电路符号						
截　止	$V_{GS} \leq V_{GS(TH)}$	$V_{GS} \geq V_{GS(TH)}$	$V_{GS} \leq V_{GS(OFF)}$	$V_{GS} \geq V_{GS(OFF)}$	$V_{GS} \leq V_{GS(OFF)}$	$V_{GS} \geq V_{GS(OFF)}$
开　启	$V_{GS} > V_{GS(TH)}$ $> 0V$	$V_{GS} < V_{GS(TH)}$ $< 0V$	$V_{GS(OFF)} < V_{GS}$ $\leq 0V$	$0V \leq V_{GS}$ $\leq V_{GS(OFF)}$	$V_{GS(OFF)} < V_{GS}$ $\leq 0V$	$0V \leq V_{GS}$ $\leq V_{GS(OFF)}$
最大电流	常闭型元件，$V_{GS} = 0V$ 时无电流，最大电流可达数安		常开型元件，$V_{GS} = 0V$ 时电流最大，可达数安		常开型元件，$V_{GS} = 0V$ 时电流最大，1mA 至数百毫安	

同一型号的 FET 管，饱和漏极电流 I_{DSS} 离散性比较大，也就是说，相同 I_D 对应的 V_{GS} 变化较大。MOS 管对应的栅极导通阈值电压（开启电压）$V_{GS(TH)}$ 范围较宽（离散性较大），如某公司生产的 AO3401A 芯片 $V_{GS(TH)}$ 范围为 -0.6 ~ -2.0V，且未给出 $V_{GS(TH)}$ 的典型值，但是晶体管的导通阈值电压 $V_{BE(TH)}$ 都在 0.6 ~ 0.7V（离散性较小，很稳定）。

1.4.2　FET管的主要参数

FET 管的主要参数如下：

（1）导通阈值电压（开启电压）$V_{GS(TH)}$：V_{DS} 为常量，使漏极电路 I_D 大于 0 所需的最小电压 $|V_{GS}|$，是增强型 MOS 管的参数。江苏长电的 NMOS 管 2N7002 的数据表显示测试条件为 $V_{DS} = V_{GS}$，$I_D = 250\mu A$。

（2）夹断电压 $V_{GS(OFF)}$，V_{DS} 为常量，使漏极电路 I_D 为规定电流时对应的电压 V_{GS}，是结型场效应管和耗尽型 MOS 管的参数。

（3）饱和漏极电流 I_{DSS}：对于结型场效应管，$V_{GS} = 0V$ 时产生的预夹断的漏极电流。

（4）直流输入阻抗 R_{GS}：结型场效应管 $R_{GS} > 10^7\Omega$，MOSFET 管 $R_{GS} > 10^9\Omega$。

1.4.3 FET管的工作原理

FET 管具有低噪声、高阻抗、低功耗、热稳定性好等特点，特别是具有极低的功耗，在数字领域完胜 BJT 管，在运算放大器、模数转换器、电源模块等模拟器件中，也有取代 BJT 管的趋势。

FET 管的工作原理与 BJT 管完全不同，BJT 管是由基极电流控制集电极与发射极之间电流流动的器件，称为电流控制器件；FET 管是由栅极所加的电压控制漏极与源极之间的电流，即由输入端(栅极)电压控制输出端(漏极)的电流，称为电压控制器件。FET 管的栅极几乎没有电流流过（实际上有极小的电流流过，几乎不考虑），比 BJT 管基极流过的电流小几个数量级。

FET 管栅极输入阻抗很高（栅极对源极阻抗非常大，一般 $10^8 \sim 10^{12}\Omega$，最高可达 $10^{15}\Omega$），比 BJT 管大得多，栅极偏置电阻取值范围比较宽，其作用是保证在外部控制信号短路、悬空的情况下，把栅极电压固定在 0V，使得负载开关可靠关闭，防止外部信号干扰引起负载开关误动作。如果栅极开路（不使用栅极偏置电阻），带静电的物体在接触到栅极时，少量的静电荷聚集在栅极就可能导致栅极电压超过 MOS 管的击穿电压，特别是通过外部电路板的信号控制板内 MOS 管的栅极时，可以在 MOS 管栅极接一个反向偏置的二极管或者并联栅极偏置电阻(理论上阻值多大都可以)，一般选用 $1M\Omega$ 左右比较合适。手工焊接时，电烙铁必须外接地线，以屏蔽交流电场、静电，防止损坏 FET 管。

BJT 管属于电流型控制器件，箭头符号表示二极管的电流流动方向；而 FET 管属于电压型控制器件，箭头符号不表示电流的方向，而是表示电压极性。

NMOS 管的栅源极相当于电压计，用于监测栅源极之间的电压，并控制漏源极之间的电流，电流与控制电压成正比，工作原理如图 1.10 所示。

分立 MOS 管一般自带体二极管（body diode），其等效电路如图 1.11 所示，导通时，开关闭合（漏源极之间导通）；截止时，开关断开（漏源极之间断开、截止）。反过来却不一样，V_O 会利用 MOS 管的体二极管正向导通，进而开启漏源极之间的通道，打开开关。

MOS 管的开关等效电路如图 1.12 所示，MOS 管截止时，漏源极阻抗 R_{OFF} 非常大，相当于一个断开的开关，C_I 为栅极输入电容，约为几 pF，如图 1.12(a) 所示；MOS 管导通时，导通阻抗 R_{ON} 比较小（通常在 $1k\Omega$ 以内，功率型 MOS

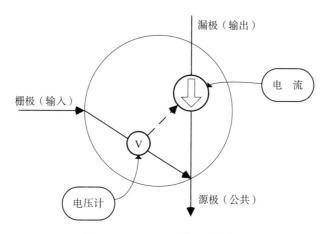

图 1.10 NMOS 管工作原理

管可低至毫欧姆，与 V_{GS} 有关），如图 1.12(b) 所示，导通状态下的电阻一般不能忽略不计，若 $V_{GS} \gg V_{GS(TH)}$，R_{ON} 近似与 V_{GS} 成反比，V_{GS} 越大导通电阻越小，I_D 近似与 V_{GS}^2 成正比，I_D 与 V_{GS} 的关系曲线称为 MOS 管的转移特性曲线，C_I 为栅极输入电容，约为几 pF，开关电路若存在负载电容，在动态开关的情况下，输出电压变化滞后输入电压变化。

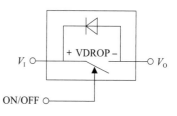

图 1.11 MOS 管的体二极管等效电路

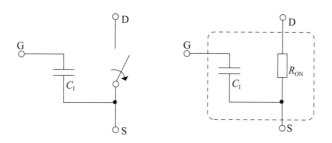

图 1.12 MOS 管的开关等效电路

MOS 管 3 种工作状态（区）：截止区（夹断区）、可变电阻区（非饱和区）、放大区（恒流区 / 饱和区），见表 1.3。

表 1.3 MOS 管 3 种工作区

类　型	工作状态	工作条件	特　点
NMOS	截止区（夹断区）	栅源极电压小于导通阈值电压：$V_{GS} \leqslant V_{GS(TH)}$	NMOS 内阻非常大，漏源极之间相当于开关断开状态
	可变电阻区（非饱和区）	栅源极电压大于导通阈值电压：$V_{GS} > V_{GS(TH)}$，$V_{DS} < V_{GS} - V_{GS(TH)}$	V_{GS} 增加 I_D 增加，两者非正比例关系；V_{GS} 一定，V_{DS} 与 I_D 之比为常数
	放大区 / 恒流区	$V_{GS} > V_{GS(TH)}$，$V_{DS} > V_{GS} - V_{GS(TH)}$	导通内阻非常小，漏源极之间相当于开关闭合状态

续表 1.3

类 型	工作状态	工作条件	特 点
PMOS	截止区（夹断区）	栅源极电压大于导通阈值电压：$V_{GS} \geq V_{GS(TH)}$	PMOS 内阻非常大，漏源极之间相当于开关断开状态
	可变电阻区（非饱和区）	栅源极电压小于导通阈值电压：$V_{GS} < V_{GS(TH)}$，$V_{DS} > V_{GS}-V_{GS(TH)}$	V_{GS} 增加 I_D 增加，两者非正比例关系；V_{GS} 一定，V_{DS} 与 I_D 之比为常数
	放大区 / 恒流区	$V_{GS} < V_{GS(TH)}$，$V_{DS} < V_{GS}-V_{GS(TH)}$	导通内阻非常小，漏源极之间相当于开关闭合状态

1.4.4 结型场效应晶体管

JFET 管只有耗尽型一种，有 N 沟道和 P 沟道之分。JFET 管的栅极与源极之间电压 V_{GS} 为 0V 时，漏极电流 I_D 最大，称为漏极饱和电流 I_{DSS}，一旦电流超过 I_{DSS} 就可能会损坏 JFET 管，一般 JFET 管的 I_{DSS} 为 1mA 至数十 mA。JFET 管工作电流比较小（很少达到 500mA 以上，多数在 100mA 以下），不能作为大电流的开关使用，适合模拟信号放大、小电流开关，应用场合比较少。JFET 管具有低噪声的特点，在低噪声放大电路方面得到广泛应用。

BJT 管的基极与发射极之间 PN 结为正向，JFET 管栅极与源极之间 PN 结为反向，JFET 管栅极只有漏电流，JFET 管栅源极之间的阻抗为 $10^8 \sim 10^{12}\Omega$，比 BJT 管大得多（发射极接地，输入阻抗为 1kΩ ~ 数 kΩ）。

JFET 管能通过的电流比较小，但能够限制 I_{DSS} 以上的漏极电流，具有电流限制作用。而 MOS 管栅源极电压绝对值 $|V_{GS}|$ 越大，对应的导通电阻 $R_{DS(ON)}$ 越小，通过的电流 I_D 越大。

JFET 管有 4 种工作状态（区）：截止区、可变电阻区、放大区 / 恒流区、异常状态，见表 1.4，$V_{GS(OFF)}$ 为 JFET 管的截止电压。

表 1.4 JFET 管 4 种工作状态

类 型	工作状态	工作条件
N 沟 JFET 管	截止区	栅源极电压小于截止电压：$V_{GS} \leq V_{GS(OFF)}$
	可变电阻区	栅源极电压大于截止电压：$V_{GS(OFF)} < V_{GS} \leq 0V$，$V_{DS} < V_{GS}-V_{GS(OFF)}$
	放大区 / 恒流区	$V_{GS} > V_{GS(OFF)}$，$V_{DS} > V_{GS}-V_{GS(OFF)}$
	异常状态	$V_{GS} > 0V$
P 沟 JFET 管	截止区	栅源极电压大于截止电压：$V_{GS} \geq V_{GS(OFF)}$
	可变电阻区	栅源极电压小于截止电压：$0V \leq V_{GS} < V_{GS(OFF)}$，$V_{DS} > V_{GS}-V_{GS(OFF)}$
	放大区 / 恒流区	$0V \leq V_{GS} < V_{GS(OFF)}$，$V_{DS} < V_{GS}-V_{GS(OFF)}$
	异常状态	$V_{GS} < 0V$

1.4.5　绝缘栅型场效应晶体管

MOS 管结构由金属、绝缘膜、半导体构成，其栅极由金属构成，与半导体之间有一层绝缘膜，栅极与沟道之间几乎是绝缘的，栅极输入阻抗也比 JFET 管高得多，因此流过栅极的电流要比 JFET 管小很多。

MOS 管按照电学特性分为耗尽型（depletion）与增强型（enhancement）两种，每种又分为 N 沟道（导电载流子多数为电子）和 P 沟道（导电载流子多数为空穴）。N 沟道 MOS 管（简称 NMOS 管）与双极性结型 NPN 管引脚一一对应（多数场合可以相互替换），P 沟道 MOS 管（简称 PMOS 管）与双极性结型 PNP 管引脚一一对应（多数场合可以相互替换），PMOS 管的品种比 NMOS 管少，所以 PMOS 管器件选择的自由度小。

MOS 管栅源极之间阻抗非常大，比 BJT 管基极和发射极之间电阻大几个数量级。MOS 管栅极与源极之间偏置电阻为兆欧，BJT 管基极和发射极之间偏置电阻为千欧，这意味着在开关电路中，BJT 管基极和发射极之间的电流泄放速度比 MOS 管栅源极快，在这种情况下，MOS 管不能替换 BJT 管。

增强型、耗尽型两种 MOS 管数量相差很大，目前用的大部分是增强型 MOS 管，耗尽型 MOS 管比较少见。MOS 管按照工作电流和电压区分，一般分为小信号管和功率管，功率管型号繁多，最大电流可达几百安，并联之后导通的电流更大；但大功率的 MOS 管由很多微型 MOS 管并联而成，其输入电容也大，在高速开关的场合，为了使 MOS 管输入电容高速充放电，必须降低驱动电路的输出阻抗。MOS 管是单极性器件，没有电荷存储效应，工作频率高于 BJT 管。

增强型 MOS 管在工作时具有较低的耗损，在关断期间泄漏的电流也较少，具有比双极性结型晶体管更高的热稳定性，使用广泛。但是 MOS 管比 BJT 管更容易受到静电破坏，因此必须小心，栅极串联电阻不宜过大，否则存在静电时很容易损坏 MOS 管。

SiO_2 绝缘膜很容易加工，绝缘膜与硅之间的界面态极为微小，MOS 管结构很完美，短时间内就可以生产高度集成的芯片，可以这么说，因为硅，改变了 MOS 管的命运，MOS 管的市场占有率远远超过 BJT 管。

只要控制栅极电压，就可以控制 MOS 管的导通与关断，这与晶体管不同，在沟道内不受电流和电压的影响，目前已经取代很多机械开关，用于数字、模拟信号的开关切换，功率型 MOS 管具有驱动功率小、转速高、耐热损坏性强等优点，广泛用于直流电机、调节器等负载开关器件。

1. MOS 管与 JFET 管的区别

JFET 管的电路符号上没有标记漏极和源极的区别，即漏极和源极是可以互换的，互换后也能正常工作，没有什么影响（高频应用的 JFET 管除外）。MOS 管的漏极和源极是有区别的，差别在于内部源极连接了衬底形成体二极管，因此，MOS 管的电路符号上标记了漏极和源极，二者不能互换，互换会影响器件工作，一旦电路设计好了 MOS 管的漏极和源极就不能互换。除非电路重新设计且符合 MOS 管工作要求，MOS 管的漏极和源极才可以互换，工作电流可以从源极流向漏极，也可以从漏极流向源极，但是两种电流流向对应的工作电路是有区别的。

做个形象比喻，把沟道比作水沟，水往低处流，高水位一边流向低水位一边。结型 JFET 管、耗尽型 MOS 管，水沟本来就在，设计师只需要负责"堵"沟；而增强型 MOS 管没有水沟，设计师需要负责"挖"沟。

2. MOS 管的导通特性

增强型 PMOS 管（简称 PMOS 管）处于导通状态时，漏极电流 I_D 为负，电流从源极流向漏极。增强型 NMOS 管（简称 NMOS 管）处于导通状态时，漏极电流 I_D 为正，电流从漏极流向源极。NMOS 管将电子当作多数载流子，与 PMOS 管的多数载流子——空穴相比，电子具有更高的移动速度，即在同等条件（物理密度）下，NMOS 管比 PMOS 管具有更高的跨导，导通状态 NMOS 管的导通阻抗 $R_{DS(ON)}$ 较小，PMOS 管的导通阻抗 $R_{DS(ON)}$ 较大，NMOS 管的导通阻抗 $R_{DS(ON)}$ 一般为相同尺寸 PMOS 管导通阻抗 $R_{DS(ON)}$ 的 $1/3 \sim 1/2$，理论上 NMOS 管的漏极电流 I_D 也比 PMOS 管高出相应的倍数（不考虑其他因素）。对于相同的 $R_{DS(ON)}$ 和 I_D，NMOS 管一般需要较少的硅片面积，其栅极电容和导通阈值电压都比 PMOS 管要低。

当 NMOS 管导通时工作在放大区，栅极电压 V_G 比源极电压 V_S 至少高 $V_{GS(TH)}$，$V_{GS(TH)}$ 为导通阈值电压，并且漏极一般与电源 VCC 相连。NMOS 管作为高端（高侧）负载开关（high side load switch），栅极需要使用更高的电压有两种方式，一是增加电荷泵电路，基于现有电压进行由低电平向高电平转换；二是使用其他高电平的直流电源进行偏置，通常被称为 V_{BIAS}。

PMOS 管开关传递给负载的电源 VCC（源极与电源相连）一般大于 V_G+$V_{GS(TH)}$。PMOS 管只要开关导通便工作在放大区，并且不需要特殊的内部电路或外部高电压，只需要简单的偏置电路。PMOS 管开关在简单的低功率系统或者传递给负载的高输入电压系统中具有一定优势。

NMOS 管的栅源极电压差 V_{GS} 大于 $V_{GS(TH)}$（$> 0V$）就会导通，适合低端（低侧）驱动，只要栅源极电压差达到一定电平即可，如 $V_{GS(TH)} = 2V$。NMOS 管用于低端驱动时，源极（S 极）直接接电源负极，S 极电压固定为 0V，只要控制栅极（G 极）电压，达到开关的导通阈值电压即可控制 NMOS 管的开启与关断。如果 NMOS 用于高端驱动，S 极电压不确定，则 G 极电压难以确认（G 极电压 $>$ VCC+$V_{GS(TH)}$），因为 S 极对地有两种电压，当 NMOS 管截止时为低电平，导通时为 VCC 电平，且控制电路比较复杂，这里不再赘述。

PMOS 管的栅源极电压差 V_{GS} 小于 $V_{GS(TH)}$（$< 0V$）就会导通，适合高端（高侧）驱动。虽然 PMOS 管可以很方便地用作高端驱动，但由于导通电阻大，价格贵，替换种类少等原因，在高端负载开关大电流驱动中，通常还是使用 NMOS 管。

PMOS 管用于高端驱动时，源极（S 极）直接接电源 VCC，S 极电压为 VCC，只需要将栅极（G 极）电压拉低到导通阈值电压即可控制 PMOS 管的开启与关断。如果 PMOS 用于低端驱动，S 极的电压不确定，则 G 极的电压难以确认，且控制电路比较复杂，这里不赘述。

通常使用 NMOS 管时，电流从漏极流入源极流出，PMOS 管则从源极流入漏极流出，但有时候电路设计正好相反，可以通过体二极管的导通来满足 MOS 管的导通阈值电压条件。只要在 MOS 管的栅极和源极之间建立一个合适的电压，MOS 管就会导通。导通之后漏极和源极之间如同一个闭合的开关，电流是从漏极到源极或从源极到漏极，导通阻抗都是一样的。

由于 NMOS 管具有导通电阻小、允许通过电流大、功耗低、发热少、型号多、价格低等优点，正激、反激、推挽、半桥、全桥等拓扑电路都偏向使用 NMOS 管，NMOS 管的应用电路案例非常多。

粗略统计国内某知名元器件销售网站的 PMOS 与 NMOS 型号数量，NMOS 管绝对独占鳌头，NMOS 管与 PMOS 管数量之比约为 4∶1，在电压挡上 NMOS 管比 PMOS 管分类要多不少，这也从侧面说明了 NMOS 管的应用场合比 PMOS 要更加广泛（因为性能优异，所以应用多、需求多、型号多），PMOS 管可以实现的功能 NMOS 管同样也可以实现，不足之处是电路相对比较复杂。

PMOS 管的导通电阻比 NMOS 管的导通电阻要大，其差别源自导通沟道的载流子的迁移率，PMOS 管的空穴迁移率约为 NMOS 管的电子迁移率的

30%，PMOS 管的导通功耗比 NMOS 管要大，导致型号少、价格高，应用范围比较窄，一般用于电源开关电路，特点是电路实现起来非常简单。

PMOS 管难以做到高耐压和通过大电流，NMOS 管很容易做到高耐压和通过大电流，且相同性能的 PMOS 管的价格一般远高于 NMOS 管。

3. MOS 管驱动

跟双极性结型晶体管相比，一般认为 MOS 管导通不需要电流，只要栅源极电压高于一定的电压即可。这个很容易做到，但是，还需要速度。

从 MOS 管的结构可以看出，在栅极和源极、栅极和漏极之间分别存在寄生电容 C_{GS}、C_{GD}，存在米勒效应，在源极接地放大电路，其等效输入电容 $C_I = (1+A_v) \times (C_{GD}+C_{GS})$，而 MOS 管的驱动，实际上就是对等效输入电容的充放电。对电容的充电需要电流，对电容充电的瞬间可以把电容看成短路，所以瞬间电流会比较大。可以通过栅极电阻控制电流，从而控制 MOS 管的开启、关断时间，开启 / 关断过快会有过高的电压变化率（dV/dt）。

设计 MOS 管驱动时首先关注的是可提供瞬间电流的大小，其次是导通电压的高低，高端驱动常用 NMOS 管，导通时需要栅极电压大于源极电压。而用于高端驱动的 NMOS 管导通时源极电压与漏极电压（VCC）相同，所以这时栅极电压要比 VCC 至少高 $V_{GS(TH)}$。如果在同一个系统里，要得到比 VCC 高的电压，需要专门的升压电路。很多芯片驱动器都集成了电荷泵电路，外接时选择合适的电容，以得到足够的瞬间电流去驱动 NMOS 管。

集成电荷泵电路会增加芯片设计的复杂性和硅片面积，进而缩小 NMOS 管因低导通电阻 $R_{DS(ON)}$ 所带来的硅片面积的优势。当负载电流相对较大时，NMOS 管是一个比较好的选择，特别是大功率电源开关要求极低 $R_{DS(ON)}$ 的系统或者传递给负载的低工作电压系统。当负载电流相对较小时，电荷泵增加的硅片面积比 $R_{DS(ON)}$ 能缩小的面积要大，NMOS 管开关解决方案得不偿失，其成本和设计复杂性要高于 PMOS 管开关方案。

直流偏置 V_{BIAS} 是从低电平向高电平的偏置，不需要电荷泵，也不增加硅片面积。但是很多供电系统不具备额外的高电压，并不意味着选择 NMOS 管就比 PMOS 管好，因此这不是最佳的开关解决方案。

对于常用的 MOS 管的导通阈值电压，设计时需要有一定的余量，而且电压越高，导通速度越快，导通电阻也越小。现在也有导通阈值电压低的 MOS 管，用在不同的领域。

4. MOS 管的偏置电路

MOS 管属于电压型控制器件，并联于栅极、源极之间的偏置电阻取值可以比较大，可达到几兆欧，一般取值 $1\text{M}\Omega$。栅极电阻在低频电路中取值范围比较大，如共源放大电路分压偏置电路中，栅极电阻可以达到几兆欧，以增加输入电阻；但是对于高频电路，由于电阻需要对寄生电容充放电，栅极电阻不宜过大，以提高工作速度。在高频电路中，栅极电阻可以抵消负阻成分，防止振荡的发生，栅极电阻为几十欧至数百欧。

5. MOS 管的可靠性

MOS 管最显著的特性是开关特性好，所以被广泛用于需要负载开关的电路，常见的如开关电源、马达驱动、照明等。不能忽视 MOS 管的可靠性，提高可靠性最主要是通过降额设计，如工作电流和工作电压不能超过额定值的 80%；最大工作环境温度下，功耗不应超过最大允许功耗的 50%；器件的结温不应超过最大允许结温的 80% 等。

1.4.6 增强型MOS管的体二极管

MOS 管的体二极管，又称续流二极管、寄生二极管，如图 1.11 所示。

早期的 MOS 管不带体二极管，非常容易被静电击穿，保存不便。小功率 MOS 管，如 IC 芯片中的 MOS 管是平面结构，漏极从硅片的上面（与源极等同一方向）引出来的，不存在体二极管，大学模拟电路教材中的 MOS 管模型，用的多是不带体二极管的 MOS 管。

理论上 MOS 管的源极和漏极左右对称，在实际应用中，由于生产工艺的改进，源极和漏极之间的电路等效为一个体二极管，正是这个体二极管区分了源极和漏极。

在分立元器件中，MOS 管的衬底（B）通常与源极（S）相连，即 $V_{\text{BS}}=0$。实际应用中单个分立元器件 MOS 管多数时候需要并联二极管，在生产过程中将其封装进去，在 MOS 管漏极从硅片底部引出（有兴趣的读者可以看看 MOS 管的版图），衬底接源极，在漏源极之间有体二极管，目前大部分 MOS 管都带有体二极管，市场上很难找到不带体二极管的分立 MOS 管。

在集成电路中衬底是公共的，很多 MOS 管制作在同一个硅片的衬底上，若衬底（B）还是与源极（S）相连，则相当于所有 MOS 管的源极接在一起，显然 MOS 管无法正常工作，这是不现实的。因此，在 IC 芯片里面，不可能将所有 MOS 管源极与公共衬底相连，衬底与源极之间存在衬底偏压。集成电路为保证导电沟道与衬底隔离，要求 MOS 管的衬底和源极是分开的，源极是独立的，导电沟道与衬底之间形成的 PN 结必须反偏，因此，所有衬底连在一起，而且要求 NMOS 管衬底接电路的最低电位（$V_{BS} \leq 0$），PMOS 管衬底接电路的最高电位（$V_{BS} \geq 0$）。衬底不一定和源极相连，所以漏源极之间不一定带有体二极管。

MOS 管衬底的调制效应：$|V_{BS}|$ 越大，导通阈值电压 $V_{GS(TH)}$ 也越大。

体二极管的作用有以下 3 点：

（1）防止电源 VCC 过压时损坏 MOS 管，因为在过压对 MOS 管造成破坏之前，二极管先反向击穿，将大电流引向电源负极，从而避免 MOS 管被损坏。

（2）防止 MOS 管的源极和漏极反接时损坏 MOS 管

（3）当电路中产生很大的瞬间反向电流时，如驱动感性负载（如马达），电流可以通过体二极管流出来，避免反向感应电压击穿 MOS 管，起到保护 MOS 管的作用，当体二极管电流容量不足时，可以在漏源极之间外接肖特基二极管。

不管 NMOS 管还是 PMOS 管，中间衬底箭头的方向和寄生二极管的方向是一致的，要么由 S 极指向 D 极，要么由 D 极指向 S 极，中间衬底箭头代表电子移动的方向，也表示电压方向（指向高压）。体二极管对电路有影响，对于需要隔离的情况，可以采用同类型的双 MOS 管背靠背串联，以达到隔离效果，防倒灌开关通常用两个同型号 MOS 管，两者源极或者漏极相连，栅极并联复合使用，本书中不少电路都用到了 MOS 管的防倒灌功能。

1.4.7 接成二极管的MOS管

当 NMOS 管的漏极和栅极连接在一起则构成两端器件，即接成二极管的 MOS 管。栅极、漏极短接时，有 $V_G = V_D$，$V_{GS} = V_{DS}$，那么只要 $V_{GS} > V_{GS(TH)}$，则有 $V_{DS} > V_{GS}-V_{GS(TH)}$，NMOS 管工作在恒流区。若 $V_{GS} < V_{GS(TH)}$，则 NMOS 管工作在截止区，导通电流为 0。由此可以看出，NMOS 管的栅漏极短接具有正向导通、反向截止的特性，等同于二极管，因此称为接成二极管的 MOS 管，仿真测试表明其导通电压为 0.6V 左右。

1.4.8 增强型MOS管的主要参数

MOS 管应用特别广泛，选型很重要。在电路设计中采用增强型 MOS 管作为负载开关时，考虑的主要参数有导通电流 I_D、导通电阻 $R_{DS(ON)}$。如果 I_D 和 $R_{DS(ON)}$ 已确定，还需考虑开关功耗、导通功耗、关断泄漏功耗、动态响应和封装尺寸等。

1. 导通电流

负载开关的导通电流 I_D 由 MOS 管型号（N 沟道或 P 沟道）、物理特性（MOS 管的尺寸）、连接线的长度和厚度，以及封装的热性能等参数决定。大电流负载开关一般采用大尺寸封装的增强型 MOS 管，而小电流负载开关采用小型封装。

2. 导通电阻

由 MOS 管的特性曲线可知，一旦 V_{GS} 确定，直线的斜率也唯一确定，直线斜率的倒数即为 MOS 管漏源极之间的等效电阻（导通电阻），在此区域，可以通过改变 V_{GS} 的大小（电压控制方式）改变 MOS 管漏源极之间等效电阻的阻值，因此称为可变电阻区。MOS 管也被称为可变电阻元器件，从高阻值到可忽略的电阻。

确定导通电流 I_D 后，导通电阻 $R_{DS(ON)}$ 越小越好，选择导通电阻小的 MOS 管可以减少导通功耗，提高导通效率，并减轻 MOS 管的散热压力。

对大部分应用而言，导通功耗占 MOS 管总功耗的大部分，各厂商均想办法（如多个 MOS 管并联）降低导通电阻。有些厂商的 MOS 管最低导通电阻从几十毫欧降到几毫欧，如此低的导通电阻极大地减少了导通功耗，提高了应用电路的功率密度。

3. 开关功耗

MOS 管的导通和截止都不是瞬间完成的，MOS 管栅源极两端的电压有一个逐渐下降的过程，流过的电流有一个逐渐上升的过程，这段时间 MOS 管两端的电压和电流乘积，称为开关功耗，乘积越大，开关功耗也越大。通常开关功耗比导通功耗大得多，而且开关频率越快，开关功耗越大，需要输入到栅极的电流也越大。

减少开关功耗有两种办法：一是缩短开关时间，可以减少每次导通时的开关功耗；二是降低开关频率，即减少单位时间内的开关次数。

4. 导通功耗

不管是 NMOS 管还是 PMOS 管，导通后都存在导通电阻，电流会在导通电阻上消耗能量，称为导通功耗。导通电阻小的 MOS 管，导通功耗也小。现在功率型 MOS 管的导通电阻一般在几十毫欧左右，几毫欧的也有。通常开关功耗比导通功耗大得多，而且开关频率越快，开关功耗越大。

5. 关断泄漏功耗

关断功耗和关断泄漏功耗是低功耗设计的重要参数，特别是对于用电池供电的低功耗设备，希望尽可能延长工作时间。关断功耗是内部电路在开关关断时消耗的电流，关断泄漏功耗是开关关断时 MOS 管传递给输出的电流。关断功耗和关断泄漏功耗越低，系统总效率越高。对于电池供电的应用场合，可以获得更长的工作时间。

6. 动态响应

对于高端负载开关，动态响应是指负载电压随着使能信号逻辑电平的变化从 0V 上升至高电平或者从高电平下降到 0V 所用的时间。动态响应要满足相应的工作频率要求，MOS 管切换的上升 / 下降时间尽可能长一点，可以改善电磁干扰（EMI）。

7. 封装尺寸

MOS 管所能承受的最大功耗，是由硅片的接触面到外壳间的热阻决定的，因此要想实现高功率并减少导通电阻，除了开发新的 MOS 管或改良工艺技术，封装方式亦扮演着重要的角色。目前 MOS 管主流的封装方式为 Super SO-8、CanPAKT，相对传统的 SO-8 封装可大幅减少热阻，并减少在焊接点及监测电极的电阻，进而减少导通电阻和组件本身的寄生电容、寄生电感。对于封装尺寸（引脚面积和外形轮廓），满足工作条件下越小越好，有利于 PCB 布局布线，特别是对于 PCB 面积有限的手持设备。

1.5 BJT管与FET管

1.5.1 电路模式

用 BJT 管组成的电路有三种模式：共集电极、共基极、共（发）射极。所谓"共"，就是输入、输出回路共有的部分，晶体管其中一极作为输入端、另外一极作为公共端、第三极作为输出端。判断标准是在交流等效电路下进行的，在交流等效电路中，电源正极相当于接地，晶体管 3 个电极中哪极接地，就是共哪极电路，具体如下：

（1）共集电极电路：BJT 管的集电极接地，集电极是输入与输出的公共电极。

（2）共基极电路：BJT 管的基极接地，基极是输入与输出的公共电极。

（3）共（发）射极电路：BJT 管的发射极接地，发射极是输入与输出的公共电极。

用 FET 管组成的电路也有三种模式：共源极、共栅极、共漏极，具体如下：

（1）共源极电路：FET 管源极接地、栅极输入、漏极输出。

（2）共栅极电路：FET 管栅极接地、源极输入、漏极输出。

（3）共漏极电路：FET 管漏极接地、栅极输入、源极输出。

BJT 管和 FET 管工作电路总结见表 1.5，输入电阻 $R_{BE} = \Delta V_{BE}/\Delta I_B$，$R_S$ 为信号源电阻。

表 1.5　BJT 管和 FET 管工作电路总结

电路模式	放大对象	输入阻抗	输出阻抗	工作带宽	电路特点
共射极电路	电流增益 β、电压增益 $|A_u|$ 大	中	$R_O = R_C$，较大	较窄	输入电压与输出电压反相、低频电压放大电路，适用于小信号电压放大，中间级
共集电极电路	电压增益约为 1、电流增益 $1+\beta$	大	$R_O = (R_{BE}+R_S)/R_{BE}$，小	中	输入电压与输出电压同相、电压跟随，电压放大电路的输入级、输出级、缓冲级
共基极电路	电流增益约为 1、电压增益 $|A_u|$ 大	小	$R_O = R_C$，较大	宽	输入电压与输出电压同相、电流跟随，高频性能最好，用于宽带放大电路，电压放大倍数、输出阻抗与共射极电路相当
共源极电路	电压增益 $|A_u|$ 较大	很高	$R_D // r_{ds}$	中	输入电压与输出电压反相，适用于小信号电压放大
共漏极电路	电压增益 $|A_u|$ 约为 1	很高	较小	中	输入电压与输出电压同相、电压跟随，用于阻抗变换、输入级、输出级
共栅极电路	电压增益 $|A_u|$ 较大	小 $1/g_m$	$R_D // r_{ds}$	宽	输入电压与输出电压同相、电流跟随，电流增益约为 1，用于高频、宽带放大

在组成晶体管电路时，应该根据需求选择相应的型号，音频电路选用低频管，宽带放大电路使用高频管或者超高频管，组成数字电路应该用开关管，温升较高或反向电流较小选用硅管，要求使用低开启电压则选用锗管。

1.5.2 BJT管与FET管的主要区别

FET 管与 BJT 管的主要区别如下：

（1）增强型 NMOS 管与 NPN 管工作在放大区的条件类似。对于放大区电流与电压的关系，增强型 NMOS 管的 I_D 与 V_{GS} 之间是平方律函数，NPN 管的 I_C 与 V_{BE} 之间是指数函数，显然指数函数更加敏感。

（2）FET 管和 BJT 管均有两个 PN 结、3 个电极，利用两个输入电极之间的电压差、电流控制第三极的电流，从而实现一个受控电流源。FET 管用栅源极电压 V_{GS} 控制漏极电流 I_D，栅极基本不消耗电流，输入阻抗极高，驱动功耗低，功率增益高，功率型 MOS 管需要驱动电路提供足够的电流来保证对较大的输入电容进行充放电；而 BJT 管用基极电流控制集电极电流 I_C，总要索取一定的电流，基极输入阻抗较低，要求前级驱动电路提供一定的驱动电流。

（3）FET 管和 BJT 管的输出阻抗 R_O 等于厄利电压（Early voltage）V_A 与静态电流（I_{DQ} 或 I_{CQ}）之比，FET 管的 V_A 比 BJT 管小。

（4）FET 管主要是多子参与导电，而 BJT 管是多子和少子一起参与导电，少子受温度、辐射等因素影响较大，多子受温度、辐射等影响较小，因此 FET 管比 BJT 管具有更好的温度稳定性、抗辐射能力，环境变化大的场合优先选用 FET 管。FET 管存在一个 V_{GS}（一般为 4 ~ 6V），对应漏极电流 I_D 的温度系数为 0，V_{GS} 增大时 I_D 温度系数是负的。

（5）FET 管的闪烁（低频）噪声比 BJT 管大，FET 管的输入噪声电流比 BJT 管小很多，而输入噪声电压比 BJT 管大。适用于放大器的输入级和要求高信噪比的电路。

（6）JFET 管的漏极和源极可以互换，MOSFET 管的漏极和源极也可以互换（但是对应的工作电路不同），而 BJT 管发射极和集电极互换后会变成倒置工作状态，放大倍数下降，只用于集成电路等特殊场合。

（7）FET 管的型号种类比 BJT 管多，特别是 JFET 和耗尽型 MOS 管，栅源极电压 V_{GS} 可正、可负、可零，均能控制漏极电流，FET 管组成的电路比 BJT 管更加灵活多样。

（8）FET 管和 BJT 管均可用于放大电路和开关电路，具有低功耗、工作电压范围宽等优点，但是 FET 管加工成集成电路简单，更适合用于大规模和超大规模集成电路。增强型 NMOS 管的放大工作条件是 $V_{GS} > V_{GS(TH)}$，

$V_{DS} \geq V_{GS}-V_{GS(TH)}$；NPN 管的放大工作条件是发射极正偏 $V_{BE} > V_{BE(TH)}$，集电极反偏 $V_{BC} < 0.4V$ 或 $V_{CE} > 0.3V$。

（9）FET 管的电极与 BJT 管的电极一一对应，栅极对基极（G → B）、源极对发射极（S → E）、漏极对集电极（D → C），由于偏置电路与 BJT 管电路一致，很多场合，FET 管可以与 BJT 管电路相互替换使用，偏置电阻等略有不同。

（10）FET 管导通阈值电压 $V_{GS(TH)}$ 范围较宽（离散性较大），如常规的增强型 NMOS 管 $V_{GS(TH)}$ 范围为 0.6 ~ 2.0V 或者 3 ~ 5V 等；JFET 和耗尽型 MOS 管栅源极 $V_{GS(TH)}$ 电压可正、可负、可零，均能控制漏极电流，组成的电路灵活多样，但是晶体管的导通阈值电压 $V_{BE(TH)}$ 都在 0.6 ~ 0.7V（离散性较小，比较稳定），现代工艺增强型 NMOS 管导通阈值电压可以达到 0.3 ~ 0.5V，两种开启电压相差较小。

（11）可以使用分立 NPN 管（高端）+PNP 管（低端）构成互补推挽电路，以减少 MOS 管处于放大区的时间，降低发热；对应 MOS 管是 NMOS 管（高端）+PMOS 管（低端），和 BJT 管一样存在输入输出的电压差，对 MOS 管而言会有短暂的时间两管工作在导通状态，务必要注意，要添加匹配电阻防止单个 FET 管过热。CMOS 互补电路为 PMOS 管（高端）+NMOS 管（低端）组合而成，可以完全导通，对两轨压降接近 0V，但这种接法在开关时有短暂的导通，CMOS 工作电压低、FET 管内阻大，问题不大，但大电流时就必须考虑死区控制问题。

（12）关断速度：FET 管栅极电容 C_{GS} 的电荷主要通过偏置电阻进行释放，需要一定的时间，BJT 管通过低阻抗的 PN 结释放，释放速度快，可以迅速泄放完，实现快速关断，若不增加外部驱动，BJT 管优于 FET 管。

（13）BJT 管存在二次击穿，这是一种与电流、电压、功率和结温都有关系的效应，多数认为是因流过 BJT 管结面的电流不均衡，造成结面局部高温导致热击穿。为保证 BJT 管安全工作，必须考虑二次击穿的因素，如集电极最大电流 I_C、集射极最大击穿电压 $V_{CE(BR)}$、集电极最大功耗 P_{CM}，BJT 管的工作范围变小了。FET 管不存在二次击穿，耐热损坏性强。

（14）开关速度：BJT 管开关时间为 100 ~ 1000ns；由于 FET 管没有少子存储问题（电荷存储效应小），FET 管具有更高的开关速度，开关时间为 10 ~ 100ns，工作频率更高。

（15）BJT 管的放大倍数可达 100 ~ 1000，特殊的 BJT 管放大倍数更大，对于线性电路，BJT 管放大倍数大于普通 FET 管，功率型 FET 管例外。

（16）FET 管的栅极与衬底之间绝缘膜非常薄（约 100nm），栅极容易被静电击穿，必须采取保护措施，以防发生静电放电而损坏。BJT 管抗静电能力、价格方面比 FET 管更具优势。

（17）并联使用：晶体管 PN 结具有 –2.2mV/℃ 的温度系数，温度升高时，导通电阻会逐渐变小，电流会变大，温度会更高，结果就是晶体管越来越热，必须使用均衡电阻；MOS 管有 0.7%/℃ ~ 1%/℃ 的正温度系数，有利于并联，流过的电流通过缓慢的负反馈自动实现均流。温度升高时，导通电阻会逐渐变大，电流反而会变小，温度降低，起到了均衡作用，MOS 管在硬件上无需均衡电阻就可以实现自动均衡，这是与生俱来的优点。

采用 MOS 管进行电流均流，当其中一路电流过大时，电流大的 MOS 管产生较多热量，导通电阻逐步增大，流过的电流进一步减少；并联的 MOS 管根据电流大小进行调节，最后可实现并联 MOS 管之间的电流均衡。因此，相比于晶体管，MOS 管更适合用于并联电路的均流，如果电路中有很大电流时，一般采用并联 MOS 管来进行分流（如电池保护板）。

BJT 晶体管也可以通过并联来控制大电流，但是需要晶体管具有相同的参数，在基极串联驱动电阻解决各并联晶体管之间的电流均衡问题。发射极需要串联一个功率型小阻值电阻，防止电流集中使晶体管发热，这种现象称为电流抢夺（current hogging），发射极电阻不宜过大，过大会增加压降和功耗，这是晶体管并联的不足之处。

1.6　晶闸管

晶体闸流管（thyristor）简称晶闸管，1957 年美国通用电器公司开发出世界上第一个晶闸管产品。晶闸管是 PNPN 四层半导体结构，它有 3 个极，阳极、阴极和门极。晶闸管主要分类有可控硅整流器、双向晶闸管、可关断晶闸管等。它是一种大功率开关型半导体器件，具有硅整流器件的特性，能在高电压、大电流条件下工作，且其工作过程可控，广泛应用于可控整流、交流调压、无触点电子开关、逆变及变频等电子电路中。

可控硅整流器（silicon controlled rectifier，SCR）简称可控硅，工作条件为加正向电压且门极有触发电流。

三端双向晶闸管（triode AC semiconductor switch，TRIAC），是在普通晶闸管的基础上发展起来的，不仅能代替两只反极性并联的晶闸管，而且仅用一个触发电路，是比较理想的交流开关器件。

可关断晶闸管（gate turn-off thyristor，GTO），施加适当极性的门极信号，可从通态转到断态或从断态转到通态，具有高电压、大电流、自关断及快速性等特点，主要用于高电压大功率的斩波器、逆变器及其他电路中。

1.7　集成电路

集成电路（integrated circuit，IC）将大量微电子元器件（BJT 管、FET 管、电阻、电容等）及布线互连在一块晶片上，做成一块芯片，目前几乎所有电路设计都会使用芯片。晶体管是组成集成电路的基础，任何一块芯片，无论是数字的还是模拟的，内部都包含大量晶体管。芯片包含晶圆芯片和封装芯片，相应生产线也由晶圆生产线和封装生产线两部分组成。由于微电子工艺水平不断提高，在大规模和超大规模模拟和数字集成电路中芯片应用极为广泛。

芯片的集成大致遵循摩尔定律：集成电路上可以容纳的晶体管数目在大约每经过 18 个月到 24 个月便会增加一倍。换言之，处理器的性能每两年翻一倍。

集成电路与分立元器件（BJT 管、FET 管）相比，区别如下：

（1）分立元器件是电子电路的基本组成部分，一般还需要电阻、电容和电源。

（2）分立元器件灵活性好，容易组合成独特的电路，设计空间无限。

（3）分立元器件寄生电容比较大，工作频率低。

（4）IC 具有良好的一致性，同一硅片上采用相同工艺制造出的元器件性能比较一致，温度差别很小。

（5）IC 难以集成电阻和电容，电阻和电容占用面积较大，阻值或电容越大，占用面积越大，大电阻和大电容难以加工。集成电路电阻范围为几十至几千欧姆，电容一般小于 100pF，电感更难集成在芯片内。

（6）由于电阻和电容难以在集成电路中加工，可以用有源器件取代无源器件，多用 NPN 管代替电阻和电容。

第2章　晶体管开关电路

晶体管作为一种电控开关，属于无触点开关，利用电信号控制开启和闭合，一般用于电源管理、信号通断，与普通机械开关（如继电器、按钮开关等）不同。开关电路在电子产品中应用非常广泛，开关管均采用性能优异的 BJT 管、MOS 管等，使整机的效率、可靠性得到保障，故障率大幅下降。开关电路的切换速度非常快，实验室中的切换频率可达 100GHz 以上。

开关按照控制电流大小可以分为模拟信号开关（本书不涉及）、数字信号开关（小电流）、负载开关（大电流）。按照控制电源的正负极可以分为高端（高侧）开关、低端（低侧）开关、推挽半桥开关、H 桥开关、串联开关等，具体如图 2.1 所示。高端开关一般控制电源的正极，关闭后元器件不带电；低端开关一般控制电源的负极，关闭电源的回路，但是负载（LOAD）常带电；推挽半桥开关一般用于推挽电路增强驱动能力；H 桥开关一般用于直流电机的驱动电路；串联开关相当于两个开关串联构成与门逻辑，两个开关同时闭合才能构成回路。

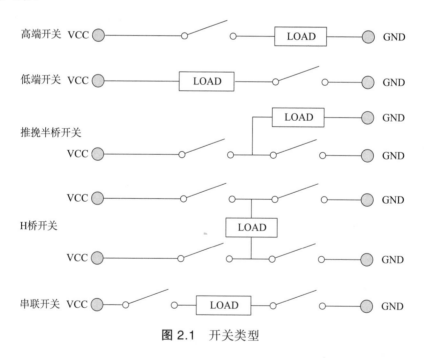

图 2.1　开关类型

2.1　BJT管开关电路

2.1.1　低端开关

1．低端数字信号开关

1）共射极低端数字信号开关

低端（低侧）数字信号开关电路如图 2.2 所示，由共射极放大电路演变而来，电路具有一定的直流放大倍数。R_1 为基极限流电阻，若无电阻 R_1，信号电平大于 0.6V 时基极会流过很大的电流，有可能损坏晶体管。与外部设备连接时，偏置电阻 R_2 保证在外部控制信号短路、悬空情况下，V_1 的基极接地时晶体管处于截止状态（以免发生未确定状态），防止外部干扰引起晶体管开关误动作，最好保留电阻 R_2。在 PCB 内部使用时，可以省去电阻 R_2。

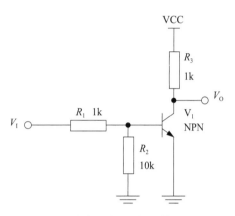

图 2.2　共射极低端数字信号开关

NPN 管低端数字信号开关，输入信号 V_I 为高电平，NPN 管导通，集电极和发射极之间有电流流过，输出信号 V_o 为低电平（饱和电压 $V_{CE(SAT)} = 0.2V$）；V_I 为低电平时，NPN 管截止，集电极和发射极之间无电流流过，NPN 管对地阻抗很大，输出信号 V_o 为高电平（VCC）。该电路属于反相或者非门电路，可以实现低电平信号与高电平信号相互转换（如 $V_{IH} = 3.3V$、VCC = 5V，$V_{IH} =$ VCC 或者 $V_{IH} = 5V$、VCC = 3.3V），即可以进行不同逻辑电平之间的转换。

该电路利用了外围电路的驱动能力，减少了 IC 内部的驱动，因此若想让它作为驱动电路，必须接上拉电阻才能正常工作，例如，单片机的 I/O 口，而且驱动能力与上拉阻值和电压有关，上拉电阻越大，相应的驱动电流就越小。

2）跟随器低端数字信号开关

跟随器（共集电极）低端数字信号开关电路如图 2.3 所示，继承了射极跟随器频率特性好的特点，可以实现高速开关，电压放大倍数为 1，具有直流增益。当 V_I 为高电平 $V_{IH} \geq$ VCC−0.6V（反之 VCC 无法流过晶体管达到负载）时，PNP 管截止，集电极和发射极之间无电流流过，V_o 输出高电平（约为

VCC）。当 V_{IL} 为低电平（如 $V_{IL} = 0.2V$）时，PNP 管导通，集电极和发射极之间有电流流过，V_O 输出低电平（大小为发射极电压 $V_E = V_{IL}+0.6V$），发射极与集电极电压差为 $V_{IL}+0.6V$（未饱和导通），意味着电阻 R_3 连接在比 $V_{IL}+0.6V$ 电位高的电源上，即发射极输出电压依赖于输入信号（输出电压比输入信号高 $V_{IL}+0.6V$）。由上可知，V_I 控制 VCC（$V_{IH} \geq VCC-0.6V$），电路设计时一般将信号 V_I 的高电平 V_{IH} 和电源 VCC 的电平值保持一致，满足 $V_{IH} \geq VCC-0.6V$，实现高电平信号转换低电平信号（$V_{IH} = 5V/3.3V$ 转换 VCC = 3.3V）。

如果没有 R_3，那么 V_O 输出是通过集电极和发射极与地连接在一起的，输出端悬空，即高阻态。此时 V_O 电平状态未知，如果后面一个电阻负载（即使很轻的负载）到地，输出端的电平会被这个负载拉到低电平，不能输出高电平。

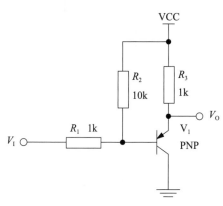

图 2.3　跟随器低端数字信号开关

根据图 2.3 所示电路加工 PCB 进行实测，PNP 管型号为江苏长电公司的 SS8550，$I_C = 1.5A$，VCC = 3.3V，测试结果见表 2.1。V_I 为高电平 3.3V 时，PNP 管截止，不同负载均能获得高电平 3.3V 输出；V_I 为低电平 0V 时，PNP 管非饱和导通，不同负载能获得不同的低电平输出，但是输出的低电平不够低（低电平电压一般要求约等于 0V，至少低于 30% × VCC = 0.3 × 3.3 = 0.99V，$V_O = 1.16V$ 对于低电平而言显然过高了），容易造成干扰。电路不适合用作电平转换，如高电平信号转换低电平信号（$V_{IH} = 5V/3.3V$ 转换 VCC = 3.3V），PNP 管不适合作为低端信号开关。

表 2.1　PNP 管低端数字信号开关实测

VCC/V	V_I/V	V_O（$R_3 = 1k\Omega$）/V	V_O（$R_3 = 24\Omega$）/V
3.3	悬　空	3.3	3.3
3.3	3.3	3.3	3.287
3.3	0	0.911	1.16

2. 低端负载开关

1）集电极开路低端负载开关

集电极开路（open collector，OC，称为 OC 门）低端负载开关电路如图 2.4 所示，图 2.2 所示电路中集电极连接负载电阻 R_3。当集电极不连接负载电阻 R_3 时，集电极变成输出端，称为集电极开路，广泛用于 LED、灯泡、继电器等外部负载的开关电路，NPN 管的集电极吸入电流，电流一般不大（负载电流达数百毫安以上的驱动电路难以实现）。吸入电流过大时可以采用达林顿管（功率型 MOS 管内部多采用达林顿类型结构），其放大倍数 h_{FE} 可达数千，导通时基极、发射极之间的压差为 1.2 ~ 1.4V，用 1mA 的基极电流就能够开关 10A 的集电极电流。在设计大电流电路时，还需要注意晶体管集电极、发射极之间的饱和电压 $V_{CE(SAT)}$（0.2 ~ 0.3V）、晶体管发热等问题。

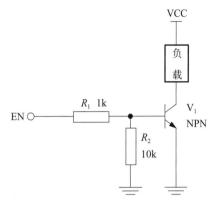

图 2.4　集电极开路低端负载开关

NPN 管导通时（$EN_H > 0.6V$），集电极和发射极之间有电流流过驱动负载，负载两端电压为 $VCC-V_{CE(SAT)}$；NPN 管截止时（$EN_H < 0.6V$），集电极和发射极之间无电流流过。

电路可以实现低电平信号控制高电平电源，如 $EN_L = 3.3V$ 控制 $VCC = 5V$ 电源；也可以实现高电平信号控制低电平电源，如 $EN_H = 5V$ 控制 $VCC = 3.3V$ 电源，以及相同电平、电源（$EN_H = 3.3V$ 控制 $VCC = 3.3V$）的控制。

此外，OC 门常用于连接多个器件的总线，同一时刻总线上仅有单个设备工作，因此几个 OC 门连接在一起形成"线与"（wired AND，正逻辑，集电极输出端接在一起，通过上拉电阻接电源）或"线或"（wired OR，负逻辑）。

2）发射极开路低端负载开关

发射极开路低端负载开关电路如图 2.5 所示，当 $EN_H \geqslant VCC-0.6V$ 时，PNP 管截止，集电极和发射极之间无电流流过。当 EN_L 为低电平时（如 $EN_L = 0.2V$），PNP 管导通，集电极和发射极之间有电流流过，集电极电压 $V_E = EN_L+0.6V$（$\leqslant VCC$，反之 VCC 无法流过晶体管达到负载），集电极与发射极电压差为 $VCC-V_E = VCC-(EN_L+0.6V) = VCC-0.6V-EN_L$，不饱和导通；意味着负载连接在比 $EN_L+0.6V$ 电位高的电源上，发射极输出电压依赖于输入信号（负载输出电压值比输入信号高 $EN_L+0.6V$）。由上可知，EN 控制 VCC（$EN_H \geqslant VCC-0.6V$），电路设计时一般将信号 EN 的高电平 EN_H 和电源 VCC 的电平值

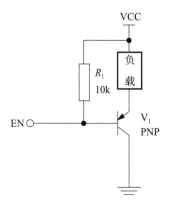

图 2.5　发射极开路型低端负载开关

保持一致，满足 $EN_H \geq VCC-0.6V$，实现高电平信号控制低电平电源（EN_H = 5V/3.3V 控制 VCC = 3.3V 电源）。

PNP 管导通时（EN_L < VCC–0.6V），集电极和发射极之间有最大电流流过驱动负载，负载两端电压为 VCC–0.6V–EN_L；PNP 管截止时（$EN_H \geq$ VCC–0.6V），集电极和发射极之间无电流流过。

可以实现相同电平信号控制相同电平电源，高电平 EN_H = 3.3V 控制 VCC = 3.3V 电源；也可以实现高电平信号控制低电平电源，EN_H = 5V 控制 VCC = 3.3V 电源。

上述两种低端负载信号（负载）开关中，PNP 管发射极开路低端负载开关设计不够周到，无法实现饱和导通；NPN 管集电极开路低端负载开关设计更周到，可以实现饱和导通，因此，低端负载开关优先选用 NPN 管。

2.1.2 高端开关

1. 高端数字信号开关

1）共射极高端数字信号开关

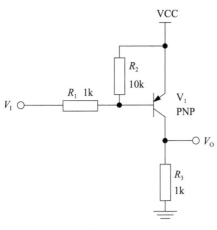

图 2.6　共射极高端数字信号开关

共射极高端数字信号开关电路如图 2.6 所示，由共射极放大电路演变而来，电路具有一定的直流放大倍数。偏置电阻 R_2 确保没有输入信号时晶体管处于导通状态（以免发生未确定状态），R_1 为基极限流电阻。若基极无限流电阻 R_1，信号过大时，基极会流过很大的电流，有可能损坏晶体管。

V_I 为 0V 时，PNP 管饱和导通，集电极和发射极之间有电流流过，输出信号 V_O 为高电平（VCC–0.2V）；V_I = VCC > VCC–0.6V 时，PNP 管截止，集电极和发射极之间无电流流过，输出信号 V_O 为低电平。该电路属于反相电路，由上可知，V_I 控制 VCC，电路设计时一般将信号 V_I 的高电平 V_{IH} 和电源 VCC 的电平值保持一致，满足 $V_{IH} \geq$ VCC–0.6V，实现上述逻辑电平转换。

2）射极跟随器高端数字信号开关

射极跟随器（共集电极）高端数字信号开关如图 2.7 所示，输出阻抗近似

为 0Ω（严格计算为数欧），在模拟电
路中一般接在共发射极和共基极等放大电
路的后级，目的是降低阻抗。NPN 管导通
时（输入信号 V_I 为高电平），集电极和发
射极之间有很大驱动电流流过（集电极和
发射极低阻抗通道），输出信号 V_O 的电平
为 V_I–0.6V；NPN 管截止时（V_I 为低电平
V_{IL} < 0.6V），集电极和发射极之间无电流
流过，NPN 管对地阻抗很大，输出信号 V_O
为低电平（0V）。该电路属于同相电路，

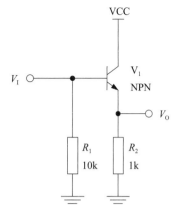

图 2.7 射极跟随器高端数字信号开关

输出信号 V_O 大小取决于输入信号，$V_O = V_I$–0.6V，不适合用作高端数字信号开关。

根据图 2.7 所示电路加工 PCB 进行实测，NPN 管型号为江苏长电公司的
SS8050，I_C = 1.5A，VCC = 3.3V，实测结果见表 2.2。V_I 为低电平 0V 时，NPN
管截止，不同负载均能获得低电平输出；V_I 为高电平 3.3V 时，NPN
管非饱
和导通，不同负载能获得不同的高电平输出，但是输出的高电平不够高（V_O =
2.703V/2.613V > 3.3 × 70% = 2.31V，虽然达到了输出高电平要求，但容限仅
为 0.3 ~ 0.4V），容易造成干扰。电路不适合用作电平转换，如高电平信号转
换低电平信号（V_{IH} = 5V/3.3V 转换 VCC = 3.3V），NPN 管不适合作为高端信
号开关。

表 2.2　NPN 管高端数字信号开关实测

VCC/V	V_I/V	V_O（R_2 = 1kΩ）/V	V_O（R_2 = 24Ω）/V
3.3	悬 空	0	0
3.3	3.3	2.703	2.613
3.3	0	0	0

2. 高端负载开关

1）集电极开路高端负载开关

集电极开路高端负载开关电路如图 2.8 所示，图 2.6 所示电路中集电极连
接负载电阻 R_3。当集电极不连接负载电阻 R_3 时，集电极变成输出端，称为集
电极开路，广泛用于 LED、灯泡、继电器等外部负载的开关电路，PNP 管的集
电极流出（吐出）电流，电流一般不大（负载电流达数百毫安以上的驱动电路
难以实现）。若 PNP 管的集电极流出电流过大，可以采用 PNP 型达林顿管，
其放大倍数 h_{FE} 可达数千之多。

EN_L < VCC-0.6V 时，PNP 管导通，集电极和发射极之间有电流流过驱动负载，负载两端电压为 VCC-$V_{CE(SAT)}$；EN_H > VCC-0.6V 时，PNP 管截止，集电极和发射极之间无电流流过，负载端（集电极）电平为 0V。

2）发射极开路高端负载开关

发射极开路高端负载开关如图 2.9 所示。图 2.7 所示电路中发射极连接负载电阻 R_2。当发射极不连接负载电阻 R_2 时，发射极变成输出端，称为发射极开路。NPN 管发射极是流出（吐出）电流，电流一般不大（负载电流达数百毫安以上的驱动电路难以实现）。若 NPN 管的发射极流出电流过大，可以采用 NPN 型达林顿管，其放大倍数 h_{FE} 可达数千。

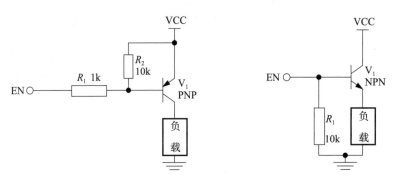

图 2.8　集电极开路高端负载开关　　图 2.9　发射极开路高端负载开关

NPN 管导通时（EN_H 为高电平），集电极和发射极之间有电流流过驱动负载，负载两端电压为 EN_H-0.6V；NPN 管截止时（EN_L 为低电平），集电极和发射极之间无电流流过，负载端（集电极）电压为 0V。

这两种高端负载开关中，NPN 管发射极开路高端负载开关设计不够周到，无法实现饱和导通；PNP 管集电极开路高端负载开关设计更周到，可以实现饱和导通，因此，高端负载开关优先选用 PNP 管。

2.2　MOS管开关电路

当输入信号 V_I 与 VCC 同一数量级时，可能会使 MOS 管跨越 3 个工作区，输出 V_O 与 V_I 不再是近似的线性关系，一般用电压传输特性曲线来描述。如果已知 MOS 管的输出特性曲线，可以用图解法画出负载线，分别交于 V_{DS} 横坐标点 V_{DD} 和电流 i_D 纵坐标点 VCC/R_D，负载线还会与预夹断线 $V_{DS} = V_{GS}-V_{GS(TH)}$ 存在交点（$V_{DSS} = V_{GS}-V_{GS(TH)}$），并与恒流区各条直线相交，连接这些交点构成电压传输特性曲线。对 NMOS 管来说，显然当 V_I < $V_{GS(TH)}$ 时，NMOS 管截止，

漏极电流为 0，输出电压处于高电平状态，即 $V_O = \text{VCC}$；当 $V_I > V_{DSS} + V_{GS(TH)}$ 时，NMOS 管进入可变电阻区，漏极电流达到最大值，通常认为 NMOS 管处于导通状态，输出电压近似为 0V，漏极电流为 0，即 $V_O = 0V$。一般来说，栅源极电压 V_{GS} 越大，其导通电阻 $R_{DS(ON)}$ 越小（功率型 MOS 管的导通电阻可低至数毫欧，可以当作理想二极管使用），导通电流越大。

MOS 管仅在导通与截止两种工作状态转换时，其工作特性表现为一个受控的电子开关。MOS 管工作在开关状态时，放大区（恒流区）只是两个状态转换的过渡区域。

$V_{GS(TH)}$ 是温度的函数，温度升高时，对于给定的 V_{GS}，总的效果是漏极电流减小，这种负温度系数关系可以使 MOS 管电路在采取诸如散热的情况下，具有很好的热稳定性。

在可变电阻区，R_{DS} 是一个受 V_{GS} 控制的可变电阻。

2.2.1　低端开关

1. 低端数字信号开关

1）NMOS 管共源极

NMOS 管共源极（源极接地、漏极开路）低端数字信号开关电路如图 2.10 所示，属于反相器或者非门电路，输入、输出相位相反。NMOS 属于增强型器件，只要输入信号 V_I 电压大于 NMOS 管的导通阈值电压 $V_{GS(TH)}$（如 2V），NMOS 管导通，V_{DS} 压降非常小，V_O 输出低电平；反之 V_I 电压小于 NMOS 管的导通阈值电压 $V_{GS(TH)}$，NMOS 管截止，V_O 输出高电平 VCC。可以实现不同逻辑电平之间的转换，低电平信号与高电平信号相互转换（如 $V_{IH} = 3.3V$ 转换 VCC = 5V 或者 $V_{IH} = 5V$ 转换 VCC = 3.3V）。

由于增强特性，输入、输出逻辑电平一致，因此，可以用 TTL 或者 CMOS 逻辑电路的输出直接驱动 NMOS 管，常用于反相器电路中，NMOS 与 NPN 替换方便。此外 NMOS 管与 JFET 管一样属于单载流子器件，不会发生电荷存储效应，可以实现高速开关，目前大量应用于高频率开关电路。

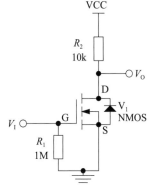

图 2.10　NMOS 管共源极

图 2.10 所示电路，当 V_I 为高电平时，流过导通 NMOS 管的电流较大，R_2 起到限流作用，意味着 R_2

的功耗也较大，为了减少功耗，可以用PMOS管代替R_2，构成CMOS反相器，属于互补器件，导通电阻相等。不管V_I输入高电平还是低电平，CMOS反相器总是一个MOS管导通，另外一个MOS管截止，而截止的MOS管等效阻抗很大，导通的MOS管等效阻抗很小，静态功耗很小，因此，CMOS反相器静态功耗非常小，几乎为0。低导通电阻可以给容性负载快速充放电，输出很适合驱动容性负载，其开关速度快，带负载能力也比较强，CMOS反相器近似于一个理想逻辑单元，其输出电压接近0V或者VCC。在IC设计中，用MOS管代替无源器件很常见。

2）PMOS管共漏极

PMOS管共漏极（源极跟随器）低端数字信号开关电路如图2.11所示，属于同相电路，输入、输出相位相同。功率型PMOS管（Si2301）导通阈值电压$V_{GS(TH)}$的最小值、典型值、最大值分别为$-0.4V$、$-0.6V$、$-1V$，取$V_{GS(TH)} = -0.6V$。由于$V_I \geq 0$，$V_{GS(TH)} < 0$，即$V_I - V_{GS(TH)} > 0$，$V_{DS} = 0 - V_S = -V_S$，$V_{GS} - V_{GS(TH)} = V_I - V_S - V_{GS(TH)} = V_I - V_{GS(TH)} - V_S > 0 - V_S = -V_S = V_{DS}$，处于放大区。若VCC = 5V，只要输入信号$V_I$为低电平，$V_O = V_I - V_{GS(TH)} = 0.6V$，$V_O$输出为低电平，PMOS管导通不彻底；反之输入信号$V_I$为高电平（3.3V）时，$V_O = V_I - V_{GS(TH)} = 3.9V$，$V_O$输出高电平，PMOS管截止。不足之处是在转换过程中，PMOS管处于放大区，但导通不彻底，输出信号取决于输入信号，即$V_O = V_I - V_{GS(TH)}$，因此，PMOS管不适合作为低端数字信号开关，推荐使用NMOS管低端数字信号开关。

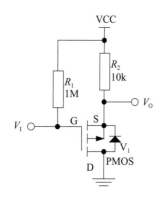

图2.11 PMOS管共漏极

根据图2.11所示电路加工PCB进行实测，PMOS管型号为VISHAY公司的SI2301CDS-T1-GE3，$I_D = 2.7A$，$V_{DS} = -20V$，导通阈值电压$V_{GS(TH)} = -0.4 \sim -1.0V$，VCC = 3.3V，测试结果见表2.3。$V_I$为高电平3.3V（悬空）时，PMOS管截止，不同负载均能获得高电平3.3V输出；V_I为低电平0V时，PMOS管非饱和导通，不同负载能获得不同的低电平输出，但是输出的低电平不够低（一般要求约等于0V，至少低于30% × VCC = 0.3 × 3.3 = 0.99V，$V_O =$

表2.3 PMOS管低端数字信号开关实测

VCC/V	V_I/V	V_O（$R_2 = 10k\Omega$）/V	V_O（$R_2 = 24\Omega$）/V
3.3	悬　空	3.3	3.3
3.3	3.3	3.3	3.294
3.3	0	0.717	1.021

1.021V 对于低电平而言显然过高了），容易造成干扰。电路不适合用作电平转换，PMOS 管不适合作为低端数字信号开关。

2. 低端负载开关

1）NMOS 管共源极

NMOS 管共源极，漏极开路（open drain，OD，称为 OD 门），如图 2.12 所示，和集电极开路输出十分类似，只要将 NPN 管换成 NMOS 管，集电极开路就变成漏极开路，OC 门就变成 OD 门，原理分析是一样的。

当输入使能信号 EN 为低电平电压（0V）时，V_{GS} 小于 NMOS 管的导通阈值电压 $V_{GS(TH)}$，NMOS 管截止，负载回路被切断，不能正常工作；反之输入使能信号 EN 电压为高电平，V_{GS} 电压大于 NMOS 管的导通阈值电压 $V_{GS(TH)}$，NMOS 管导通，负载正常工作。满足 $EN_H \geqslant V_{GS(TH)}$，可以实现不同电平、电源之间的相互控制（如 $EN_H = 5V$ 控制 $VCC = 3.3V$，$EN_H = 3.3V$ 控制 $VCC = 5V$，相同电平、电源的控制 $EN_H = VCC$）。

2）PMOS 管共漏极

电路设计时一般将使能信号 EN 的高电平 EN_H 和电源 VCC 保持一致。

PMOS 管共漏极（源极跟随器）低端负载开关电路如图 2.13 所示，$VCC = 5V$，使能信号 EN 为低电平（0V），V_{GS} 小于 PMOS 管的导通阈值电压 $V_{GS(TH)}$（-2V），PMOS 管漏源极电压为 2V 不导通，负载两端的电压为 $VCC + V_{GS(TH)} = 5 + (-2V) = 3V$，负载不能获得满幅度电源 VCC，可能不能正常工作或者欠压工作；反之使能信号 EN 为高电平（5V），V_{GS} 大于 PMOS 管的导通阈值电压 $V_{GS(TH)}$，PMOS 管截止，负载不工作，两端无电流流过。源极电压比栅极电压高 2V（$-V_{GS(TH)}$），即负载两端的电压取决于电源 VCC、PMOS 管 $V_{GS(TH)}$ 等因素，

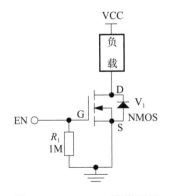

图 2.12　NMOS 管共源极

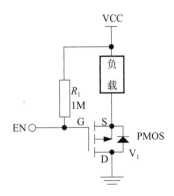

图 2.13　PMOS 管共漏极

负载不能获得满幅度电源 VCC，因此，PMOS 管不适合用作低端负载开关，推荐使用 NMOS 管低端负载开关。

2.2.2　高端开关

1. 高端数字信号开关

1）PMOS 管共源极

PMOS 管共源极高端数字信号开关电路如图 2.14 所示，属于反相电路，对比图 2.10 可知，采用 PMOS 管与采用 NMOS 管（源极接地低端数字信号开关）在电路构成上是一样的，只是把电源 VCC 与 GND（负极）互换位置而已，但是 PMOS 管的型号数量不如 NMOS 管多。

PMOS 属于增强型器件，只要输入信号 V_I 满足 $V_{GS} = V_I\text{-VCC}$ 小于 PMOS 管的导通阈值电压 $V_{GS(TH)}$（$=-2V$），PMOS 管导通，V_{SD} 压降非常小，V_O 输出高电平；反之 $V_{GS} = V_I\text{-VCC}$ 大于 PMOS 管的导通阈值电压 $V_{GS(TH)}$，PMOS 管截止，V_O 输出低电平。可以实现 $V_{IH} = 5V$（$\geqslant$ VCC）转换 VCC（$=5V$）。

2）NMOS 管共漏极

NMOS 管共漏极（源极跟随器）低端数字信号开关电路如图 2.15 所示，属于同相器，输入、输出相位相同。NMOS 属于增强型器件，假设 NMOS 管的导通阈值电压 $V_{GS(TH)} = 2V$，VCC $= 5V$。$V_G = V_{IH} = 5V$，$V_O = V_S = V_G\text{-}V_{GS(TH)} = 3.0V$，即漏源极之间存在压降 $V_{DS} = V_D\text{-}V_S = \text{VCC-}V_S = 2V$，说明 NMOS 管导通不彻底，相当于双极性结型 NPN 管的 $V_{BE(TH)} = 0.6V$ 变为 $V_{GS(TH)} = 2V$，与双极性结型 NPN 管射极跟随器开关电路相同；$V_G = V_{IL} = 0V$ 时，$V_{GS} = 0V < V_{GS(TH)}$，NMOS 管截止，V_O 输出低电平。

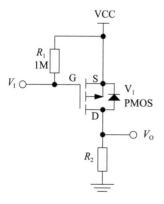

图 2.14　PMOS 管共源极

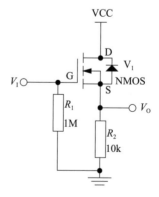

图 2.15　NMOS 管共漏极

如果有电流流过源极跟随器的漏极，其源极电压与栅极电压保持一定的电压差，源极电压低于栅极电压 $V_{GS(TH)}$，即 $V_O = V_I - V_{GS(TH)}$，输出电压取决于输入电压 V_I、NMOS 管的 $V_{GS(TH)}$ 等，电源 VCC 不能满幅度输出，因此，NMOS 管不适合用作高端数字信号开关，推荐使用 PMOS 管共源极高端数字信号开关。

根据图 2.15 所示电路加工 PCB 进行实测，NMOS 管型号为江苏长电公司 2N7002，$I_D = 115\text{mA}$，导通阈值电压 $V_{GS(TH)}$ 的最小值、典型值、最大值分别为 1.0V、1.6V、2.5V，VCC = 3.3V，测试结果见表 2.4。V_I 为低电平 0V（悬空）时，NMOS 管截止，不同负载均能获得低电平输出；V_I 为高电平 3.3V 时，NMOS 管非饱和导通，不同负载能获得不同的高电平输出，但是输出的高电平不够高（$V_O = 1.688\text{V} < 3.3 \times 70\% = 2.31\text{V}$，未达到输出高电平最低要求），导致输出为不确定状态，电路存在问题不能用作电平转换，NMOS 管不适合作为高端开关。

表 2.4　NMOS 管高端数字信号开关实测

VCC/V	V_I/V	V_O（$R_2 = 10\text{k}\Omega$）/V	V_O（$R_2 = 1\text{k}\Omega$）/V	V_O（$R_2 = 24\Omega$）/V
3.3	悬　空	0	0	0
3.3	3.3	1.668	0.640	0.507
3.3	0	0	0	0

2. 高端负载开关

1）PMOS 管共源极

PMOS 管共源极（漏极开路）高端负载开关电路如图 2.16 所示。只要输入使能信号 EN 满足 $V_{GS} = \text{EN} - \text{VCC}$ 小于 PMOS 管的导通阈值电压 $V_{GS(TH)}$（$= -2\text{V}$），PMOS 管导通，V_{SD} 压降非常小，负载几乎获得满幅度电源 VCC，正常工作；反之 $V_{GS} = \text{EN} - \text{VCC}$ 大于 PMOS 管的导通阈值电压 $V_{GS(TH)}$，PMOS 管截止，负载不工作。可以实现 EN = 5V（≥ VCC）控制 VCC = 5V。

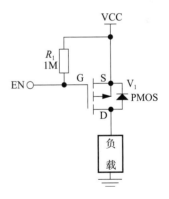

图 2.16　PMOS 管共源极

2）NMOS 管共源极

NMOS 管共漏极（源极跟随器）高端负载开关电路如图 2.17 所示。假设 NMOS 管的导通阈值电压 $V_{GS(TH)}$（$= -2\text{V}$），VCC = 5V。EN = V_G = 5V 时，由于 $V_{GS(TH)}$ 的存在，负载两端的电压为 $V_S = \text{EN} - V_{GS(TH)} = 5 - 2 = 3\text{V}$，负载不能获得满幅度电源 VCC，可能不能正常工作或者欠压工作，即漏源极之间存在压

降 $V_{DS} = V_D - V_S = VCC - V_S = 2V$，说明 NMOS 管导通不彻底，相当于双极性结型 NPN 管的 $V_{BE(TH)} = 0.6V$ 变为 $V_{GS(TH)} = 2V$，与双极性结型 NPN 管射极跟随器开关电路相同；当 EN = 0V 时，$V_{GS} = 0V < V_{GS(TH)}$，NMOS 管截止，负载不工作。因此，NMOS 管不适合用作高端负载开关，推荐使用 PMOS 管共源极高端负载开关。

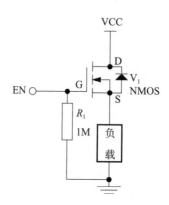

图 2.17　NMOS 管共漏极

总结 MOS 管和 BJT 管推荐用法如下：

如果用于高端数字信号开关或者高端负载开关，首选低阻抗、低功耗的 PMOS 管，次选 PNP 管，电路不动、外围电阻改变的情况下，两者可以相互替换。对于高端开关，V_1/EN（3.3V）可以直接转换同逻辑电平的电源 VCC（3.3V）。如低压信号 V_1/EN（3.3V）转换高压电源 VCC（12V/24V），可以增加一个低端数字信号开关辅助高端开关，详见第 3 章"组合负载开关电路"。

如果用于低端数字信号开关或者低端负载开关，首选低阻抗、低功耗的 NMOS 管，次选 NPN 管，电路不动、外围电阻改变的情况下，两者可以相互替换。可以实现不同逻辑电平的转换，$EN_H = 3.3V$ 控制 VCC = 12V/24V，无须增加一个信号开关辅助负载开关。

第3章　组合负载开关电路

在电子产品设计中，对电源的管理是至关重要的。

负载开关是一种提供从电源正极或负极到负载的电气连接的电源开关，而非机械开关。负载开关管理输出电源，通常可提供过压、过流和反极性保护等。

对电子设备应用来说，负载开关是不可缺少的元件，对低功耗设计来说，负载开关受到众多工程师重视。负载开关是可控的（如受微处理器 MCU、单片机等控制），它决定是否给某个指定负载供电，即通过外部使能信号控制导通或断开至指定负载的电源正极或负极。机械式开关导通阻抗约为 $0m\Omega$，MOS 管开关导通阻抗为数毫欧，BJT 管开关导通阻抗为 0.1Ω 至数欧，JFET 管开关导通阻抗为数欧至数百欧。

负载开关为指定的某个负载提供电源，如智能手机的蓝牙模块、GPS/BD 定位模块，若模块不用时处理器会关闭电源，以便减少功耗，提供了一种具有成本效益的电源控制方法。一般需要 3 个端口，逻辑控制（使能）端 VCC_EN、电源输入端（VCC）、电源输出端（VCC_LOAD），逻辑控制端的高低电平控制负载开关的闭合和断开，VCC_EN 为高电平，负载开关闭合，输出电源，VCC_EN 为低电平，负载开关断开，无电源输出，使用集成的负载开关可减少元器件数量并加快产品上市速度。

负载开关与电源开关不同，电源开关管理、控制输出电源，其输出电流大小会有限制；负载开关只是将电压和电流传递给"负载"，一般不具备电流限制功能，电流大小在负载开关能力范围内即可。

组合负载开关一般包含主管、辅管和逻辑控制电路三部分。

（1）主管：主管负责将电流从电源正极传输至负载（高端）或者从负载传输至电源负极（低端），作为电子"开关"元器件。主管一般采用晶体管（BJT 管或 MOS 管），是负载开关最重要的元器件，其重要参数是开关导通时的阻抗，与主管的结构和特性有直接关系，一般优先选用增强型 MOS 管。

（2）辅管：向主管的栅极（或基极）提供电压来控制主管的导通或关断，也称为电平转换电路，外部使能信号通过电平转换产生足够高或者足够低的栅极（或基极）偏置电压，从而控制主管的导通和关断。

（3）逻辑控制电路：主要功能是产生使能信号，并触发栅极（或基极）控制辅管，进而控制主管的导通和关断。

增强型 MOS 管一般在工作期间消耗的电流较少，在关断期间泄漏的电流也较少，并且具有比双极性结型晶体管更高的热稳定性，所以被广泛用作高端负载开关中的主管。主管可以是 NMOS 管，也可以是 PMOS 管。

对 NMOS 管来说，需要使用高压使能信号控制电源，控制电路电压从低压使能信号进行从低向高的电平转换，需要电荷泵电路或者其他高压偏置电源。

对 PMOS 管来说，栅极电压通常低于源极电压（源极与电源 VCC 相连），并且不需要特定的内部电路或外部电压轨，就可以实现 PMOS 管工作在放大区。这是通过采用栅极控制电路，将使能信号电平从高向低转换至适当的栅极电平来实现的。

NMOS 管高端负载开关可作为极低导通阻抗的高功率系统、低电源电压传递给负载的低输入电压系统的理想选择。另一方面，PMOS 管高端负载开关在要求设计复杂度不高的低功率系统或者要求将电源电压（正极）传递给负载的输入电压系统中具有一定优势。

3.1　负载开关分类

3.1.1　晶体管数量

按照晶体管数量，负载开关可以分为单晶体管、双晶体管、芯片（多晶体管）等。单晶体管负载开关一般用于低压供电系统，电源 VCC 与 VCC_EN$_\text{H}$（VCC_EN 信号的高电平）同属于一个电压系统，如目前主流的电源 3.3V 系统，使用单个 PMOS 管或 PNP 管就可以实现高端负载开关，如图 3.1 所示。可以由微处理器控制很多负载开关（蓝牙模块 BT、定位模块 BD/GPS、通信模块 NB、加速度传感器），在需要这些负载工作时负载开关闭合，其余时间负载开关断开以降低功耗，这也是降低功耗的一种很重要的方法，由于 PMOS 管的压降小，同等条件下推荐使用 PMOS 管。

若电源 VCC = 1.8V，使用单个 PMOS 管（导通阈值电压满足 $V_\text{GS(TH)} >$ –1.8V）或 PNP 管，控制信号 VCC_EN$_\text{H}$ 为高电平时（1.8V 或者 3.3V），可以关闭单个 PMOS 管或 PNP 管，这意味着高端负载开关默认（0V）是开启的，只有 VCC_EN 高电平有效时才关闭，适用范围会受到一定限制。可以使用基于 NMOS 管 /NPN 管的低端负载开关，如图 3.2 所示，低端负载开关默认（0V）是关闭的，只有 VCC_EN 为高电平有效时才开启，为避免静电损坏 NMOS 管，NMOS 管 V1 栅源极可并联 1MΩ 的偏置电阻。

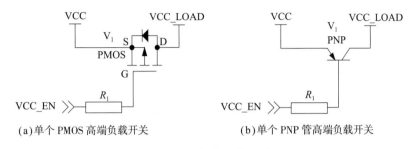

(a) 单个 PMOS 高端负载开关　　　(b) 单个 PNP 管高端负载开关

图 3.1 高端负载开关

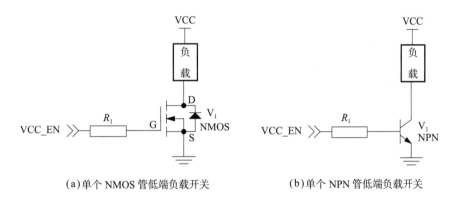

(a) 单个 NMOS 管低端负载开关　　　(b) 单个 NPN 管低端负载开关

图 3.2 低端负载开关

3.1.2 控制电源极性

按照控制电源极性，负载开关可分为 high side（高端、高侧、高边）负载开关、low side（低端、低侧、低边）。高端负载开关通过外部使能信号的控制来连接或断开电源（电池或适配器）至特定的负载。相比低端负载开关，高端负载开关"流出"电流至负载，而低端负载开关则是连接或者断开负载，它从负载"吸入"电流。

导通阻抗、上升/下降时间、工艺等因素决定了 PMOS 管价格比较贵。PMOS 管和 NMOS 管本质的区别是载流子不同，相同条件下 NMOS 管作为功率器件具有导通电阻小、价格便宜且容易制造等优点。

由公式 $P = I^2R$ 可知，只要 MOS 管的功耗 P 可以接受，使用 NMOS 管或者 PMOS 管都可以，一旦电流 I 很大，I^2R 就变得更大。要降低功耗就只能降低导通阻抗 R，PMOS 管导通阻抗性能不如 NMOS 管，因此，电池保护板、大电流H桥、开关电源和马达驱动等大电流应用场合使用NMOS管居多，常作为低端驱动负载开关。

在车载领域，高端负载开关相比低端负载开关有着更广泛的应用，原因主要在于短路保护和系统成本，电路短路（short circuit，SC）到地的概率要高于短路到电源，因此，使用高端负载开关比低端负载有更高概率减少短路问题。

NMOS管作为高端负载开关时需要高端驱动电路（辅助电路），而且其控制驱动电路会复杂些，实际应用时要综合评估。

3.2 组合负载开关

对于相同逻辑电平，使能信号EN（3.3V/5V）可以直接控制同逻辑电平的电源VCC（3.3V/5V）；对于不同逻辑电平，单个PMOS/PNP负载开关电路会出现无法截止的情况，需要额外增加一个开关辅助控制负载开关，至少需要两个晶体管（一个主管 + 一个辅管）。电源VCC（12V/24V）与VCC_EN$_H$（3.3V/5V）不属于一个电压系统时，低压信号VCC_EN$_H$（3.3V/5V）控制高电平电源VCC，可以用一个低端数字信号开关（辅管）辅助高端负载开关（主管），实际还需要根据电流大小、导通电阻、散热和热阻等进行综合考虑。

组合负载开关中由分立元器件构成的MOS管比较好买、容易备料、厂家多、型号多、价格便宜；集成了MOS管的负载开关芯片比较难买、不容易备料、厂家少、型号少、价格贵，缺货时难以找到替换的型号，对于量产的产品，选型要慎重。

3.2.1 高端组合负载开关

高端组合负载开关的形式主要有PNP主管 +NPN辅管、PNP主管 +NMOS辅管、PMOS主管 +NPN辅管、PMOS主管 +NMOS辅管等。

1. PNP主管 +NPN辅管

由PNP主管 +NPN辅管组成的高端组合负载开关电路如图3.3所示。

辅管（NPN管V_2）偏置电阻R_2的作用是保证在外部控制信号VCC_EN短路、悬空的情况下，源极电压通过偏置电阻R_2下拉到地，确保辅管保持稳定状态，使得负载开关的主管可靠工作，防止外部干扰引起主管误动作。

主管（PNP管V_1）的基极电阻R_3为限流电阻，VCC电压比较高，若无限

流电阻 R_3，则 V_1 基极电流过大时会损坏晶体管，因此，不能去除限流电阻。为避免 V_{EB} 电压超过额定电压，损坏晶体管，造成负载开关损坏，可以采用电阻分压保护，并联偏置电阻 R_4；或者采用电阻分压并联齐纳二级管保护，基极、射极并联偏置电阻 R_4 和齐纳二极管 D_1。两种保护方法都可以保护主管，可以使用单向或双向齐纳二极管，双向齐纳二极管不区分极性，可以任意焊接。

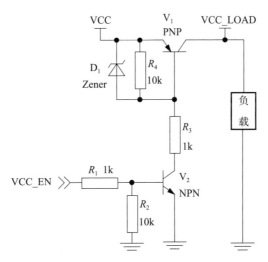

图 3.3 PNP 主管 +NPN 辅管高端组合负载开关

不足之处是 PNP 主管静态功耗较大、存在饱和压降 $V_{CE(SAT)}$（$0.2 \sim 0.3V$），传统 PNP 管饱和压降很少低于 100mV，较低的饱和压降晶体管可以用于中等电源负载开关，如 NXP 公司 PBSS 系列芯片就属于这种负载开关，电流 I_C 可达几安。

对于大电流的情况，可以使用达林顿管代替图 3.3 中的主管 V_1。

2. PNP 主管 +NMOS 辅管

由 PNP 主管 +NMOS 辅管组成的高端组合负载开关电路如图 3.4 所示，与图 3.3 的不同之处在于用 NMOS 管代替 NPN 管，R_2 电阻值改为 1MΩ。

DIODES 公司研制的 LMN200B02 负载开关，内部集成 PNP 主管 +NMOS 辅管 + 限流电阻 + 偏置电阻，无需外围元器件即可实现工作连续电流 I_C 为 200mA。特点是高阻抗输入，以减少对前级电路的电流输出驱动需求，静态损耗小，负载开关存在 0.2V 左右的饱和压降。

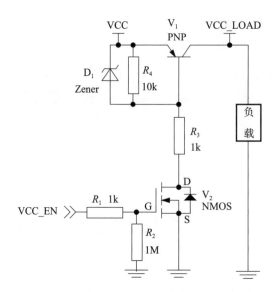

图 3.4 PNP 主管 +NMOS 辅管高端组合负载开关

3. PMOS 主管 +NPN 辅管

由 PMOS 主管 +NPN 辅管组成的高端组合负载开关如图 3.5 所示，对比图 3.3，用 PMOS 管代替 PNP 管，导通压降比 PNP 管小，可以用于中等电流场合，一般功率 PMOS 管的导通电流可以达几安。

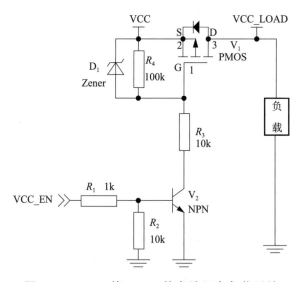

图 3.5 PMOS 管 +NPN 管高端组合负载开关

由于 MOS 管的导通内阻和温度是呈正系数关系，也就是说，随着温度的升高，内阻会变大。例如，流过 A 管的电流比 B 管大，所以 A 管的温升肯定比 B 管高，这时候 A 管的导通内阻会变大，内阻变大带来的效果是流过 A 管的电流会变小，存在负反馈，MOS 管完美地实现自主均流，因此，多个 MOS 管可以并联使用。

在大功率产品的实际应用场合，单个 MOS 管往往达不到电流要求，此时需要将多个 MOS 管并联起来应用（如电池保护板），这样大电流由多个 MOS 管分担，单个 MOS 管承担的电流比较小，防止局部电流集中（若电流局部集中，则器件会损坏），确保全部 MOS 管稳定工作。单管过大电流时，功耗大，对散热设计挑战很大。功率型和高速型 MOS 管内部并联很多微小的 MOS 管，并联导通阻抗更小。

特点：静态功耗较小、导通压降小（导通阻抗小，数十毫欧）。

4. PMOS 主管 +NMOS 辅管

由 PMOS 主管 +NMOS 辅管组成的高端组合负载开关如图 3.6 所示，对比图 3.5，用 NMOS 管代替 NPN 管。由于栅极存在寄生电容，开通瞬间需要大电流，通过限流电阻 R_1 控制 NMOS 管开通 / 关断瞬间电压的变化率，上升过快会导致 NMOS 管应力增加，产生振荡，过慢会导致 NMOS 管导通功耗增加，同样不利于 NMOS 管稳定工作，电阻值的选取变得很重要，小功率 NMOS 管不明显，大功率 NMOS 管栅极电阻变得很重要，选不好容易出问题。

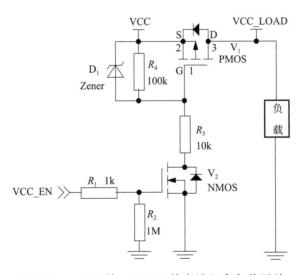

图 3.6　PMOS 管 +NMOS 管高端组合负载开关

在许多栅极驱动应用中，都需要限制栅极驱动的峰值，降低栅极电压的上升速度，从而降低由于 MOS 管漏极电压快速上升导致的 EMI 噪声。可以通过替换具有更低峰值电流的 MOS 管驱动器或串入一个栅极电阻，减缓 MOS 管栅极电压的上升和下降。

采用正确的 PCB 布局布线和选择合适的偏置电压旁路电容，可以使 MOS 管栅极电压得到很好的上升和下降时间。除了在偏置电压增加本地旁路电容外，MOS 管驱动器的良好铺地也很重要。

由于 MOS 管存在寄生电容，使用 MOS 管时，一般要求在栅源极并联一个电阻，作用如下：

（1）释放寄生电容的电流。

（2）作为泄放电阻起到防静电（ESD）的作用，避免处在高阻态，引起 MOS 管误动作，损坏 MOS 管的栅源极。

（3）提供固定偏置电压，前级驱动电路开路时，这个电阻可以保证 MOS 管有效关断，如 NMOS 管栅极电压为 0V，电压加在漏源两极时，会对米勒电容 C_{gd} 充电，导致栅极电压升高，不能有效关断 NMOS 管。

选择栅源两极并联电阻时，高频开关一般取 5kΩ 至数十 kΩ，阻值过大会影响 MOS 管的关断速度，阻值太小驱动电流会增大，功耗增大；低频开关时（开关不频繁）可以选择兆欧级，如防止电源反接、电压开关等不需要频繁开关的场合，降低功耗。

如果附近存在大功率电路，其干扰耦合会产生瞬间高压可能击穿 MOS 管，可以在栅源两极之间并联 TVS 管，TVS 管反应速度很快，瞬间可以承受很大的功率，吸收瞬间的干扰脉冲。

同样，由于 MOS 管存在寄生电容，使用 MOS 管时，一般要求栅极串联一个电阻，作用如下：

（1）减小瞬间电流：串联电阻与寄生输入电容 C_{ISS}（$C_{ISS} = C_{GD}+C_{GD}$）构成 RC 充放电电路，可以减小瞬间电流，不至于损毁 MOS 管的驱动芯片。

（2）抑制振荡：MOS 管驱动线路有寄生电感，寄生电感与 MOS 管的寄生电容构成 LC 振荡电路。由于 PWM 上升沿或下降沿会产生很大的振荡，含有丰富的频谱，可能与谐振频率相同或者相近，形成串联谐振电路，导致 MOS 管急剧发热甚至爆炸，栅极串联电阻可降低 LC 振荡电路的 Q 值，使振荡迅速衰减。

选择栅极串联电阻时，一般选择几百欧，低频开关电阻可以大一点，可以减缓 MOS 管的开启与通断；高频开关电阻要小一点。

MOS 管驱动电路布线环路面积要尽可能小，否则布线长、电感大，可能会引入外来的电磁干扰。驱动芯片的旁路电容要尽量靠近驱动芯片的 VCC 和 GND 引脚，否则走线的寄生电感会影响芯片的瞬间输出电流。

仙童公司（Fairchild）研制的芯片 FDG6324L，内部集成了 PMOS 主管 +NMOS 辅管负载开关电路，并包含齐纳二极管用于 ESD 静电保护，使得输入引脚上的静电得以释放，进而保护 NMOS 管的栅极绝缘层，齐纳二极管击穿电压一般小于 30V（小于栅极绝缘层的击穿电压），连续电流 I_C 为 600mA，只需少量外围元器件即可工作，应用电路如图 3.7 所示，负载电容 $C_2 \leqslant 1\mu F$，R_1 用于关闭 V_1，R_2 和 C_1 用于电平转换频率控制，R_2 电阻取值范围 $100\Omega \sim 1k\Omega$，R_1/R_2 比例控制在 $10 \sim 100$。

威世公司（Vishay）研制的芯片 SI3865DV，内部集成了 PMOS 主管 + NMOS 辅管负载开关电路，并包含 ESD 防静电二极管，连续电流 I_C 为 2.7A，只需少量外围元器件即可工作，应用电路如图 3.8 所示，R_1 为偏置电阻（典型值为 $10k\Omega \sim 1M\Omega$），R_2 和 C_1 为可选的电平转换频率控制元器件（典型值 R_2 为 $0 \sim 100k\Omega$、C_1 为 1nF），R_1 最小值至少为 10 倍 R_2 以确保开启 V_1。芯片可用于 3.7V 锂电池，作为给 4G、5G、NB-IoT 通信模块供电的高端负载开关。

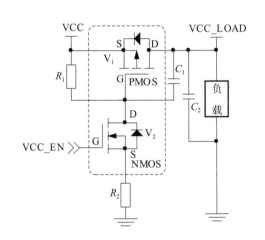

图 3.7　FDG6324L 应用电路

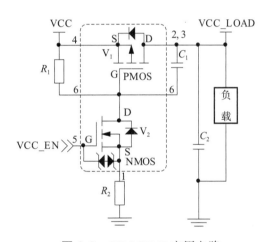

图 3.8　SI3865DV 应用电路

图 3.7、图 3.8 中，NMOS 管位于高端开关管 V_1 和电阻 R_2 的中间，既非高端开关也非低端开关，暂且称之为"中端开关"（中间、中侧、中边），R_2 电阻值不能太大，否则会抬高 NMOS 管源极电位，导致 NMOS 管的 V_{GS} 电压过小无法正常开启，好在 NMOS 管作为"中端开关"需要的电流 I_D 为微安级，经过较小阻值的 R_2，源极电位 V_S 升压值较小，对 NMOS 管辅助开关影响不大。

安森美公司研制的芯片 NTJD1155LT1G，集成了 N/P 双通道 MOSFET，MOSFET 在单个封装中集成了 PMOS 管和 NMOS 管通道，非常适合用于低控制信号、低电池电压和高负载电流。NMOS 管通道具有内部 ESD 保护功能，可以由 1.5V 的逻辑信号驱动，而 PMOS 管通道则用于负载切换，输入电压范围 1.8 ~ 8.0V，导通电流 3A。

5. 基于 NMOS 主管的高端负载开关

NMOS 管作为高端负载开关，需要增加高端驱动电路。使用高压使能信号控制电源，控制电路电压从低压使能信号进行从低向高的电平转换，需要一个电荷泵电路或者其他偏置高压电源，基于电荷泵的 NMOS 管高端负载开关如图 3.9 所示。

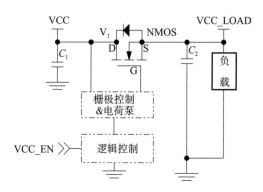

图 3.9　基于电荷泵的 NMOS 管高端负载开关

带外部偏置 V_{BIAS} 的 NMOS 管高端负载开关如图 3.10 所示，NMOS 管栅极电压通过直流偏置 V_{BIAS} 进行偏置，无需电荷泵电路，如采用 DC–DC 开关电源（使用电感或变压器储能）来提供高电平进行偏置，这也间接地增加了硅片面积和功耗，不是最佳解决方案。

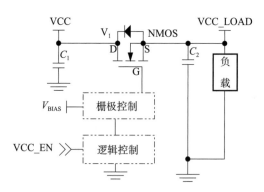

图 3.10　带外部偏置 V_{BIAS} 的 NMOS 管高端负载开关

由以上分析可知，复杂度在于需要额外的辅助高电平电路，如图 3.11 所示，需要一个额外的辅助电压 V_{BIAS}（若电压过大需要电阻 R_2 进行分压，以防损坏栅极），可以采用电荷泵电路进行升压，使 $V_{BIAS} > VCC+V_{GS(TH)}$，NMOS 管导通；无辅助电压 V_{BIAS} 时，NMOS 管截止，电源 VCC 不能导通。在一些情况下可以把单向导电电路（Oring 电路）放在输出端作为低端负载开关，同时用输出电压作为辅助电压。

NMOS 管型号为江苏长电公司 2N7002，$I_D = 115mA$，导通阈值电压 $V_{GS(TH)}$ 的最小值、典型值、最大值分别为 1.0V、1.6V、2.5V。加工 PCB 进行实测（不焊接 R_2），电源 VCC = 3.282V，负载阻抗为 100Ω，$I_D = 115mA$ 对应

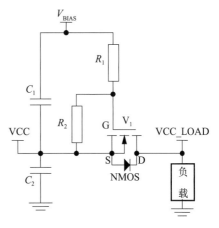

图 3.11 带辅助高电平电路的 NMOS 管高端负载开关

的导通阻抗 7Ω（$V_{GS} = 5V$），测量的负载端电压 VCC_LOAD(V_O) 见表 3.1。随着 $V_{BIAS}(V_B)$ 的增加，导通阻抗逐步减小，负载端电压 V_O 逐渐增加，当 $V_B > 6.5V$ 时导通压降变化不明显，$V_B = 8.3V$ 时，$V_{1GS} = 8.3-3.282 \approx 5V$，导通压降 $3.282-3.183 = 99mV$，比较小；反之 $V_B < 6.5V$ 时，导通压降比较大，特别是 $V_B < VCC+V_{GS(TH)} = 3.282+1.6 \approx 4.9V$，NMOS 管的漏源通道未导通，导通电流主要靠体二极管通道至负载端。若负载阻抗很小，需要对 NMOS 管进行更改，互换 NMOS 管的漏极和源极位置，避免体二极管导通。

表 3.1 负载端电压测试（1）

V_B/V	0	3.8	4.0	4.5	5.2	6.5	7.2	8.3	9.9	10.5
V_O/V	2.57	2.63	2.68	2.85	3.06	3.158	3.172	3.183	3.191	3.193

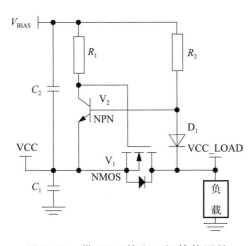

图 3.12 带 NPN 管和二极管偏置的高端负载开关

带 NPN 管和二极管偏置的 NMOS 管高端负载开关如图 3.12 所示，同样需要一个额外的辅助电压。

NMOS 管型号为江苏长电公司 2N7002（参数同上），加工 PCB 进行实测，电源 VCC = 3.282V，负载阻抗为 100Ω，测量的负载端电压 VCC_LOAD(V_O) 见表 3.2。随着 $V_{BIAS}(V_B)$ 增加，导通阻抗逐步减小，负载端电压 V_O 逐渐增加，当 $V_B > 6.2V$ 时导通压降变化不明显，$V_B = 8.0V$ 时，$V_{1GS} = 8.0-3.282 \approx 4.7V$，导通

压降 3.282–3.172 = 110mV，比较小；反之 V_B < 6.2V 时，导通压降比较大，特别是 V_B < VCC+$V_{GS(TH)}$ = 3.282+1.6 ≈ 4.9V，NMOS 管的漏源通道未导通，导通电流主要靠体二极管通道至负载端。

表 3.2　负载端电压测试（2）

V_B/V	0	3.5	4.0	4.8	5.2	6.2	7.4	8.0	9.7	11.0
V_O/V	2.56	2.59	2.68	2.96	3.049	3.140	3.166	3.172	3.181	3.186

图 3.12 的电路存在不足，V_2 的 NPN 管 PN 结电压 V_{BE} 与二极管 D_1 的导通压降一般不相等，NMOS 管的导通阈值电压 $V_{GS(TH)}$ 存在较大离散性，如果用于高可靠性的应用场合，需要对图 3.12 的电路进行改进，如图 3.13 所示。用两个 NPN 管 V_2、V_3 组成电流镜电路，再增加两个二极管 D_1、D_2 防倒灌，R_1、R_2 可根据具体电路具体分析，通常要折中选择，如果阻值过大会降低功耗，阻值太小又会增加功耗。

用 NMOS 管控制电源 VCC，需要偏置电源 V_{BIAS} 满足 V_{BIAS} > VCC+$V_{GS(TH)}$。

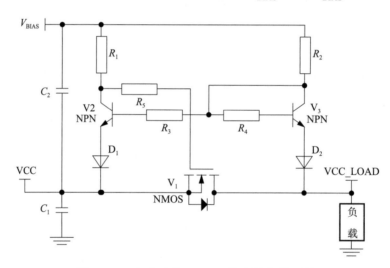

图 3.13　改进后的 NMOS 管高端负载开关

NXP 公司研制的 NMOS 管型号为 2N7002E（I_D = 385mA，导通阈值电压 $V_{GS(TH)}$ 的最小值、典型值、最大值分别为 1V、2V、2.5V），NPN 管型号为 2N2222A，见仿真图 3.1。VCC = 3.2V，V_{BIAS} = 8V > VCC+$V_{GS(TH)}$，NPN 管 V_2、V_3 导通，NMOS 管 V_1 体二极管、漏源通道导通，VCC_LOAD ≈ VCC，负载为 100Ω，NMOS 管 V_1 的负载电压为 3.16V、电流为 31.6mA、压降为 0.04V。V_{BIAS} 相当于使能控制端。若体二极管导通时电流驱动能力不足，需要互换 NMOS 管的漏极和源极。

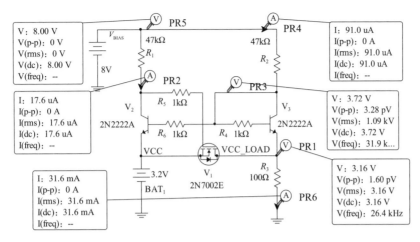

仿真图 3.1 改进后的 NMOS 管高端负载开关仿真

德州仪器公司研制的 BQ76200 芯片可以作为电池组前端充放电驱动方案，专门针对电池保护的高端 NMOS 管驱动，集成电荷泵功能。面向高功率锂电池应用高端 NMOS 管负载开关，提供先进的电源保护和控制，常用于电机驱动型应用，如无人机、电动工具、电动自行车等，简化原理图如图 3.14 所示。

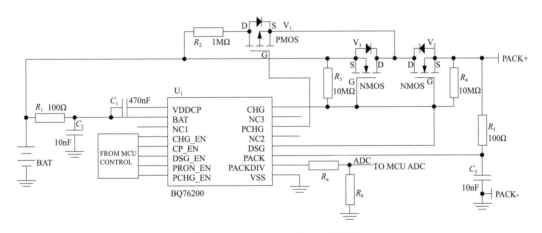

图 3.14 BQ76200 简化原理图

BQ76200 的主要特性与优势如下：

（1）电源电压范围广：可兼容多种电池架构、容量和 8~75V 的电压范围。

（2）高级保护 NMOS 管控制：快速开关切换特性最大限度地缩短了故障响应时间，在电池已经严重放电的情况下关闭放电 NMOS 管。

（3）加快开发进程和减少开销：使用电荷泵电路，配合多种 NMOS 管工作，加快开发进程。

（4）高集成度和小封装尺寸：BQ76200 将高电压电荷泵和双 NMOS 管驱动器集成于超薄紧缩小型封装。

6. 电荷泵

电荷泵（charge pump）也称开关电容式电压变换器，是利用"快速"电容或"泵送"电容（非电感或变压器）来储能的 DC–DC（直流 – 直流转换器）。利用电容作为储能元件，多用于产生比输入电压大的输出电压，或是产生高负电压输出。电荷泵的转换效率很高，可达 90% ~ 95%，电路也很简单。

电荷泵电路内置振荡器，需要"快速"电容，增加了设计复杂性和硅片面积，抵消了 NMOS 管因导通阻抗较低带来的硅片缩小优势。负载电流相对较小时，电荷泵增加硅片面积比导通阻抗所能缩小的面积要大，对 NMOS 管负载开关来说，其成本和设计复杂性要高于 PMOS 管负载开关，得不偿失。负载电流很大时，NMOS 管负载开关不失为一种很好的解决方案。

电荷泵利用开关元件控制连接到电容的电压。可以配合二阶段的循环，用较低的输入电压产生较高的脉冲电压输出。在循环的第一阶段，电容连接到电源端，充电到和电源相同的电压，在第一阶段会调整电路组态，使电容和电源串联。若不考虑漏电流的效应且无负载，输出电压会是输入电压的两倍（原始的电源电压加上电容两端的电压）。较高输出电压的脉冲特性可以用输出的滤波电容来滤波。

电荷泵升压基本电路如图 3.15 所示，1VCC、2VCC、3VCC 输出电压分别是输入电压的 1 倍、2 倍、3 倍。通过使用单独电源和时钟脉冲产生 N（$N \geq 2$）倍升压；仅使用时钟脉冲就可以产生 $-N$（$N \geq 1$）倍的反转电压。由于每一个肖特基二极管都存在正向压降，N 倍输出电压可以根据下面公式来计算：

$$V_{\mathrm{O}}(N) = \mathrm{VCC} \times N - V_{\mathrm{F}} \times 2 \times (N-1) - \alpha$$

其中，V_{F} 是肖特基二极管的正向压降；α 是电路中其他部分的损失。

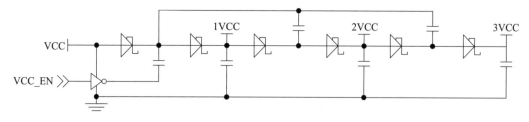

图 3.15　电荷泵升压基本电路

用二极管和电容组成的电荷泵很有用。在不使用芯片和电感线圈的情况下，二极管电荷泵能够高效输出 10mA 电流的整数倍的正、负电源电压，电路特点如下：

（1）简单，由肖特基二极管和电容组成。

（2）可以输出正、负电压，效率高。

（3）适合用于 DC–DC 转换器的辅助电压输出。

3.2.2 低端组合负载开关

低端组合负载开关的形式主要有 NPN 主管 +NPN 辅管、NPN 主管 +NMOS 辅管、NMOS 主管 +NPN 辅管、NMOS 主管 +NMOS 辅管等。

1. NPN 主管 +NPN 辅管

NPN 主管 +NPN 辅管组成的低端组合负载开关如图 3.16 所示。

特点：NPN 主管输出电压存在饱和压降，NPN 管适用于低端负载开关。

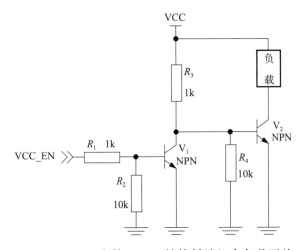

图 3.16 NPN 主管 +NPN 辅管低端组合负载开关

2. NPN 主管 +NMOS 辅管

NPN 主管 +NMOS 辅管组成的低端组合负载开关如图 3.17 所示。

特点：输入阻抗大，存在饱和压降，NPN 管适用于低端负载开关。

3. NMOS 主管 +NPN 辅管

NMOS 主管 +NPN 辅管组成的低端组合负载开关如图 3.18 所示。

NPN 管 V_1 截止时通过 R_3 对 NMOS 管 V_2 的输入电容 C_{ISS} 充电，NPN 管 V_1 导通时通过 NPN 管的集电极和发射极通道实现 NMOS 管的输入电容 C_{ISS} 快速放电。单向齐纳二极管防止 V_2 管栅源极电压超过额定电压，避免造成负载开关损坏。双向齐纳二极管可以不区分极性，适用于 NMOS 管和 PMOS 管。

特点：输出导通压降小（导通阻抗小，功率型 NMOS 管为数十毫欧）。

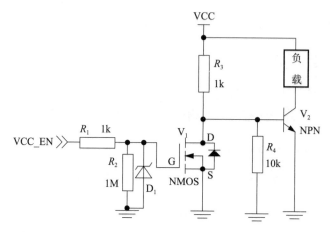

图 3.17 NPN 主管 +NMOS 辅管低端组合负载开关

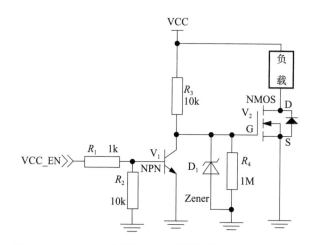

图 3.18 NMOS 主管 +NPN 辅管低端组合负载开关

4. NMOS 主管 +NMOS 辅管

NMOS 主管 +NMOS 辅管组成的低端组合负载开关电路如图 3.19 所示。

特点：高阻抗输入、静态功耗小、导通压降小（导通阻抗小，数十毫欧）。

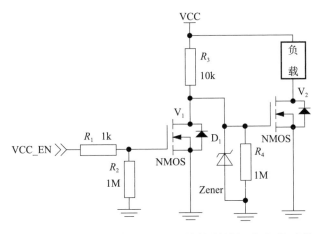

图 3.19　NMOS 主管 +NMOS 辅管低端组合负载开关

3.2.3　软启动

电源负载电路中通常会存在大容量电容（如 4G、5G、NB-IOT 通信模块等电源引脚会放置几个大电容以满足发射瞬间大电流需求）。负载开关的 PMOS 管导通瞬间会短暂流过比正常电流大得多的电流（上电瞬间，相当于容性负载短路），输出侧负载电容 C_L 的电荷接近 0 时，向输出 VCC_LOAD 施加电压的瞬间会流过大充电电流，称为浪涌电流（flash current），浪涌电流的峰值大体可以通过输入电压 VCC、PMOS 管的导通电阻 $R_{DS(ON)}$ 和负载电容 C_L 等效阻抗 ESR 确定。VCC 增加时，浪涌电流也相应变大，浪涌电流过大时，很可能造成输入电源的电平降低，引起误动作甚至有可能导致破坏。

对于容性负载，PMOS 管开通瞬间给后面的负载充电，瞬间充电电流很大，一般的电源芯片满足不了瞬间大电流需求，电源芯片会产生压降，导致 MCU 等器件复位或其他异常情况。为解决上述问题，在电源入口增加缓慢启动电路（软启动）。软启动就是电源缓慢启动，限制电源启动时的浪涌电流，作用是延缓电源的上电时间，降低上电的冲击电流。

许多高端负载开关都在栅极控制电路中采用斜率控制（slope control）或软启动（soft-start）功能电路。斜率控制功能可以在开关导通时限制 V_G 的上升速度，从而逐步产生 I_D。软启动功能用于开关导通时，减小浪涌电流，使输出电压缓慢上升，减小对输入电源的影响。很多开关电源芯片的手册都有软启动的描述，目前很多电源芯片内部也集成了软启动电路。在 PMOS 管栅源极并联合适的电阻和电容，组成积分网络，作为 RC 充电作用，电容慢慢充电，使输入信号的过冲电压延迟一段时间才作用到栅极上，而且电压幅度有所减弱，可以实现缓慢降低 PMOS 管栅极电压，让 PMOS 管慢慢导通，同时缓慢地使

$R_{DS(ON)}$ 变小，进而抑制浪涌电流，起到软启动的作用。为减小这种延迟对电路动态性能的影响，PMOS 管栅极电阻不宜过大，阻值在千欧级；对 NMOS 管也是同样适用的，栅极与源极之间存在寄生电容，NMOS 管栅极电阻不能过大，阻值在千欧级。

具体解决方法，一是调整偏置电阻，使偏置电压 V_{GS} 达到阈值电压，二是偏置电阻并联电容，进行 RC 充电，增加开启时间。对图 3.6 所示电路进行改进，如图 3.20 所示。当 V_2 管栅极电压由低变高时，V_2 导通，C_1 通过 R_3 放电，V_1 管栅极电压随之缓慢下降，从而控制 V_1 管缓慢导通，使 VCC_LOAD 电压幅度不会发生跃变。

图 3.20(a) 图中 PMOS 管右侧负载存在比较大的电容（容性负载），PMOS 管导通瞬间会有比较大的冲击电流，长时间工作后有可能导致 PMOS 管热击穿损坏。稳妥的做法是使用软启动，可以通过 V_1 的栅极、源极直接并联电阻 R_4、电容 C_1，组成 RC 充电电路，缓慢降低 V_1 的栅极电压，缓慢开启 V_1，$R_{DS(ON)}$ 逐渐变小，延长 PMOS 管导通时间，降低导通速度，抑制浪涌电流，如图 3.20(b) 所示。

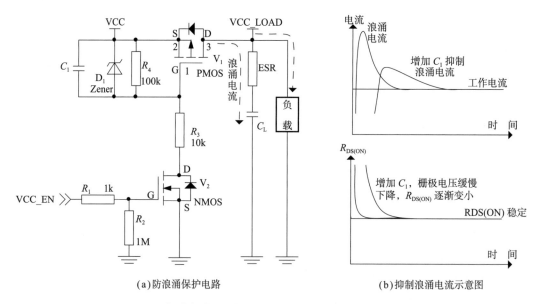

(a)防浪涌保护电路　　　　　(b)抑制浪涌电流示意图

图 3.20　高端负载开关防浪涌保护和抑制浪涌电流示意图

3.2.4　过压保护

MOS 管是一个 ESD 敏感元件，本身的输入电阻很高，栅源极间电容又非常小，所以很容易受外界或者静电影响而带电，容易引起静电击穿。

如果栅源极间的阻抗过高，则漏源极之间电压突变会通过极间电容耦合到栅极，产生相当高的 V_{GS} 电压过冲，这一电压会引起栅极氧化层永久性损坏，如果是正方向的 V_{GS} 瞬态电压还会导致器件误导通。为此要适当降低栅极驱动电路的阻抗，在栅源极之间并接偏置电阻或合适稳压值的齐纳二极管，特别要注意防止栅极开路工作。主管为 PMOS 管，栅源极保护方式如下。

1）电阻分压

防止栅源极间电压过高击穿 PMOS 管，如图 3.20(a) 所示，R_3 和 R_4 构成分压电路。如果 VCC 电压小于 PMOS 管栅源极额定电压，可以不分压。若电源 VCC 电压过大（大于栅源极额定电压 $V_{GS(MAX)}$），会损坏 PMOS 管，必须用两个电阻进行分压，降低 PMOS 管栅源极之间的电压。如果是用作低频负载开关，可以不用栅极电阻，但对于开关频率较高的应用场合，由于 PMOS 管的栅极对源极有寄生电容，PMOS 管没有栅极电阻 R_3 可能会造成工作不正常，栅极电阻可以防止开关时栅极电压振荡引起的 PMOS 管发热，建议保留。

2）齐纳二极管

在 PMOS 管栅源极之间增加一个齐纳二极管 D_1 钳位，齐纳二极管击穿电压 $V_Z < V_{GS(MAX)}$，如图 3.20(a) 所示。若不存在电阻分压网络，VCC $< V_Z <$ $V_{GS(MAX)}$ 时，齐纳二极管不起作用；VCC $> V_Z$，即输入电源发生突变时的过冲大于齐纳二极管击穿电压，齐纳二极管首先击穿导通，过压电流流经齐纳二极管，使栅源极电压保持在一个合理值，防止 V_{GS} 电压过高损坏 PMOS 管栅极绝缘层，PMOS 管被击穿。短时间的过冲，齐纳二极管可能能够恢复工作，但过冲时间过长或者过冲电压很大，可能损坏齐纳二极管，进而损坏 PMOS 管栅极绝缘层。考虑齐纳二极管的选型时，额定反向导通电压一般要大于 PMOS 管的导通阈值电压 $V_{GS(TH)}$ 且小于 PMOS 管栅源极的最大工作电压；产品形式可以选用单向齐纳二极管、双向齐纳二极管、两个单向齐纳二极管背靠背连接，后两种形式不区分极性，两极可以任意焊接。

3）降额设计

PMOS 管的耐压需要做降额设计，稳妥的降额因子为 80%（一般推荐为 66% ~ 50%），如 12V 的供电电压，PMOS 管栅源极的最大工作电压至少为 15V，栅源极工作电压选择 18V 的 PMOS 管更保险。如果供电电压不是一个固定值，而是一个范围值，PMOS 管栅源极并联齐纳二极管时，按照最大值的降额设计。

4）静电保护二极管

可以在输出端增加静电保护二极管，确保输出电压不超出正常工作范围。

3.2.5 驱动加速开启

晶体管 3 个电极中任意两个电极之间都存在寄生电容，存在电荷的存储效应，开关频率特性不是很好，高频范围放大倍数下降。因此，晶体管处于导通状态时，有基极电流在基区内积累电子，即使输入信号变为 0V，基区中的电子不能立即消失，造成时间滞后，滞后时间为微秒级，难以在高速开关中应用。

晶体管开关动作时，施加给晶体管的瞬间基极电流 I_B 比 I_C/h_{FE} 这一比值更大。晶体管的饱和压降 $V_{CE(SAT)}$ 减小，这是晶体管饱和导通功耗小的原因。如果饱和晶体管即将发生关闭动作，即使基极电流 I_B 瞬间变为 0，晶体管也不能立刻关闭，集电极电流在存储时间以及上升时间 t_r 后才变为 0。晶体管关闭时间 t_{OFF}（微秒级）开启时间 t_{ON} 要长，这是高速开关必须注意的事情。

MOS 管与晶体管 BJT 管相比，MOS 管是单极型器件，没有载流子积蓄时间，MOS 管开关速度较快，主要原因在于开启时间 t_{ON} 和下降时间 t_f 较快。一般电路会加快上升时间 t_r 和下降时间 t_f，但实际上关闭时间 t_{OFF} 更加重要。MOS 管的关闭时间 t_{OFF} 是低速的。功率型 MOS 管一般需要驱动电路，如果不能在栅源极之间对输入电容 C_{ISS}（功率型 MOS 管比较大）进行高速充放电，则不能充分发挥 MOS 管的高速开关特性。

1. 加速电容

可以给基极限流电阻 R_1 并联一个适当的电容 C_1，如图 3.21（a）所示，当输入信号上升、下降时为基极电流提供一条低阻抗交流通路，消除时间滞后的影响。V_I 由低电平变为高电平时，根据电容两端电压不能突变的原理，开启瞬间 C_1 可以认为短路，I_B 发生很大过驱动电流（正向脉冲电流），明显缩短了晶体管的开启时间 t_{ON}；V_I 由高电平变为电平时低，关闭瞬间由于 C_1 加速放电，I_B 同样发生很大过驱动电流（负向脉冲电流，将晶体管内的累积电荷以逆电流的形式释放，即存在反向基极电流），基极累积的少数载流子被强制排除在外部，极大地缩短了关闭时间 t_{OFF}。加速电容取值范围为 20～220pF，不宜过大，过大会增加电荷释放时间，增加晶体管的关闭时间，最优值为 $C_S = R_{BE} \times C_{BE}/R_B$，$R_B$ 为基极限流电阻。同样，增加加速电容，对 MOS 管而言也可以提高开关速度。

2．减小基极限流电阻

减小基极限流电阻是一种与加速电容等效的提高开关速度的方法，减小基极限流电阻也可以加快输出波形的上升速度，相当于基极限流电阻 R_1 与晶体管输入电容（米勒效应）构成的低通滤波器截止频率提高了，特别是前级电路驱动较弱时，减小基极限流电阻这种方法比较有效。

同样，对 MOS 管而言，栅极电阻 R_G 不可缺少，R_G 增加，开关时间变长（R_G 和 C_{ISS} 构成 RC 充放电电路，时间常数比较大），降低开关速度；R_G 减少，可以缩短开启时间 t_{ON} 的延迟时间（R_G 和 C_{ISS} 充电时间）t_{ON_Delay} 以及关闭时间 t_{OFF} 的延迟时间（R_G 和 C_{ISS} 放电时间）t_{OFF_Delay}，提高开关速度。减小栅极电阻 R_G，增加输入电流可以提高开关速度。实现高速开关需要具有大电流输出（推挽射极跟随器），上升时间、下降时间短的驱动电路。

3．集电极电阻

集电极电阻决定了输出的驱动能力，阻值越小，驱动能力越大，功耗也越大，若驱动电流为 1mA，集电极电阻为 1kΩ ～ 10kΩ。

4．肖特基二极管钳位

晶体管导通时工作在深度饱和状态是产生传输延迟的主要原因，避免进入深度饱和状态将大幅度减小传输延迟，如 74S 系列门电路使用了抗饱和三极管，由普通双极性结型晶体管和肖特基二极管（SBD）组成，即在基极和集电极插入开关速度快的肖特基二极管，利用肖特基二极管钳位来提高开关速度，如图 3.21（b）所示。肖特基二极管不存在 PN 结，而是以金属为正极、N 型半导体为负极形成具有整流特性的二极管，是一种热载流子二极管，由于金属侧没有少数载流子输入，不存在少数载流子累积效应，特点是动作速度十分快。一般而言肖特基二极管的正向电压 V_F 比晶体管的 $V_{BE(TH)}$ 低，原本流过晶体管基极的大部分电流现在流过肖特基二极管 D_1，流过晶体管基极的电流非常小（电荷的存储效应影响小，时间滞后非常短），可以认为晶体管导通状态接近截止状态。肖特基二极管钳位可以看作改变晶体管的静态工作点，减小电荷的存储效应影响，提高晶体管开关速度的方法。

肖特基二极管正向导通电压低（0.3 ～ 0.4V），晶体管的 B-C 结进入正向偏置后，肖特基二极管首先导通，并将 B-C 结的正向电压钳位在 0.3 ～ 0.4V，进而使 V_{CE} 保持在 0.4V 左右，有效地防止晶体管进入深度饱和状态（V_{CE} 为 0.2V 左右）。

如 74LS 系列（74LS00）与非门电路，将输入端的多发射极晶体管用 SBD 代替，由于 SBD 无电荷存储效应，有利于提高工作速度，此外还增加两个 SBD，进一步加速电路开关状态的转换过程。采用抗饱和晶体管的不足之处是增加了功耗，74S 系列的门电路平均功耗达 20mW，是 74 系列的两倍，输出低电平电压升高。

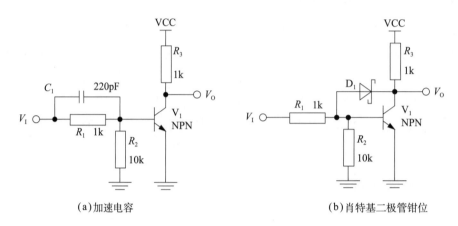

(a) 加速电容　　　　　　　　　　　　(b) 肖特基二极管钳位

图 3.21　加速开启

3.2.6　驱动加速关断

1. PMOS 管加速关断

MOS 管栅极和衬底之间有一层薄薄的二氧化硅绝缘层，栅极和衬底之间相当于存在寄生电容 C_{GS}。栅极加上电压后会给电容 C_{GS} 充电，当栅极上的控制电压撤掉后，若栅极悬空，电容 C_{GS} 上的电荷是不能马上释放的，栅极的电荷释放需要一定时间，不会瞬间截止。实际使用时，必须在栅极、源极之间建立泄放回路（比如直接短路或通过低阻抗放电），MOS 管才能快速地截止。在功率 MOSFET 电路中，快速关断在安全性上要比快速打开更重要。

负载有时不仅具有阻抗性，而且具有高容性。因此，当开关关断时，储存在容性负载上的电荷不会迅速释放，导致负载开关没有完全关断。为了避免这种情况，一些高端负载开关芯片如 MIC94060 增加了"活动负载放电"的功能，其目的是提供一个电流泄放通道，在开关关断时使容性负载迅速放电。通常采用小型低端 NMOS 管来实现这个功能，图 3.22(a) 中的虚线框对应 MIC94060/62 芯片负载开关，图 3.22(b) 虚线框中的 MIC94061/63 为容性负载放电负载开关，底部 NMOS 管的栅极与控制芯片内部相连，漏极与负载相连，当顶部 PMOS 主管关断时，底部 NMOS 管 V_2 导通，相当于"直接短路"，使容性负载瞬间放电完毕，加速 PMOS 主管截止。

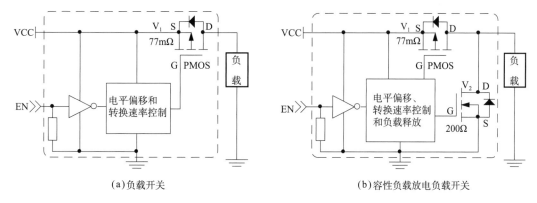

(a)负载开关　　　　　　　　　　　(b)容性负载放电负载开关

图 3.22　加速关断

2. NPN 管替换 NMOS 管

对比图 3.5 和图 3.6，两种负载开关的不同之处在于辅助管及其偏置电阻不同，图 3.5 中辅助管为 NPN、偏置电阻为 10kΩ；图 3.6 中辅助管为 NMOS 管、偏置电阻为 1MΩ。同样的 VCC_EN 信号，当 VCC_EN 信号由高变低时，聚集在基极的载流子（载流子为电子）可以通过 NPN 管的基极与发射极通道（通道阻抗 R_{BE} 只有几十欧至几百欧）以及 10kΩ 的偏置电阻迅速泄放至负极，瞬间关断 NPN 辅管和 PMOS 主管；但是对于 NMOS 管，其泄放通道不理想，栅极与源极之间的阻抗 R_{GS} 非常大，可以认为是断开的，加之偏置电阻为兆欧姆级，阻抗也比较大，因此聚集在 NMOS 管栅极与源极之间的载流子（载流子为空穴）泄放至负极速度较慢，难以在瞬间关断 NMOS 辅管和 PMOS 主管。就加速关断负载开关这一特性来说，若不增加外部驱动，NPN 辅管优于 NMOS 辅管，用 NPN 辅管替换 NMOS 辅管，是以牺牲功耗为代价换取速度，这是因为基极与发射极之间的阻抗为百欧级，泄放电流的速度远远快于栅（源）极泄放的速度。

此外对于一些控制 NMOS 管的负载开关，关闭时处于高阻态或者悬空态，聚集在栅极上的电荷没有低阻抗的通道释放，只能通过 NMOS 管栅源极之间的偏置大阻值电阻放电，造成放电时间过长，用 NPN 辅管替换 NMOS 辅管也是一种很好的解决方法。

3. 二极管加速关断

NMOS 管栅极驱动电阻反向并联一个快恢复二极管，如图 3.23(a) 所示，PMOS 管栅源极反向并联一个快恢复二极管，如图 3.23(b) 所示。

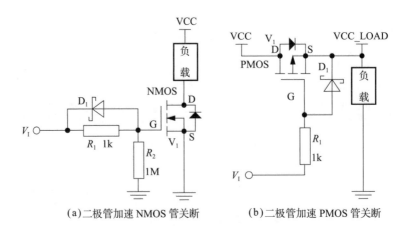

(a)二极管加速 NMOS 管关断　　　　(b)二极管加速 PMOS 管关断

图 3.23　二极管加速

快恢复二极管可以加速关断时间，V_1 为低电平时，聚集在栅极的电荷通过二极管的低阻抗通道（旁路掉电阻 R_1）迅速释放电荷，不经过栅极驱动电阻高阻抗通道（R_2），进而加速 NMOS 管或者 PMOS 管的截止。

4. 负电压加速关断

功率 MOS 管的栅极控制 MOS 管的开通与关断，如栅源极之间加正向电压（高电平），达到导通阈值电压后就能导通。同理，给栅源极一个低电压（低电平）MOS 管就能关断。若栅源极加负的关断电压，可以得到更大的放电电流，可以快速关断 MOS 管，如 IGBT 常用负电压进行加速关断。

5. 减小电阻阻值

NMOS 管（源极接地）作为低端负载开关，如图 3.23 所示，在减小 NMOS 管栅极限流电阻阻值的基础上，还可以减小 NMOS 管栅源极之间偏置电阻阻值，NMOS 管栅极输入电容的电荷通过栅源极之间的偏置电阻（低阻抗通道）快速放电，缩短 NMOS 管关断时间，进一步提高关断速度，这也是牺牲功耗换取速度的方法。

3.2.7　驱动开关高速化

1. 射极跟随器驱动高速化

射极跟随器驱动功率型 NMOS 管电路，在图 2.7 所示射极跟随器高端数字信号开关的基础上，射极输出端串联小阻值栅极电阻（10Ω）驱动功率型 NMOS 管（低端负载开关）。NPN 管开启时通过 NPN 管集电极和发射极低阻抗通道实现 NMOS 管输入电容 C_{ISS} 快速充电，实现 NMOS 管瞬间开启，缩短开启时间，NPN 管关闭时 NMOS 管输入电容 C_{ISS} 通过 NPN 管发射极电阻 R_2 高阻抗通道低速放电，延长关断时间，变成低速动作。本电路 NMOS 管导通很快，但是关断较慢。可以通过减小发射极电阻阻值，缩短 NMOS 管关断时间，相应地会增加功耗。

可以不减小发射极电阻阻值，在栅极电阻的前面串入肖特基二极管和 PNP 管，如图 3.24 所示，射极跟随器驱动电路可以省去基极限流电阻或者加速电容，缩短 NMOS 管关断时间，加快关断速度。

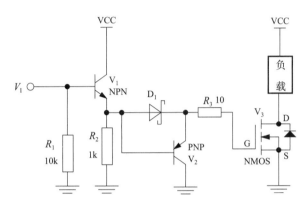

图 3.24 射极跟随器驱动高速化

工作过程如下：

（1）V_1 为高电平时，NPN 管 V_1 导通，肖特基二极管 D_1 导通（导通电流路径）、PNP 管 V_2 截止，通过肖特基二极管和栅极电阻 R_3 对 NMOS 管 V_3 栅极输入电容快速充电，NMOS 管 V_3 快速开启。

（2）V_1 为低电平时，NPN 管 V_1 截止，肖特基二极管 D_1 截止、PNP 管 V_2 导通（阻抗较小），R_3 为几欧，关断期间 V_3 管栅极和源极之间相当于短路，聚集在 NMOS 管 V_3 栅极输入电容的电荷通过栅极电阻 R_3 和 PNP 管 V_2 快速放电（PNP 管发射极向集电极引入电流至电源负极），PNP 管 V_2 为 NMOS 管 V_3 提供了一个有源泄放回路，实现 NMOS 管 V_3 快速关断。

优点是，NMOS 管输入电容的大放电电流被限制在栅极、源极、集电极、发射极构成的回路中。关断电流不会回到驱动中，不会引起接地反弹问题。PNP 管不会饱和导通，这对 NMOS 管的快速开启、关断很重要。电路的缺点是不能将栅极下拉至 0V，这是因为 PNP 管存在集电极 – 发射极压降。

2．集电极开路驱动高速化

集电极开路驱动功率型 NMOS 管电路在图 2.8 所示集电极开路高端负载开

关的基础上，集电极输出端串联小阻值集电极电阻（10Ω）驱动功率型 NMOS 管（高端负载开关）。电阻 R_1 并联加速电容，NPN 管 V_1 截止时通过 R_3 给 NMOS 管 V_2 输入电容 C_{ISS} 充电，NPN 管 V_1 导通时通过 NPN 管集电极和发射极通道实现 NMOS 管 V_2 输入电容 C_{ISS} 快速放电。集电极电阻 R_3（千欧级）的存在导致栅极电容充电变慢，NMOS 管开启慢、关断快。虽然可以通过减小集电极电阻 R_3，加快 NMOS 管开启时间，但是会增加电阻功耗。可以不减小集电极电阻阻值，在栅极电阻前面串入肖特基二极管 D_1 和 NPN 管 V_2，如图 3.25 所示，缩短 NMOS 管开启时间，加快开启速度。

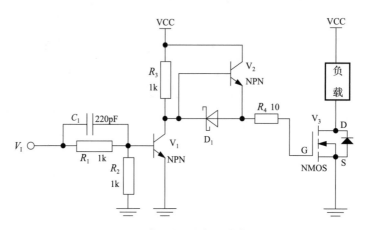

图 3.25　集电极开路驱动高速化

工作过程如下：

（1）V_I 为低电平时，NPN 管 V_1 截止，肖特基二极管 D_1 截止、NPN 管 V_2 导通，通过 NPN 管 V_2（电源正极经过 NPN 集电极到发射极）和栅极电阻 R_4 对 NMOS 管 V_3 栅极输入电容快速充电，NMOS 管 V_3 快速开启。

（2）V_I 为高电平时，NPN 管 V_1 导通，肖特基二极管 D_1 导通、NPN 管 V_2 截止，聚集在 NMOS 管 V_3 栅极输入电容的电荷通过栅极电阻 R_4 和肖特基二极 D_1 管快速放电，NPN 管 V_1、肖特基二极管 D_1 为 NMOS 管 V_3 提供了一个有源泄放回路，实现 NMOS 管 V_3 快速关断。

3. 推挽电路高速化

用 PNP 管代替图 2.7 中的电阻 R_2，变成分立元器件 NPN 管（高端）+PNP 管（低端）构成的互补推挽电路，如图 3.26 所示。在输出状态总有一个晶体管截止，另一个晶体管开启，在模拟放大电路中互补推挽电路可以减少 MOS 管处于放大区的时间，降低发热。由于射极跟随器的增益约为 1，所以不发生米勒效应，频率特性非常好，可以实现 NMOS 管高速开关。也可以使用集成推挽电路的驱动芯片实现 NMOS 管高速开关。

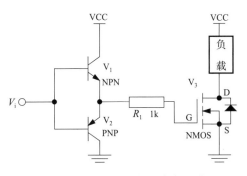

图 3.26　互补推挽电路高速化

3.2.8　防倒灌

在电子产品设计和应用中，接口保护电路很重要，如果接口电路设计不当，轻者导致工作紊乱不正常，重者损坏微处理器或者芯片 I/O 口。有时候在设计调试时没有发现问题，在批量生产或者使用时才出现芯片被烧掉等问题。在设计时考虑防倒灌就可以减少此类问题，提高产品的可靠性。

和水往低处流一样，电流总是由高电势流向低电势。如两个不同电压的电源并在一起，电流就会从电压高的一方流向电压低的一方，称为电流倒灌。对芯片来说，倒灌是电流反向流进芯片内部。

1. 低压电源系统防倒灌高端负载开关

对于图 3.1 中的分立 PMOS 管负载开关，使用连接器对外部设备供电，假设 VCC_LOAD 的电压大于 VCC+V_F，VCC_LOAD 会通过 PMOS 管的体二极管流向 VCC，若 VCC_EN 为低电平（0V）或者 VCC_LOAD−V_F−VCC_EN$_H$ > $V_{GS(TH)}$，PMOS 管漏源极之间的通道会进一步导通，提供一条低阻抗路径，因此，PMOS 管存在倒灌电流，严重的话会损坏 VCC 前端电路。

VCC = 3.3V，VCC_EN$_H$ = V_G = 0V，VCC_LOAD = 5V，见仿真图 3.2，外部电源 VCC_LOAD 经过 PMOS 管的倒灌电流为 1.72A（电流额定值 0.225A），VCC_EN$_H$ = V_G = 3.3V 时，倒灌电流为 1.63A。PMOS 管漏源极互换（由前面漏源极互换可知，此时栅极需要接地）也会存在倒灌电流，即 VCC_LOAD > $V_{GS(TH)}$、VCC_LOAD > VCC。PNP 管也存在倒灌电流，见仿真图 3.3，为 4.47mA。

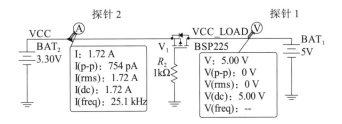

仿真图 3.2　PMOS 管负载开关倒灌电流仿真

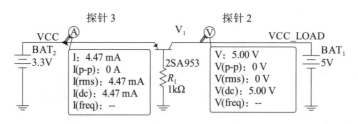

仿真图 3.3　PNP 管负载开关倒灌电流仿真

由上述分析可知，分立 PMOS 管适用于 PCB 内高端负载开关，PMOS 管漏极输出电源直接通过 PCB 的电源导线（铜皮）或者电源层达到负载端（属于同一网络，阻抗非常小，理论上无电压差），中间没有任何连接器（如插座）。若是通过连接器的方式对 PCB 外的负载供电，调试时如外部负载带电（VCC_LOAD 电源高于 VCC）或者连接错误，则可能出现倒灌（反向）电流，VCC_LOAD 电源通过 PMOS 管的体二极管导通后，进一步将 PMOS 管漏源极之间的通道导通，导通阻抗进一步降低（体二极管通道几乎无电流流过），VCC_LOAD 电流经 PMOS 管倒灌进入 VCC，在高可靠性电路设计中，应尽量避免倒灌电流，以免损坏电子元器件，如果 VCC 是 3.7V 锂电池，外接电源 VCC_LOAD（5V）会通过 PMOS 管的体二极管倒灌到电池进行充电，影响电池的性能寿命，若倒灌电压过大或者长时间充电，会进一步损坏电池。

分立 MOS 管由于工艺原因，会产生体二极管，两个 MOS 管背靠背（back to back）连接可以避免体二极管的影响。带体二极管的分立 MOS 管作为主管用于管理电源时，一般情况只能用于负载开关或者防倒灌功能（特殊情况例外），二选一，若将两个 MOS 管结合起来可以同时具有负载开关和防倒灌功能，解决电流倒灌问题，如图 3.27 所示，VCC 是输入电源，VCC_LOAD 是输出至负载。

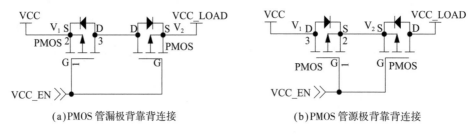

(a)PMOS 管漏极背靠背连接　　　　　(b)PMOS 管源极背靠背连接

图 3.27　两个 PMOS 管背靠背防倒灌

2. 高压电源系统防倒灌高端负载开关

前述的高压电源高端负载开关，不具有防倒灌功能，需设计一种具有防倒灌功能的负载开关，解决通过连接器对 PCB 外的负载电流倒灌的问题。

1）源极背靠背连接

源极背靠背电路由传输控制和输入逻辑组成，双 PMOS 管（主管）V_1、V_2 和电阻 R_1、R_2 构成传输控制，NMOS 管 V_3、电阻 R_3 和 R_4 构成输入逻辑，如图 3.28 所示。

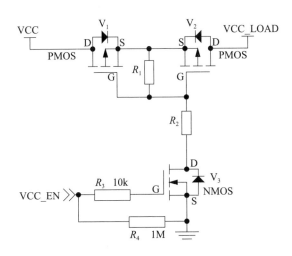

图 3.28 PMOS 管源极背靠背连接

R_3、R_4 分别为 NMOS 管 V_3 的限流电阻和偏置电阻，R_1、R_2 分别为双 PMOS 管共用偏置电阻和栅极电阻，一般 $R_1 \geqslant 10 \times R_2$，确保分压可以正常开启 PMOS 管。具体工作如下：

（1）VCC 接电源（如 12V），外部使能信号 VCC_EN 为高电平（3.3V）时，NMOS 管 V_3 栅极与源极之间的电压差大于导通阈值电压 $V_{GS(TH)}$（大于 0V），NMOS 管 V_3 导通后漏极电压接近 0V，偏置电流为微安级；PMOS 管 V_1 利用体二极管导通（压差 0.6V 左右），电阻 R_1、R_2 和 NMOS 管 V_3（导通状态）进行分压，V_1 管栅极与源极之间的电压差小于导通阈值电压（$V_{GS(TH)}$ = −2V），V_1 管导通并使用漏源极之间的低阻抗路径而非体二极管路径，与此同时，V_2 管由截止状态变为导通状态（源漏极之间的低阻抗路径），双 PMOS 管导通（负载开关导通，双向开关），输出 VCC_LOAD 电压约等于 VCC（VCC−$2 \times R_{DS(ON)} \times I_D$），压差取决于双 PMOS 导通电阻与导通电流，电流损耗为微安级（3.3V/1MΩ+VCC/(R_1+R_2)）。若此时 VCC_LOAD > VCC，VCC_LOAD 电压经过 V_2 管、V_1 管倒灌至电源 VCC，存在倒灌电流，这是需要避免的。

（2）VCC 接电源（如 12V），外部使能信号 VCC_EN 为低电平（0V）时，NMOS 管 V_3 栅极与源极之间的电压差为 0V，小于导通阈值电压 $V_{GS(TH)}$（大于 0V），NMOS 管 V_3 截止，NMOS 管漏极电压接近 VCC；PMOS 管 V_1 利用体二极管导通（压差为 0.6V 左右），电阻 R_1、R_2 和 NMOS 管 V_3（截止状态，R_{DS} 很大）进行分压，V_1 管栅极与源极之间的电压差约为 0V，大于导通阈值电压（$V_{GS(TH)} = -2V$），V_1 管截止（漏源通道截止），与此同时，V_2 管也截止（漏源通道和体二极管通道均截止），具有防止电流倒灌作用。

（3）VCC 不接电源，VCC_EN 为低电平（0V）时，NMOS 管 V_3 截止，若接入外部高压 VCC_LOAD（大于 VCC），PMOS 管 V_2 利用体二极管导通，电阻 R_1、R_2 和 NMOS 管 V_3（截止状态，R_{DS} 很大，远大于 R_1、R_2）进行分压，PMOS 管 V_2 栅极电压为 $V_{2G} = VCC \times (R_2+R_{DS})/(R_2+R_{DS}+R_1) \approx VCC$，PMOS 管 V_2 栅源极电压 $V_{2GS} = V_{1GS} = -VCC \times R_1/(R_2+R_{DS}+R_1) \approx 0V > V_{2GS(TH)}$，$V_2$ 管（漏源通道截止、体二极管通道导通）、V_1 管（漏源通道和体二极管通道均截止）截止，防止电流倒灌至电源 VCC，保护前级电源电路。

（4）VCC 不接电源，VCC_EN 为高电平（3.3V）时，V_3 管处于导通状态，外部高压 VCC_LOAD 可以使 V_2 管利用自身体二极管导通，V_1 管栅极与源极之间的电压差约为 VCC_LOAD，V_2 管导通并使用漏源之间的低阻抗路径而非体二极管路径，V_1 管也导通并使用漏源之间的低阻抗路径，VCC_LOAD 电压经过 V_2 管、V_1 管倒灌至电源 VCC，存在倒灌电流，这是需要避免的。

对图 3.28 所示电路进行实测，使用同型号的双 PMOS 管（型号为 AO3401A），NMOS 管 V_3（型号为 2N7002），合理配置电阻 R_1、R_2，具体如下：

（1）VCC 接 3.86V 锂电池，VCC_EN 为低电平 0V 时，V_1 管（漏源通道截止、体二极管通道导通）、V_2 管（漏源通道和体二极管通道均截止）截止。当 VCC_LOAD 接直流电源，从 3.8V 开始一直增加到 28V，电阻 R_1 两端电压约为 0V，V_2 管（漏源通道截止、体二极管通道导通）、V_1 管（漏源通道和体二极管通道均截止）截止，没有电流流入 3.86V 锂电池（对其进行充电），V_1 管起到防止电流倒灌的作用，即 VCC_LOAD 电压很大时，电压 VCC 几乎不变，电流损耗约为 0，可以忽略不计。

（2）VCC 接 3.86V 锂电池，VCC_EN 为高电平，3 个 MOS 管均已导通的情况下，VCC_LOAD 外接电压大于 VCC，会存在电流倒灌至电源 VCC。

综上所述，源极背靠背连接的不足之处是 VCC_EN 为高电平的情况，外接电压 VCC_LOAD 大于 VCC 时，存在电流倒灌风险。电路损耗比传统负载开关低，可以作为一个理想的负载开关，VCC_EN 为低电平时，具有一定的防电流倒灌作用。

2）漏极背靠背连接

漏极背靠背电路由传输控制和输入逻辑组成，双 PMOS 管（主管）V_1、V_2 和电阻 R_1（一般 $R_1 \geqslant 10 \times R_2$）、$R_2$ 构成传输控制，NMOS 管 V_3、电阻 R_3 和 R_4 构成输入逻辑，如图 3.29 所示，与图 3.28 差别不大，只是背靠背连接方式不一样。

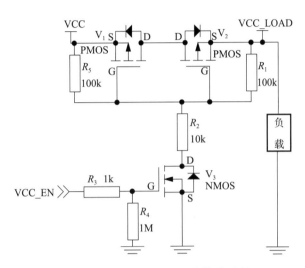

图 3.29　PMOS 管漏极背靠背连接

具体工作如下：

（1）VCC 接电源（如 12V），外部使能信号 VCC_EN 为高电平（3.3V）时，NMOS 管 V_3 导通，PMOS 管 V_1 导通并使用漏源之间的低阻抗路径而非体二极管路径，与此同时，V_2 管利用体二极管导通（源漏之间的低阻抗路径），输出 VCC_LOAD 电压约等于 VCC；若此时 VCC_LOAD > VCC，VCC_LOAD 电压经过 V_2 管、V_1 管倒灌至电源 VCC，存在倒灌电流，这是需要避免的。

（2）VCC 接电源（如 12V），外部使能信号 VCC_EN 为低电平（0V）时，NMOS 管 V_3 截止，PMOS 管 V_1、V_2 也截止，VCC_LOAD 无电压输出，具有防止电流倒灌作用。

（3）VCC 不接电源，VCC_EN 为低电平（0V）时，NMOS 管 V_3 截止，PMOS 管 V_1、V_2 也截止，VCC_LOAD 无电压输出，防止电流倒灌至电源 VCC，保护前级电源电路。

（4）VCC 不接电源，VCC_EN 为高电平（0V）时，V_3 管处于导通状态，外部电压 VCC_LOAD 可以使 V_2 管导通，V_1 管也导通，VCC_LOAD 电压经过 V_2 管、V_1 管倒灌至电源 VCC，存在倒灌电流，这是需要避免的。

综上所述，VCC_EN 为高电平时，若外接电压 VCC_LOAD 大于 VCC，会存在电流倒灌风险。VCC_EN 为低电平时，具有一定的防电流倒灌作用。

3）电路特点

（1）根据同型号双 PMOS 管参数调整电阻 R_1 和 R_2，一般 $R_1 \geqslant 10 \times R_2$，满足 PMOS 管开启电压需要。

（2）根据 NMOS 管参数调整电阻 R_3 和 R_4，满足静态功耗要求。

（3）使能信号 VCC_EN 控制输入逻辑电路 NMOS 管 V_3 导通与截止，进而控制双 PMOS 管负载开关的导通与关断。NMOS 管导通时双 PMOS 管具有双向开关功能，NMOS 管截止时双 PMOS 管具有防电流倒灌功能。

（4）VCC_EN 为高电平时，若外接电压 VCC_LOAD 大于 VCC，会存在电流倒灌风险。VCC_EN 为低电平时，具有一定的防倒灌作用。

源极背靠背连接与漏极背靠背连接的不同之处是，源极背靠背连接在中间控制负载开关时，需要在中间栅源极串联偏置电阻，不管是正向还是反向，必须先导通其中一个 PMOS 管体二极管及其漏源通道，然后再控制另外一个 PMOS 管的开启与截止；漏极背靠背连接可以分别在左右两边控制负载开关，需要明确在左边栅源极还是右边栅源极串联偏置电阻，或者同时串联两个偏置电阻，不管是正向还是反向，只要栅源极电压 $V_{GS} < V_{GS(TH)}$（导通阈值电压），其中一个 PMOS 管漏源通道导通（体二极管截止）后，才能导通另外一个 PMOS 管的体二极管及其漏源通道。

传统负载开关导通时电流损耗在毫安级，且不具有防电流倒灌功能，上述两种电路使用同型号的双 PMOS 管（也可以使用同参数的对管），负载开关导通时，电流损耗为微安级，压差小（取决于双 PMOS 管导通电阻与导通电流之积），功耗很低，可以作为一个理想的负载开关。负载开关关断时，电流损耗约为 0，可以忽略不计。加权平均电流损耗为微安级，比传统负载开关小两个数量级以上，降低了设备的功耗，延长了电池的工作时间，降低了设备维护成本，特别适合长时间休眠的物联网应用，且具有低成本的优点。

3. 芯片防倒灌解决方案

AUIR3241S 作为高端 NMOS 管负载开关的驱动器，内部集成二极管的升压转换电路，为 NMOS 管导通提供必要的开启电压 $V_{GS(TH)}$，在典型的 NMOS 管背靠背配置中，具有非常小的静态电流（打开和关闭状态下）。如图 3.30 所

示，两个 NMOS 管源极背靠背相连，其中一个 NMOS 管作为开关，另外一个
NMOS 管起到防止电流倒灌的作用。

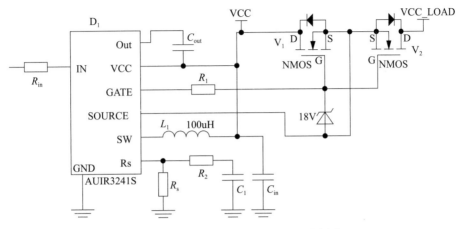

图 3.30 基于 AUIR3241S 芯片防倒灌

第4章　电平转换电路

随着人们对芯片需求的日益增长，芯片加工工艺的提升，芯片的集成度越来越高，基于人们对更小尺寸的追求，晶体管的尺寸也在持续缩小，相应的晶体管之间的间距也在变小，晶体管击穿电压变得更低，当击穿电压低于工作电源电压时，必然要求降低电源电压。随着芯片集成度的提高和复杂程度的增加、整体功耗的降低，不可避免的后果就是芯片的内核电压不断降低，从5V降至3.3V、3.0V、2.5V、1.8V、1.5V、1.2V甚至更低。在电路设计过程中，经常碰到微处理器的I/O逻辑电平与其他模块的I/O逻辑电平不同的问题，这意味着芯片的内核电压可能不一致，为保证芯片之间的通信需要进行逻辑电平转换。如果两边芯片的逻辑电平不一样，直接连接进行通信，可能出现电流倒灌甚至进一步损坏芯片。

电平转换有单向和双向之分，最常见的单向电平转换（如MCU至外部设备）有RS232、RS485等，双向电平转换有I^2C、SPI等。根据不同的电压系统和转换速度，选择合适的解决方案，如1.8V与3.3V之间的电平转换，3.3V与5V之间的电平转换。

电平转换有不同的解决方案，从低成本的分立元器件到芯片解决方案，在价格上分立元器件更有优势，如晶体管、MOS管等，无须使用专用的电平转换IC，可节约硬件物料成本；但芯片解决方案使用较为广泛。

4.1　阈值电压

如图4.1所示，两个不同工作电压的芯片相互通信时，不论是CMOS电路驱动TTL电路还是TTL电路驱动CMOS电路，驱动端能为负载端提供符合标准的高低电平和足够的驱动电流，必须满足电路的输出（驱动端、V_O）、输入（负载端、V_I）阈值要求，$V_{OH(MIN)} \geqslant V_{IH(MIN)}$、$V_{OL(MIN)} \leqslant V_{IL(MIN)}$、$|I_{OH(MAX)}| \geqslant n \times I_{IH(MAX)}$、$I_{OL(MAX)} \geqslant m \times |I_{IL(MAX)}|$，绝对值表示电流的方向，$n$和$m$分别为负载电流的数量，称为驱动端的扇出系数。

电源为5V时，TTL和CMOS系列门电路对应的输出、输入的阈值电压范围见表4.1，此外还需参考芯片制造商的数据手册以满足设计要求，根据需求选择合适的电平转换电路。

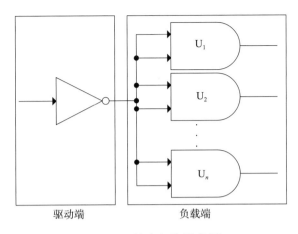

图 4.1 驱动电路示意图

表 4.1 5V 系统逻辑电平输出、输入阈值

芯片类型	$V_{\text{OH(MIN)}}$/V	$V_{\text{OL(MAX)}}$/V	$V_{\text{IH(MIN)}}$/V	$V_{\text{IL(MAX)}}$/V
74HC/HCT 74AHC/AHCT	4.4	0.33 0.44	74HC/AHC: 3.15 74HCT/AHCT: 2.0	74HC/AHC: 1.35
74S/AS 74LS/ALS	2.7	0.5 0.5	2.0	0.8
74	2.4	74F/74S/AS: 0.5 74: 0.4	2.0	0.8

3.3V 逻辑电平转换成 5V：如果 5V 系统输入逻辑电平能够承受 3.3V 系统输出逻辑电平，即 3.3V 输出的 $V_{\text{OH(MIN)}}$ 大于 5V 输入要求电平 $V_{\text{IH(MIN)}}$、3.3V 输出的 $V_{\text{OL(MAX)}}$ 小于 5V 输入的 $V_{\text{IL(MAX)}}$，那么 3.3V 逻辑电平转换成 5V 逻辑电平最简单、最理想的方法是直接连接。

5V 逻辑电平转换成 3.3V：如果 3.3V 系统输入逻辑电平能够承受 5V 系统输出逻辑电平，5V 系统可以直接连接 3.3V 系统。

4.2 电阻电平转换

4.2.1 电阻分压电平转换

电阻分压电路一般适用于高电平系统向低电平系统转换，如 5V 系统转换至 3.3V 系统，电阻分压阻性接口等效电路如图 4.2 所示。一般而言，5V 系统输出电阻 R_{s} 比较小（数欧级），3.3V 系统负载电阻 R_{L} 比较大（兆欧级），选择 R_1 远大于 R_{s}（$R_1 \geq 10 \times R_{\text{s}}$），$R_2$ 远小于 R_{L}（$R_2 \leq R_{\text{L}}/10$），可以忽略电阻分压网络的影响。

此外还需要在电阻功耗和转换速度之间取舍，满足设计要求，电阻功耗要求尽可能小，这意味着电阻 R_1 和 R_2 应尽可能大。增加的电阻和负载电容（电路器件分布和寄生电容）构成 RC 电路，会对输入信号的上升和下降时间延迟产生不利影响，甚至无法高速转换，因此，R_1 和 R_2 取值需要根据实际需求来定。

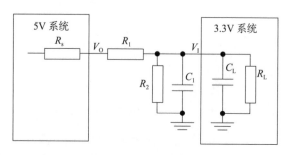

图 4.2 阻性接口等效电路

电阻分压电平转换电路最大的优点是便宜，采购容易，占用面积小。

不足之处如下：

（1）分压法为了降低功耗，使用千欧级的电阻和相应负载电容，转换速度很难上去，一般应用于低频率的转换。

（2）使用大阻值的电阻，驱动能力减弱，不能驱动大电流的应用场合，如 LED 灯、蜂鸣器等。

（3）泄漏电流是最大的缺点，由于使用电阻直连，两种不同电压系统的电流会流动到负极，从而互相影响。例如，RS232 接口采用该方案，上电瞬间外部设备就给主芯片提供电平，轻则影响时序导致主芯片无法启动，重则导致主芯片出现闩锁效应，损坏芯片。

4.2.2 电阻限流电平转换

高电平（5V）系统向低电平（3.3V）系统转换，可以使用限流电阻，将5V 系统的输出降低到适用于 3.3V 系统输入的电平，电阻为千欧级（取决于两套系统电压差和低电平系统输入电压、电流要求），限流电阻电路如图 4.3 所示。

电阻限流电平转换电路最大的优点是便宜，一个电阻就解决，容易实现。

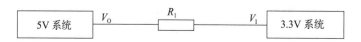

图 4.3 电阻限流电平转换电路

不足之处是电阻取值比较复杂，需要对两种系统的芯片内部很熟悉，满足匹配要求，通过计算、测试选择合适的电阻。

4.3 二极管电平转换

4.3.1 肖特基二极管单向转换

5V 系统转 3.3V 系统时,用肖特基二极管补偿的电平转换电路如图 4.4 所示。

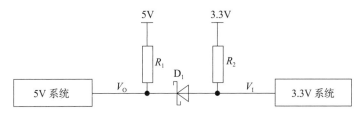

图 4.4 肖特基二极管单向转换电路（一）

信号流从左到右转换，工作过程分析如下：

（1）当 V_O = 5V，肖特基二极管 D_1 截止，V_I = 3.3V，为高电平。

（2）当 V_O = 0V，肖特基二极管 D_1 导通，$V_I = V_F$ = 0.3V，为低电平。

优势：肖特基二极管漏电流比普通 PN 结二极管稍微大一点，可以选用漏电流非常小的（μA 级）二极管，单向防止电源倒灌，容易实现。

不足之处：电平误差大，主要是普通 PN 结二极管的正向压降较大，容易超出芯片的工作电压范围；只能单向防倒灌电流，不能双向防止电流倒灌（V_O 和 V_I 不能互换位置，肖特基二极管阴极接高电平、阳极接低电平）；由于电阻限流，转换速度和驱动能力不足，用于低频率的电平转换。

3.3V 系统转 5V 系统时，5V 输入的高、低电压阈值均比 3.3V 系统输出的高、低电压阈值高。3.3V 系统输出高电平最小值达不到 5V 系统输入电平的要求，需要 5V 电平补偿，如图 4.5 所示。

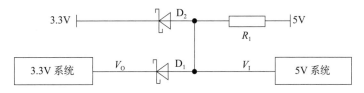

图 4.5 肖特基二极管单向转换电路（二）

信号流从左到右转换，工作过程分析如下：

（1）当 V_O = 3.3V，肖特基二极管 D_1 导通，V_I = V_O+V_F = 3.3+0.3 = 3.6V。

（2）当 V_O = 0V，肖特基二极管 D_1 导通，V_I = 0.3V。

肖特基二极管 D_1、D_2 的正向电压典型值为 0.3V，3.3V 系统 V_O 输出为低电平时会使输出低电压上升，5V 系统 V_I 得到 0.3V 左右的低电压。3.3V 系统 V_O 输出高电压 3.3V，5V 系统得到 3.6V 左右的高电压，满足 5V 系统的输入电压要求。存在倒灌电流至 3.3V 系统，5V → R_1 → D_1（或 D_2）→ 3.3V 系统，为减小倒灌电流，在满足 5V 系统和电平转换要求的基础上，R_1 的值可以取大一点。

4.3.2　二极管钳位

当然有些 3.3V 系统输入不能承受 5V 电压，5V 系统的逻辑电平不可以直连 3.3V 系统，可以使用二极管钳位，3.3V 系统内部集成钳位二极管，钳位过电压至 3.3V 系统，如图 4.6 所示，需要串联一个限流电阻 R_1，C_L 是内部负载电容。如果 3.3V 系统内部没有钳位二极管，也可以外置钳位二极管，如图 4.7 所示，在具有强驱动电流 5V 输出且轻负载 3.3V 电源轨的设计中，不合适采用这种方案。

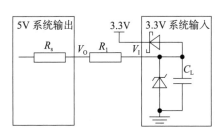 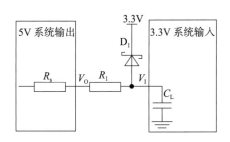

图 4.6　内部集成钳位二极管　　　图 4.7　外置钳位二极管

图 4.6 中 5V 系统转 3.3V 系统，信号流从左到右转换，工作过程分析如下：

（1）当 V_O = 5V（大于 3.3V+V_F）时，肖特基二极管 D_1 导通，V_I = 3.3+0.3 = 3.6V。

（2）当 V_O = 0V（小于 3.3V+V_F）时，肖特基二极管 D_1 截止，V_I = 0V。

使用肖特基二极管电压钳位将 5V 系统转 3.3V 系统时，有多余电流流入 3.3V 系统。R_1 电阻值必须合适，能够保护二极管 D_1 和 3.3V 电源。

图 4.7 所示的肖特基二极管一旦坏了会损坏微处理器，为了提高安全性（输

入电平大于 5V）将电阻和二极管互换位置，改进电路如图 4.8 所示，与图 4.7 电路差别不大，另外，肖特基二极管反向击穿电压比较低（20V 左右），反向电流也比较大，串联一个限流电阻更有保障。

图 4.8 中 5V 系统转 3.3V 系统，信号流从左到右转换，工作过程分析如下：

（1）当 $V_O = 5V$ 时，二极管 D_1 截止，$V_I = 3.3V$，为高电平。

（2）当 $V_O = 0V$ 时，二极管 D_1 导通，$V_I = 0.6V$，为低电平。

为了防止输入信号对电源造成影响，为了使输入应对较大的瞬态电流时更为从容，对电路稍加变化，进一步改进图 4.7 所示电路，改用齐纳二极管，如图 4.9 所示，齐纳二极管选择合适的稳压范围，可以将电压钳位至期望的电平，但是齐纳二极管的速度通常比较慢。齐纳二极管钳位一般来说更为结实，钳位时不依赖于电源的特性参数。稳压的电压取决于齐纳二极管，电流由 R_1 的值决定。如果电源的输出阻抗足够大，也不需要限流电阻 R_1。V_{BR} 是齐纳二极管的反向击穿电压，如芯片 1N4728A（或 BZT52C3V3）的 $V_{BR} = 3.3V$。

图 4.9 中 5V 系统转 3.3V 系统，信号流从左到右转换，工作过程分析如下：

（1）当 $V_O = 5V > V_{BR} = 3.3V$ 时，齐纳二极管 D_1 击穿导通，$V_I \approx 3.3V$，为高电平。

（2）当 $V_O = 0V < V_{BR}$ 时，齐纳二极管 D_1 截止，$V_I = 0V$，为低电平。

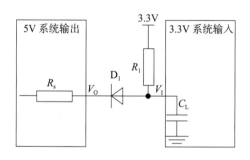

图 4.8　二极管电平转换

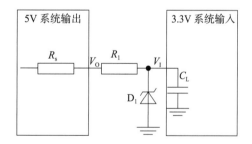

图 4.9　齐纳二极管电平转换

对高电压系统（如 12V）进行电平转换可以串联阻值大的电阻，或者使用电阻 R_1、R_2 进行分压，再将齐纳二极管与 R_2 并联进行限压，如图 4.10 所示。

4.3.3　二极管隔离

电平转换的安全和抗干扰要求

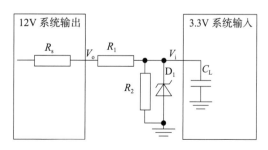

图 4.10　电阻分压与齐纳二极管限压

高时，可以使用二极管进行隔离，如图 4.11 所示。实现 M 模块串口 3.0V 到 MCU 微处理器 3.3V 的串口电平匹配。二极管应该选择正向压降小、反向恢复速度快的肖特基二极管（$V_F = 0.3$V）。

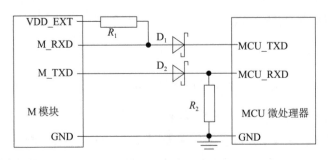

图 4.11　二极管隔离电路

M 模块 M_TXD 发送数据，信号流从左到右转换，工作过程分析如下：

（1）当 M 模块 M_TXD 为高电平（3.0V）时，肖特基二极管 D_2 导通，MCU_RXD 电平为 2.7V（3.0V$-V_F$）左右的高电平。

（2）当 M 模块 M_TXD 为低电平时，肖特基二极管 D_2 截止，MCU_RXD = 0V，为低电平。

MCU 微处理器 MCU_TXD 发送数据，信号流从右到左转换，工作过程分析如下：

（1）当 MCU_TXD 为高电平（3.3V）时，肖特基二极管 D_1 截止，上拉电阻 R_1 将 M_RXD 拉到高电平（VCC_EXT = 3.0V）。

（2）当 MCU_TXD 为低电平时，肖特基二极管 D_1 导通，M_RXD 为 $V_F = 0.3$V 左右的低电平。

4.4　晶体管电平转换

4.4.1　有源钳位

可以使用 PNP 管替换图 4.9 中的齐纳二极管，得到 5V 系统转 3.3V 系统有源钳位电路，如图 4.12 所示。

5V 系统转 3.3V 系统，信号流从左到右转换，工作过程分析如下：

（1）当 $V_O = 5$V（大于 3.3V$+V_{EB}$）时，PNP 管 V_1 导通，$V_I = 3.3 + 0.6 = 3.9$V。

（2）当 $V_O = 0V$（小于 $3.3V + V_{EB}$）时，PNP 管 V_1 截止，$V_1 = 0V$。

PNP 管可以使 5V 系统的绝大部分电流都流向集电极，再从集电极流入电源负极（GND），基极只有很少电流流进 3.3V 系统，得到很好的保护。集电极电流与基极电流之比，由晶体管的电流增益决定，放大倍数通常取决于所使用的晶体管。

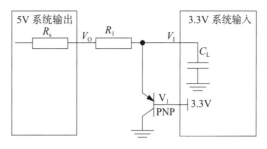

图 4.12　有源钳位电路

4.4.2　单向转换

晶体管单向电平转换电路如图 4.13 所示，M 模块工作电平（VDD_EXT = 1.8V）与 MCU 微处理器工作电平（VCC_MCU = 3.3V）相互转换。

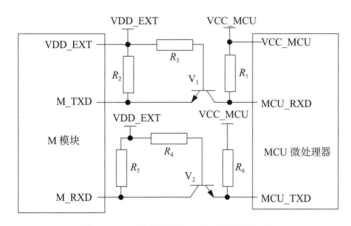

图 4.13　晶体管单向电平转换电路

M 模块 M_TXD 发送数据，信号流从左到右转换，工作过程分析如下：

（1）当 M 模块 M_TXD 为高电平时（VDD_EXT = 1.8V），晶体管 V_1 的 $V_{1E} = V_{1B}$，V_1 截止，上拉电阻 R_1 将 MCU_RXD 拉高到高电平（VCC_MCU）。

（2）当 M 模块 M_TXD 为低电平时，晶体管 V_1 的 $V_{1E} < V_{1B}$，V_1 导通，MCU_RXD 被晶体管 V_1 拉低到 $V_{1CE(sat)} = 0.2V$ 左右的低电平。

MCU 微处理器 MCU_TXD 发送数据，信号流从右到左转换，工作过程分析如下：

（1）当 MCU_TXD 为高电平时，晶体管 V_2 的 $V_{2E} > V_{2B}$，V_2 截止，上拉电阻 R_5 将 M 模块 M_RXD 拉到高电平（VDD_EXT）。

（2）当 MCU_TXD 为低电平时，晶体管 V_2 的 $V_{2E} < V_{2B}$，V_2 导通，M 模块 M_RXD 被晶体管 V_2 拉低到 $V_{2CE(sat)} = 0.2V$ 左右的低电平。

在选择上拉电阻的阻值时，需要综合考虑电平转换频率和上拉电阻功耗。增加上拉电阻阻值，可以减少电阻功耗，但延长开关时间，降低转换速度。

4.4.3　双向转换

使用两个 NPN 管和电阻可以取代复杂的双向电平转换芯片，可以对单个时钟或者数据进行转换，如图 4.14 所示，其中使能信号 EN 的高电平不能高于两个系统的低电平，如 3.3V（VCC_MCU）系统和 3.0V（VDD_EXT）系统的电平转换，则 EN ≤ 3.0V，取 EN = 3.0V。

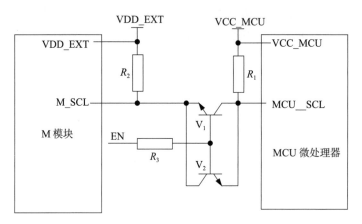

图 4.14　双向电平转换

当使能信号 EN = 0V 时，两个 NPN 管截止，无法进行电平转换。当 EN = 3.0V 时，M 模块发送数据，信号流从左到右转换，工作过程分析如下：

（1）当 M_SCL 发送数据为高电平时（3.0V），晶体管 V_1 的 $V_{1E} = V_{1B} = 3.0V$，V_1 截止，晶体管 V_2 的 $V_{2B} < V_{2E} = 3.3V$，V_2 截止，MCU_SCL 为高电平（3.3V）。

（2）当 M_SCL 发送数据为低电平时，即 $V_{1E} = 0V$，晶体管 V_1 的 $V_{1E} < V_{1B} = 3.0V$，V_1 导通，MCU_SCL 为低电平（$V_{1CE} < V_{1CE(sat)} = 0.2V$），$V_2$ 管截止。

当 EN = 3.0V 时，MCU 微处理器发送数据，信号流从右到左转换，工作过程分析如下：

（1）当 MCU_SCL 发送数据为高电平时，晶体管 V_2 截止、V_1 截止，M_SCL 为高电平（3.0V）。

（2）当 MCU_SCL 发送数据为低电平时，晶体管 V_2 导通、V_1 截止，M_SCL 为低电平（$V_{2CE(sat)} = 0.2V$）。

4.5 MOS管电平转换

4.5.1 低电平转高电平

MOS 管 3.3V 系统转 5V 系统电平转换电路如图 4.15 所示，功率型 PMOS 管（Si2301）导通阈值电压 $V_{GS(TH)}$ 的最小值、典型值、最大值分别为 –0.4V、–0.6V、–1V，取 $V_{GS(TH)} = -0.6V$，与 PNP 管 PN 结导通阈值电压 $V_{EB} = 0.6 \sim 0.7V$ 比较接近。M 模块发送数据，信号流从左到右转换，工作过程分析如下：

（1）当 V_O 为高电平（3.3V）时，PMOS 管 V_1 导通，V_I 为高电平（3.3V–$V_{GS(TH)}$ = 3.9V）。

（2）当 V_O 为低电平（0V）时，PMOS 管 V_1 导通，V_I 为低电平（–$V_{GS(TH)}$ = 0.6V）。

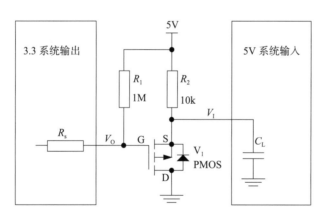

图 4.15 低电平转高电平电路

V_O 输出的高、低电平，满足表 4.1 的 74HC/AHC 系列芯片输入高电平的最小值（即 3.3V–$V_{GS(TH)}$ > 2.0V/3.15V）、低电平的最大值（即 –$V_{GS(TH)}$ < 1.35V）要求，对于其他系列芯片输入低电平的最大值（0.8V）较小，容易造成误判，适用范围较小，功率型 PMOS 管选型型号较少。PMOS 管一直处于恒流区，但导通不彻底，即 $V_I = V_O - V_{GS(TH)}$。也可以用 NMOS 管代替 PMOS 管得到 3.3V 系统转 5V 系统电路，性能最好，不足之处它是反相器，需要后续进一步反相处理才能恢复数据。

在选择 R_2 的阻值时，需要考虑两个参数，即电平转换速度和功耗。R_2 和负载电容（输入容抗与杂散电容）构成 RC 时间常数，负载电容一般是固定的，提高电平转换速度的途径是降低 R_2 的阻值，这是以降低 R_2 电流消耗为代价的，优点是可以工作在较高的频率上。

4.5.2　双向电平转换

利用 NMOS 管双向导通的特点，用 NMOS 管替换图 4.14 中的两个 NPN 管，得到基于 NMOS 管的双向电平转换电路，如图 4.16 所示。适用于不同的逻辑电平转换，如双向 I²C 电平转换，导通阈值电压 $V_{GS(TH)} = 2V <$ VDD_EXT，R_3 为栅极限流电阻，VDD_EXT（3.3V）< VCC_MCU（5V）。

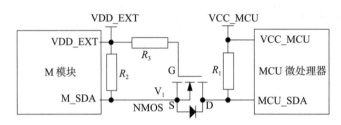

图 4.16　基于 NMOS 管的双向电平转换电路

M 模块 M_SDA 发送数据，信号流从左到右转换，工作过程分析如下：

（1）当 M_SDA 为低电平（0V）时，$V_{GS} = 3.3V$，NMOS 管 V_1 导通，MCU_SDA = 0V。

（2）当 M_SDA 为高电平（3.3V）时，$V_{GS} = 0V$，NMOS 管 V_1 截止，MCU_SDA = 5V。

MCU 微处理器 MCU_SDA 发送数据，信号流从右至左传输时，工作过程分析如下：

（1）当 MCU_SDA 为低电平（0V）时，VDD_EXT 经过 R_2、NMOS 管体二极管，M_SDA 电平为 0.6V（假定 NMOS 管的体管二极管导通阈值电压为 0.6V），只要 NMOS 管 $V_{GS} = 3.3 - 0.6 = 2.7V > V_{GS(TH)} = 2V$（导通阈值电压），NMOS 管导通，M_SDA 瞬间变为 0V。

（2）当 MCU_SDA 为高电平（5V）时，NMOS 管体二极管、漏源通道均截止，M_SDA = 3.3V。

NMOS 管尽量选择体二极管正向压降小的型号，反之加个肖特基二极管并联在 NMOS 管的漏源极之间，并联方向与体二极管一致，电路特点如下：

（1）分立元器件价格低廉，适用于不同信号电平转换。

（2）NMOS 管导通后，压降很小，电压型驱动，驱动电流小，功耗低。

（3）逻辑电平在总线系统的两个方向传输，与驱动的部分无关。

（4）I^2C 总线线路之间实现"线与"的功能。

电路可实现双向电平转换需要满足以下要求：VDD_EXT < VCC_MCU、NMOS 管导通阈值电压最大值 $V_{GS(TH)}$ < VDD_EXT、额定值 V_{DS} > VCC_MCU 等。在正常工作中，VDD_EXT（3.3V）和 VCC_MCU（5V）不能互换位置，否则会出现 M 模块的电源 VDD_EXT 经过 R_2、NMOS 管体二极管持续进入 MCU 微处理器中，若 R_2 阻值过小，大电流可能会损坏 MCU 微处理器。电路只能用于收发双方都是集电极开路（OC）或漏极开路（OD）结构的双向信号线，如 I^2C 电路，不能用于推挽输出的 I/O 接口电路。

4.5.3 1.8V系统转3.3V系统

1.8V 系统转 3.3V 系统单向电平转换使用图 4.16 的电路，其中 VDD_EXT = 1.8V、VCC_MCU = 3.3V。

根据上述要求，NMOS 管导通阈值电压 $V_{GS(TH)}$ < VDD_EXT = 1.8V，即 $V_{GS(TH)}$ < 1.8V。有些公司的 NMOS 管（如型号 2N7002），在数据表中注明了其导通阈值电压 $V_{GS(TH)}$ 最小值为 1V，未标明典型值和最大值，这说明了其导通阈值电压比较离散，1.8V 电压很可能无法开启部分 NMOS 管。江苏长电公司的 2N7002 在数据表注明了其导通阈值电压 $V_{GS(TH)}$ 的最小值、典型值、最大值分别为 1.0V、1.6V、2.5V，因此，2N7002 的实际栅源极电压必须大于导通阈值电压的典型值，即 1.6V < VDD_EXT = 1.8V，设计才有保证，可以正常实现电平转换，如果栅源极电压大于导通阈值电压最大值，就能确保导通。

对于低压电源系统，要确保正常电平转换需要注意以下几点：

（1）选用导通阈值电压 $V_{GS(TH)}$ 典型值尽可能小的 NMOS 管，且需要明确导通阈值电压 $V_{GS(TH)}$ 的范围，如功率型 NMOS 管阈值电压 $V_{GS(TH)}$ 的典型值为 1.1V，最大值为 1.4V，1.8V 的电压足以开启功率型 NMOS 管，此时需要注意功率型 NMOS 管在芯片内部是由多个微型 NMOS 管并联而成，其输入电容 C_{ISS} 和输出电容 C_{OSS} 比较大，对于高速率的电平转换，上拉电阻不宜过大，大电阻会造成 RC 电路的时间常数过大，造成电平转换前后数据波形变形严重，导致电平转换失败。

（2）减小栅极限流电阻，减少米勒效应。

（3）由于 NPN 管和 NMOS 管引脚兼容，可以用相同封装的 NPN 管替换 NMOS 管，PN 结导通阈值电压为 0.6 ~ 0.7V，1.8V/1.2V 的电源系统足以导通开启。

（4）减小两端上拉电阻，增加驱动能力，牺牲功耗换取速度。

4.5.4 隔离电路

在一些要求比较严格的场合，电平转换电路需要一定的隔离，隔离电路如图 4.17 所示，假如 VCC_MCU 断开电源，V_3 和 V_4 截止不导通，高压部分被隔离，防止电流倒灌进入 M 模块低压部分；同理，VDD_EXT 断开电源，V_1 和 V_2 截止不导通，低压部分被隔离，电压和电流有隔离的作用，起到双保险。

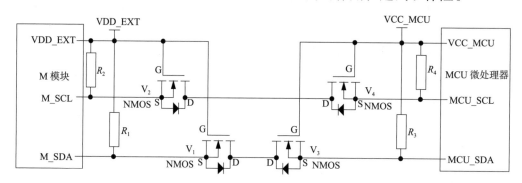

图 4.17　NMOS 管隔离电路

4.6　光耦电平转换

光耦可以进行电平转换，是一种单向电平转换，如图 4.18 所示。优点是隔离，抗干扰能力强。只是普通光耦转换速度慢，高速光耦成本较贵，且光耦封装尺寸比晶体管大，速度不如晶体管快。

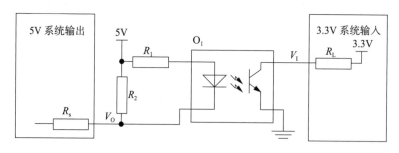

图 4.18　光耦电平转换

V_O 输入为 0V 时，光耦导通，有电流流过电阻 R_L 至负极，V_I 为低电平；V_O 输入为 5V 时，光耦截止，无电流流过电阻 R_L，V_I 为高电平。

4.7　电平转换芯片

对于一般低速的电平转换，使用 NMOS 管电路可以满足需求。但是在一些高速通信的场合，需要用到高速电平转换芯片，芯片有单向电平转换、带方向控制的双向电平转换、自动双向电平转换等类型，一般来说，选择自动双向电平转换芯片控制比较方便。使用电平转换芯片，分别给输入和输出信号提供两种不同的电压，电平转换在芯片内部完成，具有如下特点：

（1）可靠性：专用芯片是最可靠的电平转换方案。

（2）驱动能力强：一般使用 CMOS 工艺，输出驱动可达 10mA。

（3）漏电流微安级：芯片内部一般是放大器、比较器，输入阻抗非常高，一般达到兆欧级，漏电流为微安级。

（4）集成度较高，转换路数较多：从两路到数十路都有，适用于对面积要求高的场合。

（5）转换频率高：工艺较高级，转换频率从数百 kHz 到数百兆赫不等。

（6）较高的灵活性：在芯片所能承受的不同电压节点之间进行灵活的双向电平转换，并且能够自动检测方向，高速、低速场合都适用。

（7）不足之处：芯片价格高，成本不如分立元器件有优势。如果对成本不敏感，电平转换芯片是最稳定可靠的电平转换方式。

QS3384 芯片可以实现 10 路电平转换，具有零传输延迟时间，且不需要控制信号的传输方向，如图 4.19 所示。

双路 I²C 电平转换芯片有凌特公司的 LTC4300A、NXP 公司的 PCA9306 等。

8 路双向 5V 系统和 3V 系统电平转换芯片有德州仪器的 SN74LVC4245A、TI 公司的 TXB0108PWR（A 端电压范围 1.2 ~ 3.6V，B 端 1.65 ~ 5.5V，自感应传输方向，无需方向控制信号）、MAX3002（电压范围 1.2 ~ 5.5V）。

MS4553M 是一款双向电平转换器，可以用于混合电压的数字信号系统中。其使用两个独立构架的电源供电，A 端供电电压范围是 1.65 ~ 5.5V，B 端供电电压范围是 2.3 ~ 5.5V。可用在电源电压为 1.8V、2.5V、3.3V 和 5V 的逻

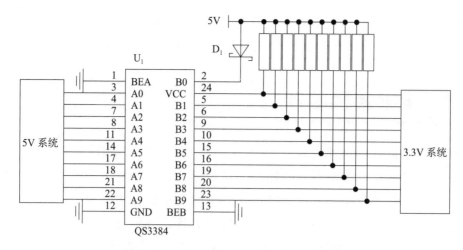

图 4.19 10 路双向 5V 系统转 3.3V 系统

辑信号转换系统中。当 OE 端为低电平时，所有 I/O 端口为高阻态，显著降低了静态功耗。当 A 端 VCC_A 上电后，OE 端内部集成了下拉电流源。为了确保在上电或下电过程中端口保持高阻特性，OE 端通过下拉电阻接地，下拉电阻的阻值由驱动电流源的能力决定。无需方向控制信号，推拉模式数据速率为 20Mbps，开漏模式数据速率为 2Mbps。适用于 I^2C/SMBus（系统管理总线）、UART（通用异步收发传输器）、GPIO（通用输入 / 输出）。

4.8 高速电平转换

在一些高端应用场合，需要很高的转换频率，如 SPI 接口。应对高速场合，普通的分立元器件可能达不到要求，必须使用专用的电平转换芯片。NB 模块 A 的串口电压为 1.8V，终端设备（DTE）的电压为 3.3V，需要在 NB 模块 A 和终端设备（DTE）的串口连接中增加电平转换器，基于德州仪器的芯片 TXS0108EPWR 的参考电路如图 4.20 所示。

德州仪器的芯片 SN74AVC2T244 是 2 位电平转换器，使用两个可配置电源轨。A 端（VCC_A）接收电源范围 0.9 ~ 3.6V，B 端口（VCC_B）接收电源范围 0.9 ~ 3.6V。允许 0.9V、1.2V、1.5V、1.8V、2.5V 和 3.3V 电压之间的双向转换。最大数据速率为 380Mbps（1.8V 与 3.3V 转换）。

德州仪器的芯片 TXS0108E 是 8 位非反向电平转换器，使用两个独立的可配置电源轨，满足很多功能需求。A 端口（VCC_A）接收电源范围 1.2 ~ 3.6V，B 端口（VCC_B）接收电源范围 1.65 ~ 5.5V。可实现 1.2V、1.8V、2.5V、3.3V

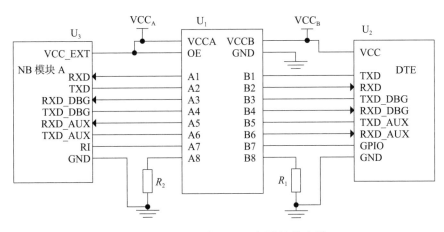

图 4.20 3.3V 与 1.8V 电平转换电路

和 5V 电压之间的双向转换。无需方向控制信号，最大转换频率 100MHz（推挽）、1.2MHz（开漏）。

NB 模块 B 的串口电压为 2.8V，终端设备（DTE）的电压为 3.3V，需要在终端设备与 NB 模块 B 串口之间增加分压网络，电平转换电路参考设计如图 4.21 所示，根据分压原则 NB 模块 B 的串口电平 RXD = 3.3V × 5.6k/(1k+ 5.6k) = 2.8V。

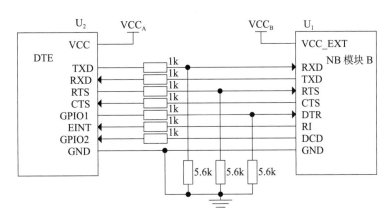

图 4.21 3.3V 与 2.8V 电平转换电路

NB 模块 C 的串口电压为 3.0V，终端设备（DTE）的电压为 3.3V，需要在 NB 模块 C 和终端设备的串口之间进行分压，将图 4.21 的 5.6k 电阻要更换为 10k，参考电路设计如图 4.22 所示，根据分压原则 NB 模块 C 的串口电平 RXD = 3.3V × 10k/(1k+10k) = 3.0V。

分压电阻推荐为千欧级，电阻阻值要合适，阻值过小会使得大多数信号电流分流至负极，导致接收模块无法工作。

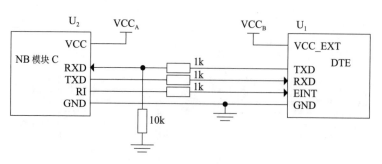

图 4.22 3.3V 与 3.0V 电平转换电路

4.9 电压比较器

电平转换也可以使用电压比较器,为了保持输入与输出的同向性,V_I($V_{IH} = 3.3\text{V}$)必须连接到比较器的同相输入端。由 R_1 和 R_2 确定的参考电压连接到比较器的反相输入端。电压比较器电平转换电路如图 4.23 所示,反相端(−)电压 $V_{REF} = 5\text{V} \times R_2/(R_1+R_2)$。

(1)同相端(+)电压 V_I 大于反相端(−)电压 V_{REF} 时,比较器输出端 V_O 为高电平。

(2)同相端(+)电压 V_I 小于反相端(−)电压 V_{REF} 时,比较器输出端 V_O 为低电平。

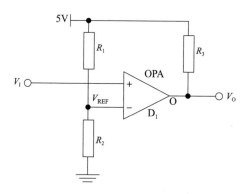

图 4.23 电压比较器电平转换

第5章 电源切换电路

目前很多电子设备都使用主、辅两路电源，如手机使用电池、充电宝或电源适配器等。无辅助电源时使用自带电池供电，接入辅助电源时，如接上充电宝或电源适配器，优先使用辅助电源。那些使用了主电源和辅助电源的应用需要一种电源切换电路，在主、辅电源之间进行选择，提升效率，减少功耗，延长电池工作时间，特别是低功耗的电源切换电路，同时具有防倒灌功能，保护前级电路，显得尤为重要。

5.1 理想二极管电路

二极管具有单向导通特性，具有防倒灌功能，由于二极管的正向压降比较大，当输出电流很大时（如100A），二极管Oring电路功耗非常大（70W左右），显然二极管不适用于大电流Oring电路，必须使用基于MOS管的Oring电路，电路复杂度会增加。

理想二极管具有正向导通无压降；反向截止，不论反向电压多大都无反向电流，即具有防倒灌功能。现实中完美的理想二极管是不存在的，多少存在一定的正向导通压降和反向（倒灌、泄漏）电流，只能实现近似的理想二极管，在一定电压范围内，正向导通压降很小，反向截止存在微小的反向电流，目前市面上有近似的理想二极管产品。

理想二极管电路实现方式主要有以下两种：

（1）采用专用集成芯片实现，只需外部配置一个MOS管和少量元器件就可以实现理想二极管，如LM74610-Q1。

（2）采用少量的基础元器件，如电阻、晶体管等组合电路实现理想二极管的功能，不需要复杂及专用的集成芯片，一般不需要额外的辅助供电电源。

国外半导体厂家TI、Linear、AD等推出了理想二极管芯片，具有功能完善、性能优异等特点。除了能实现理想二极管的功能，还可以实现开关机、过压保护等功能。缺点是售价较高，而且不同厂家的功能和封装均有差异，兼容难度大。

5.1.1 理想二极管

1．概　述

亚德诺（ADI）公司研制的 LTC4358 是一款电流达 5A 的理想二极管，可在二极管"或"和大电流二极管等应用中使用，采用导通阻抗为 20mΩ 的 NMOS 管替代肖特基二极管。LTC4358 降低了功耗、减少了热耗散，并压缩了 PCB 面积。

LTC4358 可以很容易地把多路电源"或"连接在一起，以提高系统的整体可靠性。在二极管"或"应用中，LTC4358 调节内部 NMOS 管两端的正向电压，以确保从一条通道至另一条通道的无振荡平滑电流转换。如果电源发生故障或短路，则通过快速关断操作最大限度地减小反向电流瞬变。不足之处是需要使用内置电荷泵控制 NMOS 管高端负载开关，用于 9V 以上的应用场合，1.8V/3.3V/5V 低压供电系统难以使用。无负载时的典型电流损耗为 350μA，价格较贵。

LTC4358 典型应用电路如图 5.1 所示。

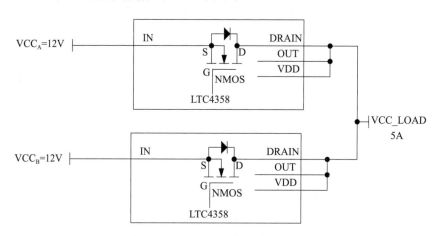

图 5.1　LTC4358 典型应用电路

2．参数特性

（1）可替换功率型大电流肖特基二极管。

（2）NMOS 管导通阻抗为 20mΩ。

（3）关断时间短：0.5μs。

（4）工作电压范围：9 ~ 26.5V。

（5）无振荡地平滑电流转换、防电流倒灌。

3．应用范围

（1）*N*+1 冗余电源。

（2）高可用性系统。

（3）电信基础设施。

5.1.2　智能二极管控制器

1．概　述

德州仪器（TI）研制的 LM74610-Q1 是一款零静态电流反极性保护智能二极管控制器，可与 NMOS 管一起用于反极性保护电路，用于驱动外部 NMOS 管，串入电源时可模拟理想二极管整流器。

由于 NMOS 管的源极接电源正极，因此控制电路系统需要以地为参考的升压充电泵来产生高于源极电压的栅极电压（导通阈值电压）。充电泵通常连续运行以维持驱动 NMOS 管所需的升压电压。充电泵的这种连续运行会消耗功率。

N 个 NMOS 管并联可以降低 NMOS 管的导通阻抗，满足低静态电流的要求。LM74610-Q1 提供与二极管类似的反向极性保护，以及在正常极性条件下，类似于 NMOS 管的性能。LM74610-Q1 无须任何控制信号，模拟一个双端子器件，并且不是以接地为基准的，其优势在于消耗的静态电流为 0。当施加反向电压时，NMOS 管的体二极管并未导通，也不会接通 LM74610-Q1。当施加正常的电压时，NMOS 管的体二极管导通，内部电荷泵电路以二极管的电压启动，同时生成使 NMOS 管导通的电压。

LM74610-Q1 的控制电路以阳极电压为参考，而不是以地为参考，因此，即使输入电压非常高，控制电路系统也可以是以地为参考的低电压电路系统。以阳极电压为参考，电容器钳位在 10 ～ 20V。该钳位电压为差分放大器供电，以监测阳极电压是否大于阴极电压。

在 LM74610-Q1 正常工作期间，通过控制耦合在阴极和电容器之间的第二晶体管的导电性，电容器被充电到钳位电压，使得电路能够在宽范围的频率和电压下使用（具体详见专利，专利申请号：CN112075024A）。

理想二极管必须定期强制关闭，以产生升压电压。NMOS 管定期（在 1% 的占空比时）关闭，以重新装满电荷泵。一个受保护电路将在 98% 的占空比上，以固定的时间间隔出现 0.6V 的压降。在将一个 2.2μF 电容器用作电荷泵电容器时，每隔 2.6s 一次性关闭 NMOS 管大约 50ms，因此静态功耗非常小。

LM74610-Q1 控制器为外部 NMOS 管栅极提供驱动，并配有快速响应比较器，可使 NMOS 管栅极在反极性情况下放电。其快速降压特性有效限制了监测到反极性时反向电流的大小和持续时间。

LMT74610-Q1 的最大优势或特点是能够不以接地为参考，其静态电流为 0，有助于低功耗设计，极大地方便了设计者的工作，在电池、智能驾驶、通信等多种行业使用，应用面广，典型应用电路如图 5.2 所示。

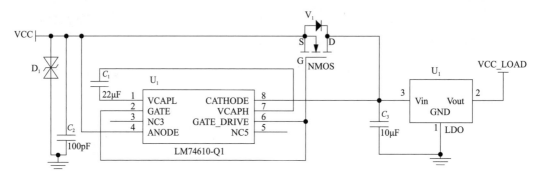

图 5.2　LM74610-Q1 典型应用电路图

设计电路时需要考虑负载输入电压、输出电流、NMOS 管的体二极管正向压降和导通阈值电压。

2．参数特性

（1）符合汽车应用要求。

（2）符合 AEC-Q100：人体模型（HBM）静电放电（ESD）分类等级 2、器件充电器件模型（CDM）ESD 分类等级 C4B。

（3）最低反向电压：45V。

（4）正极引脚无正电压限制。

（5）适用于外部 NMOS 管的电荷泵栅极驱动器。

（6）功耗比肖特基二极管 /PMOS 管解决方案低。

（7）低反极性泄漏电流。

（8）静态电流为 0。

（9）反极性快速响应：2μs 内。

（10）工作环境温度：-40℃ ~ 125℃。

（11）可用于 Oring 应用。

（12）符合 CISPR25 EMI 规范。

（13）选用合适的瞬态电压抑制二极管（TVS），满足汽车类国际标准 ISO 7637 瞬态要求。

3. 应用范围

（1）高级驾驶员辅助系统（ADAS）。

（2）信息娱乐系统。

（3）电动工具（工业）。

（4）传输控制单元（TCU）。

5.1.3　高端理想二极管（一）

只采用少量的基础元器件也可以实现理想二极管的功能，不需要复杂及专用的集成芯片，不需要额外的辅助供电电源，电路简单、成本低、性能稳定、适用范围广。

1. 方案对比

二极管由于具有单向导通特性，具有防倒灌功能，得到越来越多的应用，特别是肖特基二极管串联在电源上具有较小压降，正受到越来越多设计师的欢迎。由于肖特基二极管的压降大于 MOS 管，对于一些电压敏感的电路，更倾向于使用具有低阻抗特性的 MOS 管，提高产品的可靠性。现在有很多 USB 电源开关，自带防倒灌的功能，如 MP62055 芯片。因为当外部设备连接到计算机的 USB 端口时，设备绝对不能将电流反向流入计算机的电源线，否则会损坏计算机。因此，需要超低功耗的理想二极管，进一步降低压降，使功耗降到最低，同时具有防倒灌功能，保护前级功能。

2. 电路设计

理想二极管电路如图 5.3 所示，包括逻辑控制电路和 PMOS 管 V_1，逻辑控制电路由两个分立 PMOS 管（V_2、V_3，构成镜像电路）或者 PMOS 对管（D_1，见图 5.4）和两个电阻 R_1、R_2 组成。参数相同、封装在一起的 PMOS 管串联两个电阻 R_1、R_2 组成逻辑控制电路，控制 PMOS 管 V_1 的导通与截止，当输入电压 VCC 不小于输出电压 VCC_LOAD 时，PMOS 管 V_1 导通；反之 PMOS 管 V_1 截止，防止 VCC_LOAD 电流倒灌至电源 VCC，保护电源 VCC 前级电路。由于 PMOS 管属于电压器件，PMOS 管导通和截止时电流非常小，串联大阻值电阻，导通时流过很小的电流（为微安级），可以忽略不计，与传统肖特基二极管或 PNP 对管控制的 PMOS 管电路相比，功耗下降很大，PMOS 对管组成的理想二极管电路属于超低功耗控制器，电流损耗可低至微安级。

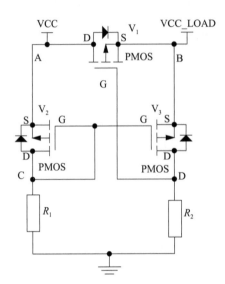 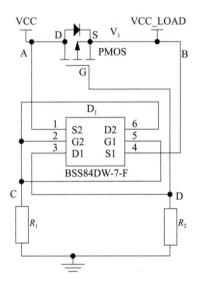

图 5.3　采用分立的 PMOS 管方案　　　图 5.4　PMOS 对管方案

工作过程以分立的 PMOS 管方案为例，具体如下：

（1）VCC 无电源时，PMOS 管（V_2、V_3）栅极被电阻 R_1 下拉至负极，V_2 栅极电压为 0V，PMOS 管（V_2、V_3）截止，VCC_LOAD 无任何输出。

（2）VCC 接电源时（$BAT_1 = 12V$），负载为 2Ω，主管 V_1 使用 International Rectifier 公司的 IRF5305，导通电流为 31A，导通阻抗为 0.06Ω（$V_{GS} = -4.5V$）、0.048Ω（$V_{GS} = -10.0V$），电流 5.87A，正向导通见仿真图 5.1，压降为 12-11.7 = 0.3V（对应 $V_{1GS} = 3.26-11.7 = -8.44V$，导通阻抗 0.051Ω），$V_2$、$V_3$ 管为 NXP 公司的 BSP225，导通阈值电压最大为 $V_{2GS(TH)} = V_{3GS(TH)} = -2.8V$，对 V_2 管而言，V_2 管栅漏极短接，即 $V_{2G} = V_{2D} = V_{3G} = 10.3V$，$V_{2DS} = V_{2D} - V_{2S} = 10.3-12 = -1.7V$，$V_{2GS} - V_{2GS(TH)} = -1.7+2.8 = 1.1V > V_{2DS}$，$V_2$ 管处于恒流区；$V_{3DS} = V_{1GS} = 3.26-11.7 = -8.44V$、$V_{3GS} - V_{3GS(TH)} = 10.3-11.7+2.8 = 1.4V > V_{3DS}$，$V_3$ 管处于恒流区。

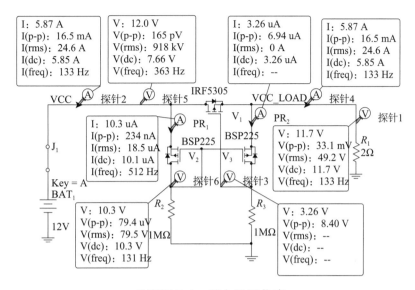

仿真图 5.1　正向导通仿真

（3）VCC 无电源（$BAT_1 = 12V$，开关 J_1 断开），VCC_LOAD 有电时（$BAT_2 = 5V$），主管 V_1 使用 BSP225，导通电流最大为 0.225A，PMOS 管 V_1 的反向电流为 527pA（流经 V_2、R_2 至负极），可以忽略不计，反向导通见仿真图 5.2，$V_{2GS} = V_{2DS} = V_{2D} - V_{2S} = 649\mu V - 111mV \approx -0.1V$，$V_{2GS} - V_{2GS(TH)} \approx -0.1 + 2.8 = 2.7V > V_{2DS}$，$V_2$ 管处于恒流区；$V_{3DS} = V_{3D} - V_{3S} = 5 - 5 = 0V$，$V_{3GS} - V_{3GS(TH)} = 0 - 5 + 2.8V = -2.2V < V_{3DS}$，$V_3$ 管处于可变电阻区。若主管 V_1 改用功率型 PMOS 管 IRF5305，反向电流会增加，见仿真图 5.3，约为 $1.16\mu A$，V_2 管处于恒流区。说明在相同的电路和仿真条件下，PMOS 主管 V_1 导通电流越大，其反向漏电流也越大，V_3 管处于可变电阻区。

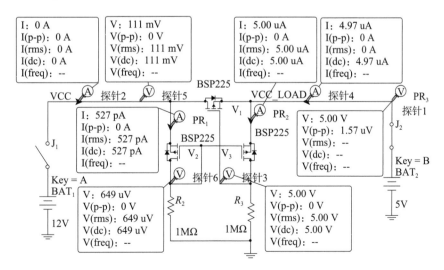

仿真图 5.2　反向导通仿真（一）

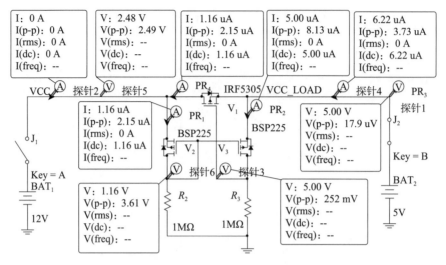

仿真图 5.3 反向导通仿真（二）

（4）VCC 有电且 VCC_LOAD（$BAT_2 = 8V$）＞ VCC（$BAT_1 = 5V$）时，见仿真图 5.4，主管 IRF5305 存在微弱的反向电流 1.37μA（应该是体二极管的反向漏电流），BAT_1 也有 2.22μA 电流流出，与反向电流 1.37μA 一起合流（3.5μA）流入 V_2 管，但无电流倒灌至 BAT_1。

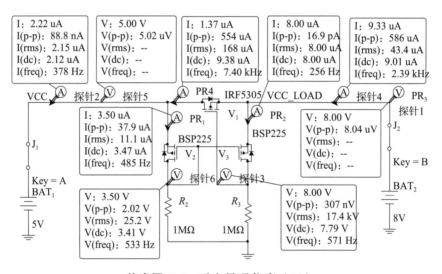

仿真图 5.4 反向导通仿真（三）

3．测试对比

根据上述原理图加工 PCB 进行实测，PMOS 管 V_1 使用 AO3401A，逻辑控制电路分别采用两个分立的 PMOS 管 AO3401A 或 PMOS 对管 BSS84DW-7-F，装配后分别测试如下。

（1）VCC 无电源时，VCC_LOAD 无任何输出。

（2）PMOS 管（V_2、V_3）采用两个分立的 PMOS 管 AO3401A，测试电路如图 5.3 所示，AO3401A 管导通阈值电压典型值 $V_{GS(TH)} = -0.9V$（$-0.5 \sim -1.3V$），测试结果见表 5.1，使用 3.88V 锂电池供电时（串联电阻均为 10MΩ），VCC = $V_A = 3.88V$、VCC_LOAD = $V_B = 3.88V$、$V_C = 3.31V$、$V_D = 1.75V$，电池静态损耗电流 I_L 为 0.62μA，V_2、V_3 均处于恒流区，V_1 导通，接负载后可以通过数安培电流。

表 5.1　两个分立 PMOS 管 AO3401A 测试

R_1/Ω	R_2/Ω	V_A/V	V_B/V	V_C/V	V_D/V	$I_L/\mu A$	$I_P/\mu A$
100M	100M	3.88	3.88	3.64	0.54	0.06	0.043
10M	10M	3.88	3.88	3.28	1.73	0.62	0.43
1M	1M	3.88	3.88	3.20	2.69	6.2	4.3
100k	100k	3.88	3.88	3.09	2.98	60.9	43.8

当 VCC 接上电源时（3.88V），由图 5.3 可知，PMOS 管 V_2 的栅极和漏极相连，$V_{2G} = V_{2D} = V_C$，$V_{2GS} = V_{2DS}$，所以 $V_{2GD} = 0V = V_{2GS} - V_{2DS} > V_{GS(TH)} = -0.9V$，$V_{2DS} < V_{2GS} - V_{GS(TH)}$ 即处于恒流区（饱和区），电流小于 $V_A/R_1 = 3.88V/10M\Omega = 0.388\mu A$，和截止区没有什么区别。$V_1$ 管利用自身的体二极管导通，VCC_LOAD 约等于 VCC−0.6V。同理 V_3 也处于恒流区（饱和区），但是从戴维南电路等效来看，V_3 管漏极对地阻抗值为 R_2 与 V_1 管的栅源极并联，并联值小于 R_2，因此 $V_D < V_C$，V_1 管 $V_{1GS} < V_{GS(TH)}$，PMOS 管 V_1 的漏源极之间导通（导通阻抗很低），V_1 管利用自身的体二极管导通，VCC_LOAD 约等于 VCC。

从原理上来讲，由于漏极和栅极相连，两者电压相等，即 $V_D = V_G$、$V_{DS} = V_{GS}$，对于 NMOS 管有 $V_{DS} > V_{GS} - V_{GS(TH)}$，对于 PMOS 管有 $V_{DS} < V_{GS} - V_{GS(TH)}$，也就是说正常情况下它始终工作在饱和（放大 / 恒流）区，这种结构表现出与两端电阻相似的小信号特性，等效阻抗为 $1/g_m$。

两个串联电阻分别选择 100MΩ、1MΩ、100kΩ，测试结果见表 5.1，逻辑控制电路能够有效控制 V_1 管导通与截止，接负载后可以通过数安电流，即能够通过大电流并具有防倒灌功能，扩展了应用范围。

（3）VCC 无电源且 VCC_LOAD（如 5V）有电时，PMOS 管 V_2 栅极被电阻 R_1 下拉至负极，V_3 栅极为低电平，即 $V_{3GS} < V_{GS(TH)}$，PMOS 管 V_3 导通，V_3 漏极电压约等于 VCC_LOAD，V_{3DS} 电压约为 0V，电压 $V_D = V_B$，PMOS 管 $V_{1GS} = V_{1G} - V_{1S} = V_D - V_B = 0V$，$V_1$ 管截止，VCC 电压还是 0V，起到防倒灌作用。

（4）VCC 有电且 VCC_LOAD > VCC 时，PMOS 管 V_2、V_3 的栅极被电阻 R_1 下拉至负极，V_2 栅极电压约为 0V，PMOS 管 V_2 截止，V_3 导通。VCC = V_A = 3.88V，V_B（= VCC_LOAD）接上 4.36V 电源后，V_C = 3.28V，V_D = 4.36V，V_{2DS} = V_{2GS} = $V_{2D} - V_{2S}$ = 3.28−3.88 = −0.6V，$V_{2GS} - V_{2GS(TH)}$ = −0.6+0.9 = 0.3V > V_{2DS}，V_2 管处于恒流区，V_3 管导通，V_1 管截止，VCC 静态电流 I_L 为 0.3μA（无倒灌电流流入 VCC），V_B（接上 4.36V 电源）静态电流 I_P 为 0.43μA。

PMOS 对管采用 BSS84DW-7-F，测试电路如图 5.4 所示，PMOS 对管导通阈值电压典型值 $V_{GS(TH)}$ = −1.6V（−0.8 ~ −2.0V），使用 3.88V 锂电池供电时（串联电阻均为 10MΩ），V_A = 3.88V，V_B = 3.88V，V_C = 2.74V，V_D = 1.40V，电池静态电流为 0.5μA，D_1（两个 PMOS 管）均处于恒流区，V_1 管导通。V_B 接上 4.36V 电源后，V_C = 2.72V，V_D = 4.36V，D_1（两个 PMOS 管）均导通，V_1 管截止，电池静态电流为 0.2μA（无倒灌电流流入电池），V_B 接上 4.36V 电源的静态电流为 0.4μA。两个串联电阻分别选择 100MΩ、1MΩ、100kΩ，得到的测试结果与分立的 PMOS 管方案一样，逻辑控制电路能够有效控制 PMOS 管 V_1 导通与截止，既能够通过大电流又具有防倒灌功能。

与传统功率二极管或晶体管控制电流损耗毫安级相比，静态电流损耗小两个数量级以上；与理想二极管（LTC4413）相比，静态电流降低一个数量级以上，且不存在倒灌电流。使用本电路降低了设备的静态功耗，延长了电池的工作时间，减少了设备维护成本，适合 NB-IoT 超低功耗理想二极管电路应用，电路很简单且具有低成本优势。

具有的优点如下：

（1）优选参数相同、对称的 PMOS 对管，可以在温度变化时尽可能保持参数一致性。

（2）根据功耗需求调整 PMOS 对管两个漏极串联电阻的大小，满足低功耗需求。

（3）电路静态电流为微安级，若漏极串联大阻值电阻，静态电流更小。

（4）电路具有防倒灌的功能，可以保护前级电路，且具有很低的正向电压。

（5）使用不同导通电流的 PMOS 管，满足不同功率要求。

（6）使用逻辑控制电路，电路简单，成本低，实用性强。

对图 5.3 进行改进，断开 V_2 管的栅极和漏极短路连线，栅极与负极之间并联电阻 R_3，仿真结果性能一样。

5.1.4 高端理想二极管（二）

1. 电路组成

采用 PMOS 管 +PNP 对管方案（树莓派），如图 5.5 所示，用两个型号一致的 PNP 管（V_2、V_3，构成对管电路），或者将两个 PNP 管封装在一起，保证两个集电极电压几乎相等，从而保证正确开启和关闭 PMOS 管，实现防倒灌功能，不足之处是晶体管的偏置电阻为千欧级，静态电流为毫安级，比双PMOS 管（图 5.3）要大一些。

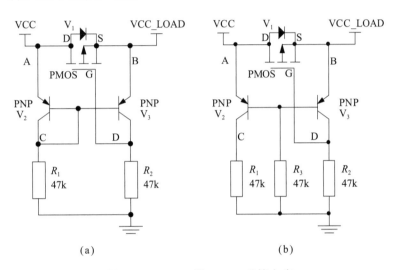

图 5.5 PMOS 管 +PNP 对管方案

2. 原理分析

当仅有 VCC 有电时，PNP 管 V_2 导通，若 PN 结导通阈值电压 $V_{BE(TH)} = -0.6V$，V_2 基极电压 $V_{2B} = V_{3B} = VCC-0.6V = V_{2C}$，PNP 管 V_3 导通处于放大状态，V_{3EC} 存在一定电压压降，且 $V_{3EC} > V_{2EC} = 0.6V$，因此 $V_D(V_{3C}) < V_C(V_{2C})$，PMOS 管 V_1 导通（压降非常小）。

当 VCC 有电时，VCC_LOAD 接上电源，且 VCC_LOAD > VCC，PNP 管 V_3 的 PN 结（发射极、基极）开启，V_3 管发射极与集电极通道导通（压降小）、PNP 管 V_2 的 PN 结截止，$V_D \approx VCC\_LOAD$，PMOS 管 V_1 的栅源极电压 $V_{1GS} \approx 0V$，V_1 管漏源通道截止，起到防倒灌作用。

根据图 5.5(a) 加工 PCB 进行实测，PMOS 管型号为 VISHAY 公司的

SI2301CDS-T1-GE3，I_D = 2.7A，导通阈值电压 $V_{GS(TH)}$ = −0.4 ~ −1.0V，V_{DS} = −20V，PNP 管型号为江苏长电公司的 SS8550，I_C = 1.5A，实测结果见表 5.2。VCC(V_I) = 3.280V（串联电流表），VCC_LOAD(V_O) = 3.280V，V_O 接外部电源，外部电源从 3.0V 开始逐渐增加，一直到 14.6V，V_O 无倒灌电流流至 V_I，V_O = 15.0V 时，开始出现 1.5mA 的倒灌电流，V_O 大于 20.0V 时，V_{1DS} > 20V（超过栅漏极电压额定值 $V_{DS(MAX)}$），可能会损坏 PMOS 管。

表 5.2　PMOS 管高端理想二极管实测

V_I（V_A）/V	V_O（V_B）/V	V_C/V	V_D/V	V_O（负载 1kΩ）/V	V_O（负载 24Ω）/V
3.280	3.280	2.788	2.28	3.275	3.266

主管使用 IRF5305，VCC 有电且 VCC_LOAD（BAT_2 = 8V）> VCC（BAT_1 = 5V）时，见仿真图 5.5，BAT_2 存在微弱的反向电流 1.37μA 流入电池 BAT_1，与仿真图 5.4 略有不同。

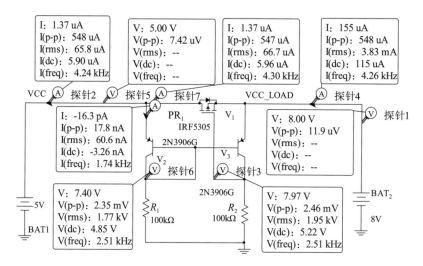

仿真图 5.5　反向导通仿真

同样，BAT_1 = 12V，BAT_2 = 13V 仿真分析如下所示：

（1）BAT_1 = 12V，BAT_2 = 0V，主管 V_1 导通，VCC_LOAD = 12.0V，仿真数据见表 5.3。

由上可知，V_2 管射极电流大于 V_3 管射极电流，V_2 管由于基极和集电极短接，即 V_{2C} = V_{2B} 处于临界饱和状态，V_3 管处于放大状态，主管 V_1 导通。

（2）BAT_1 = 12V，BAT_2 = 13V，主管 V_1 截止，VCC_LOAD = 13.0V，仿真数据见表 5.4。

表 5.3 BAT$_1$ = 12V、BAT$_2$ = 0V 仿真

位　号	射极电流	基极电流	集电极电压	导通压降 V_{EC}	等效阻抗 R_{EC}	放大倍数 h_{FE}
V$_2$	113μA	1.09μA	11.4V	0.6V	5.3kΩ	103.67
V$_3$	76.1μA	743μA	7.54V	4.46V	58.7kΩ	102.42

表 5.4 BAT$_1$ = 12V、BAT$_2$ = 13V 仿真

位　号	射极电流	基极电流	集电极电压	导通压降 V_{EC}	等效阻抗 R_{EC}	放大倍数 h_{FE}
V$_2$	−10.6pA	−1.93pA	12.4V	12−12.4 = −0.4V	37.7GΩ	5.49
V$_3$	254μA	124μA	13.0V	0.0V	≈ 0Ω	2.05

由上可知，V$_3$ 管射极电流大于 V$_2$ 管射极电流，V$_2$ 管由于基极和集电极短接，即 $V_{2C} = V_{2B}$ 处于临界饱和状态，V$_3$ 管处于饱和导通状态；主管 V$_1$ 的反向电流为 463nA，近似于截止，具有防倒灌功能。

对图 5.5（a）进行改进，断开 V$_2$ 管的基极和集电极短路连线，其基极与负极之间并联一个电阻 R_3，得到图 5.5（b），仿真结果性能一样。

综上所述，V$_2$、V$_3$ 管组成的电路等同于一个比较器，比较 VCC 和 VCC_LOAD 的电压，进而决定主管 V$_1$ 导通或者截止，BAT$_1$ 电压大于 BAT$_2$ 时，主管 V$_1$ 导通；反之主管 V$_1$ 截止。

5.1.5 高端理想二极管（三）

1. 电路组成

对图 3.6 的高端负载开关电路进行改进得到图 5.6 的电路，电路主要由一个 PMOS 主管 + 一个 NMOS 辅管构成。

2. 原理分析

（1）VCC = 0V，NMOS 管 V$_2$ 截止，PMOS 管 V$_1$ 的体二极管和漏源通道均截止，VCC_LOAD = 0V。

（2）VCC = 0V 且输出端 VCC_LOAD 外接电源，如 VCC_LOAD = 3.3V，$V_{1GS} \approx 0$V，PMOS 管 V$_1$ 的体二极管和漏源通道均截止、V$_2$ 管截止，无倒灌电流流入 VCC 电源。

（3）VCC = 3.3V（磷酸铁锂电池），NMOS 管 V$_2$ 导通，PMOS 管 V$_1$ 体二极管和漏源通道均导通，VCC_LOAD = 3.3V。

（4）VCC = 3.3V（磷酸铁锂电池）且输出端 VCC_LOAD 外接电源，VCC_LOAD = 4.157V（三元锂电池）> VCC，由于 V$_1$ 管漏源通道已经导通，

存在倒灌电流流入 VCC 电源，相当于对磷酸铁锂电池充电。只要 PMOS 管漏源通道已经导通，输出端 VCC_LOAD 接高电压（大于 VCC），VCC_LOAD 电流就会倒灌流入 VCC 电源，需要避免这种情况发生。

对图 3.29 的高端负载开关电路进行改进得到图 5.7 的电路，为 PMOS 管源极背靠背连接方式，电路由 PMOS 管（V_1、V_2）、NMOS 管（V_3）和 3 个电阻（R_1、R_2、R_3）构成，R_2、R_3 分别为 NMOS 管的栅极电阻、偏置电阻，R_1 为双 PMOS 管共用偏置电阻。双 PMOS 管（V_1、V_2）型号为 AO3401A（ALPHA&OMEGA 公司），NMOS 管型号为 2N7002（江苏长电公司），导通阈值电压典型值 $V_{GS(TH)} = 1.6V$（1 ~ 2.5V），装配后测试如下：

（1）VCC = 0V（悬空不接电源），NMOS 管 V_3 截止，PMOS 管 V_1、V_2 截止，VCC_LOAD = 0V。

（2）VCC = 0V（悬空不接电源），VCC_LOAD 接 3.3V 电源，测量 VCC 的电压也为 3.3V。

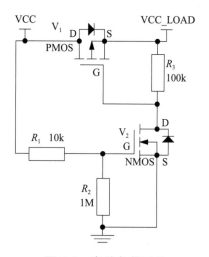 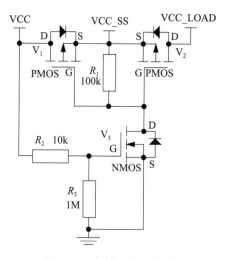

图 5.6　高端负载开关　　　　　　　　图 5.7　高端理想二极管

这种情况说明出现了竞争冒险现象（原本设计为两个 PMOS 管先截止，VCC 为 0V，进而 NMOS 管也截止），NMOS 管先于两个 PMOS 管导通，进而将 V_1 管和 V_2 管栅极电压拉低为 0V，V_1 管和 V_2 管均导通。出现这种情况是因为 VCC_LOAD = 3.3V，V_2 管的体二极管首先导通（V_2 管的漏源通道截止），VCC_LOAD 上电瞬间，V_1 管的体二极管存在较大的瞬态反向电流（随着时间流逝反向电流迅速衰减并趋于稳态时的反向饱和电流，持续时间一般在几 ns 以内），瞬态反向电流经过电阻 R_2，由于 MOS 管是电压器件，NMOS

管几乎不需要消耗电流就导通，NMOS 管的开启时间（20ns，电流路径远）小于 PMOS 管（AO3401A）的截止时间（41ns，电流路径近）。间接证明了 NMOS 管的电子载流子移动速度要大于 PMOS 管的空穴载流子移动速度，故利用电子导电的 NMOS 管动作速度要比利用空穴导电的 PMOS 管要快。同理，PMOS 管漏极背靠背连接方式也存在这种情况。

由于竞争冒险产生的尖峰脉冲一般很窄（几十 ns 以内），并接滤波电容，可以将尖峰脉冲的幅度削弱至门电路的阈值电压以下，在 V₃ 管栅源极并联电容（100nF），与电阻 R_2 构成 RC 电路，削弱瞬态反向电流，使脉冲的幅度降低，延迟 V₃ 管栅极电压上升，进而无法开启。R_1 和 V₃ 管的截止等效阻抗 R_{DS} 分压，两个 PMOS 管先截止，导致 NMOS 管无法开启。VCC = 0V，VCC_LOAD = 3.3V，起到了很好的防倒灌作用。并联电容的不足之处是增加了电压波形的上升时间和下降时间（NMOS 管延迟截止），波形变差。

（3）VCC = 5.0V，NMOS 管 V₃ 导通，PMOS 管 V₁、V₂ 导通，VCC_LOAD = 5.0V。

VCC 使用 5.0V 供电时（电阻 R_1 为 100kΩ），静态电流 I_L 为 51.3μA，V₁ 管、V₂ 管、V₃ 管均导通。V₃ 管栅源极并联电容后，VCC = 0V、VCC_LOAD 接上电源 5.0V 后，反向静态电流 I_B 为 0.0μA（无倒灌电流流入 VCC 电源）。电阻 R_2、R_3 分别为 100kΩ、1MΩ，电阻 R_1 分别选择 1MΩ、10MΩ、100MΩ，测试结果见表 5.5。逻辑控制电路能够有效控制 NMOS 管 V₁ 导通与截止，接上负载后可以通过数安电流，即能够通过较大电流，扩展了应用范围。

使用同型号的双 PMOS 管（AO3401A），正向导通时，静态电流为微安级，输入电压 VCC 约等于 VCC_LOAD，功耗很低，可以作为一个理想的负载开关。VCC_LOAD 电压很大时，负载开关截止，电压 VCC 几乎不变，静态电流约为 0，可以忽略不计。

表 5.5　静态电流测试

R_1/Ω	$I_L/\mu A$	$I_B/\mu A$
100M	0.0	0.0
10M	0.9	0.0
1M	5.6	0.0
100k	51.3	0.0

（4）VCC 接 3.3V（磷酸铁锂电池），输出端 VCC_LOAD 外接 5.0V 电源，且 VCC_LOAD > VCC。$V_{1GS} \approx$ –VCC_LOAD，V₁ 管漏源通道已经导通，存

在倒灌电流流入至 VCC 电源。若 VCC_LOAD 接上 5.0V 电源上时，VCC 电源电压大于 3.3V，VCC_LOAD 将电流倒灌流入 VCC 电源，相当于对磷酸铁锂电池充电。也就是说，只要 PMOS 管漏源通道已经导通，输出端 VCC_LOAD 接高电压（大于 VCC），倒灌电流就会流入 VCC 电源，需要避免这种情况发生。

利用图 5.7 所示电路，进行 V_2 管体二极管导通测试，使用 PMOS 管型号为 ALPHA&OMEGA 公司的 AO3401A，其体二极管可以持续导通 2.2A 的电流，导通电流 0.1A 对应压降 V_F 为 0.63V、导通电流 1A 对应压降 V_F 为 0.75V。VCC = 0V，NMOS 管 V_3 截止，V_1 管和 V_2 管也截止，当 VCC_LOAD = 3.218V，具体测试如下：

（1）VCC_SS 空载（不接负载），$V_{2S} = 3.002V$，$V_{2DS} = 0.216V$。

（2）VCC_SS 接 2Ω 负载到地，$V_{2S} = 2.230V$，$V_{2DS} = 0.636V$，负载电流 1.16A。

（3）VCC_SS 接 24Ω 负载到地，$V_{2S} = 2.592V$，$V_{2DS} = 0.56V$，负载电流 0.11A。

证明了 V_2 管的体二极管导通，$V_F = V_{2DS}$ 为体二极管压差，由于 $V_{2GS} \approx 0V$，V_2 管漏源低阻抗通道处于截止状态。

3. 电路特点

（1）根据同型号双 PMOS 管参数调整 R_1 电阻，满足导通开启需求。

（2）根据 NMOS 管参数调整 R_2 和 R_3 电阻，满足静态低功耗需求。

（3）根据需求使用同型号的双 PMOS 管（也可以使用同参数的对管），正向导通时，静态电流为微安级，压差小（取决于双 PMOS 管导通电阻与导通电流之积），可以作为理想二极管。反向截止时，静态电流约为 0，可以忽略不计。加权平均静态电流为微安级，降低了设备功耗，延长了电池的工作时间，降低了设备维护成本。

5.1.6　高端理想二极管（四）

1. 电路组成

采用 NMOS 主管 +NPN 对管方案，如图 5.8 所示，电路主要由一个 NMOS 主管 + 两个 NPN 辅管构成。需要额外的辅助偏置电源 V_{BIAS}，使用相同参数的两个 NPN 管，保证两个集电极电压基本相等，或者优选封装在一起的 NPN 对管，这样两者参数几乎相等，可以保证恰当的开关和防倒灌功能，不足之处是晶体管的偏置电阻为千欧级，静态电流至少为毫安级，且需要使用额外的辅助电源。

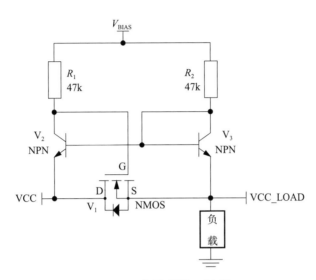

图 5.8　高端理想二极管

2. 原理分析

（1）VCC = 0V，V_{BIAS} = 0V，NPN 管 V_2 截止，NMOS 管 V_1 体二极管和漏源通道均截止，VCC_LOAD = 0V。V_{BIAS} 有电时，VCC_LOAD 输出还是 0V。

（2）VCC = 3.30V，V_{BIAS} = 0V，NPN 管 V_2 截止，NMOS 管 V_1 体二极管和漏源通道均截止，VCC_LOAD = 0V。

（3）VCC = 3.2V 的磷酸铁锂电池，V_{BIAS} = 8V > VCC+$V_{GS(TH)}$，NPN 管 V_2、V_3 导通，NMOS 管 V_1 体二极管和漏源通道均导通，VCC_LOAD ≈ VCC，见仿真图 5.6，负载为 100Ω，NMOS 管 V_1 的负载电压 VCC_LOAD 为 3.16V、电流为 31.6mA、压降为 0.04V。V_{BIAS} 相当于使能控制端。

（4）不论 V_{BIAS} 是否为 0V，若输出端 VCC_LOAD 外接电源，且 VCC_LOAD > VCC。V_{1GS} ≈ −VCC_LOAD，由于 V_1 管漏源通道截止，V_1 管存在体二极管，存在倒灌电流流入 VCC 电源，若 VCC_LOAD 接上 5V 电源，VCC 电源电压值为 3.3V，VCC_LOAD 将电流倒灌流入 VCC 电源。

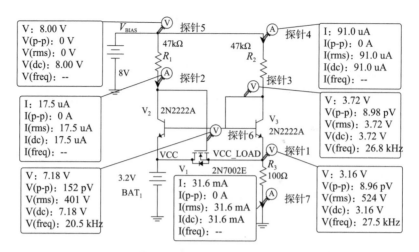

仿真图 5.6　高端理想二极管仿真

根据图 5.8 所示电路加工 PCB 进行实测，NMOS 管型号为江苏长电公司 2N7002，$I_D = 115\text{mA}$，导通阈值电压 $V_{GS(TH)}$ 典型值 1.6V，导通阻抗 7Ω（$V_{GS} = 5\text{V}$）；NPN 管型号为江苏长电公司 SS8050，$I_C = 1.5\text{A}$，具体测试如下：

（1）当 VCC = 3.29V，$V_{BIAS} = 0\text{V}$，VCC = VCC_LOAD = 0V。

（2）当 VCC = 3.29V，$V_{BIAS} = 5.09\text{V}$，$V_O = 3.745\text{V}$（空载），V_{BIAS} 电压经过电阻 R_1、NPN 管 V_2 至 VCC_LOAD，存在微弱反向电流至 VCC 电源；R_3 接 24Ω 负载，$V_O = 2.525\text{V}$。逐渐增加 V_{BIAS} 电压，得到的结果见表 5.6，$V_{BIAS} < 7.17\text{V}$ 时，导通阻抗较.大，负载电压较小；$V_{BIAS} > 8.35\text{V}$ 时，导通阻抗较小，负载电压较大，由于 $3.29\text{V}/24Ω \approx 137\text{mA}$ 略大于 NMOS 管 $I_D = 115\text{mA}$，导通压降略大一点。

表 5.6　负载测试

V_{BIAS}/V	5.58	6.49	7.17	7.82	8.35	8.82	9.28	9.81	10.48
V_O/V	2.85	3.07	3.09	3.104	3.111	3.116	3.119	3.121	3.123

3. 电路特点

电路需要额外的辅助偏置电源 V_{BIAS}，使用两个参数相等的 NPN 管，可以保证集电极电压基本相等，或者优选封装在一起的 NPN 对管。V_{BIAS} 相当于使能控制端，可以控制功率 NPN 管栅极决定是否导通。不足之处是存在电流倒灌的可能，需要避免这种情况发生。

5.1.7 低端理想二极管（一）

1. 电路组成

采用功率 NMOS 管 + 双 NMOS 管方案，使用双 PMOS 对管逻辑电路控制功率 PMOS 管，插入功耗很低，适合超低功耗应用场合，可用作高端超低功耗理想二极管。但由于 PMOS 管导通电阻比 NMOS 大、价格贵、速度慢、替换种类少，在低端驱动中，通常还是使用 NMOS 管。

NMOS 管将电子用作多数载流子，与 PMOS 管的多数载流子空穴相比，电子具有更高的移动速率。在相同的物理密度下，NMOS 管比 PMOS 管具有更高的跨导，较低的导通阻抗。NMOS 管的导通阻抗一般为相同尺寸 PMOS 管的 1/3 ~ 1/2，对于相同的导通阻抗，NMOS 管一般需要较少的硅片，因此，NMOS 管的栅极电容和阈值电压比 PMOS 管要低。

基于 NMOS 管的低端理想二极管电路如图 5.9 所示。

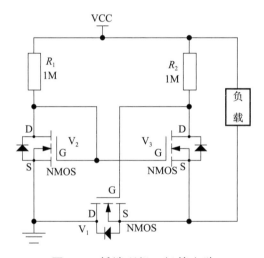

图 5.9 低端理想二极管电路

高端理想二极管适合接电源正极的高端开关，"流出"电流至负载电路，而低端理想二极管则将负载导通或者断开电源负极，因此它从负载"吸入"电流。

2. 原理分析

逻辑控制电路由两个同型号的 NMOS 管 V_2、V_3 或者参数相同、封装在一起的 NMOS 对管，以及两个电阻 R_1、R_2 组成，控制 NMOS 管 V_1 的导通与截止。当负载正常工作时，NMOS 管 V_1 导通；极性接反时，NMOS 管 V_1 截止，防止电流经过 NMOS 管 V_1 倒灌至 V_1 管源极，保护 V_1 管源极负载电路。电源正极 VCC 与电源负极 GND 接反时，可以起到防反接保护作用。

使用 NXP 公司 NMOS 管，型号为 2N7002E，见仿真图 5.7。对 V_2、V_3 管而言 $V_{2G} = V_{2D} = V_{3G} = 1.45V$，$V_{2DS} = V_{2D} - V_{2S} = 1.45 - 0 = 1.45V$、$V_{2GS} - V_{2GS(TH)} = 1.45 - 1.6 = -0.15V < V_{2DS}$，$V_2$ 管处于恒流区；$V_{3DS} = V_{3D} - V_{3S} = 3.34 - 96.9mV \approx 3.243V$、$V_{3GS} - V_{3GS(TH)} = 1.45 - 1.6 = -0.15V < V_{3DS}$，$V_3$ 管处于恒流区。

根据图 5.9 所示电路加工 PCB 进行实测，NMOS 管（V_1、V_2、V_3）型号为 2N7002，2N7002 管导通阈值电压典型值 $V_{GS(TH)} = 1.6V$（1 ~ 2.5V），测试结果见表 5.7。VCC 使用 5.0V 供电时（电阻 R_1、R_2 均为 10MΩ），静态电流 I_L 为 0.7μA，V_2 管、V_3 管处于恒流区，V_1 管导通，接负载后可以通过 0.1A 电流。GND 接 5.0V 电源正极，VCC 接电源负极（相当于电源反接），反向静态电流 I_B 为 0.4μA（无倒灌电流流入 V_1 管源极，V_1 管源极电压为 0V）。电阻 R_1、R_2 分别选择 100MΩ、1MΩ、100kΩ，测试结果见表 5.7。此外 3 个 NMOS 管型号全部改用 AO3420，测试结果见表 5.7。逻辑控制电路能够有效控制 NMOS 管 V_1 导通与截止，接负载后可以通过数安电流，即能够通过大电流和具有防倒灌功能，扩展了应用范围。

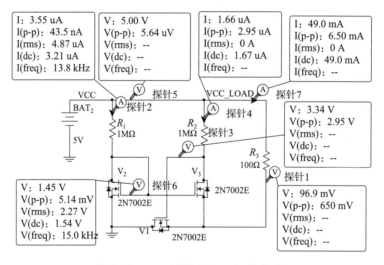

仿真图 5.7 低端理想二极管仿真

表 5.7 两种不同类型 NMOS 管测试

R_1 /Ω	R_2 /Ω	型号 2N7002		型号 AO3420	
		I_L /μA	I_B /μA	I_L /μA	I_B /μA
100M	100M	0.0	0.0	0.0	0.0
10M	10M	0.7	0.4	0.8	0.4
1M	1M	7.6	4.6	9.4	4.8
100k	100k	74.0	45.8	91.6	47.6

3. 电路特点

NMOS 管属于电压器件，导通和截止时损耗电流非常小（微安级），可以忽略不计，逻辑控制电路静态电流为微安级。

电路根据不同功耗需求调整 NMOS 对管两个漏极串联电阻，满足低功耗需求。若 R_1、R_2 串联更大阻值的电阻，静态电流更低。

电路具有防倒灌的功能，且具有很低的导通压降。

NMOS 主管可以使用不同导通电流的型号。相对于 PMOS 管，NMOS 管具有更多的优势，低导通电阻、低导通功耗、型号多、价格便宜、应用广泛。对于大功率的电源控制，NMOS 管可以选择漏极与源极之间的导通电阻为数毫欧、通过电流大的功率管器件，逻辑控制电路由双 NMOS 管和电阻组成，比较 NMOS 管漏极和源极的电压差，输出不同电压控制 NMOS 管的导通与截止，可以近似为低端理想二极管。

NMOS 对管可以选择参数相同、对称的双 NMOS 管，在温度变化时尽可能保持参数一致性。

与传统肖特基二极管电路相比，功耗降低很大，NMOS 对管组成的电路属于超低功耗控制器，理想二极管电路静态电流为微安级。

5.1.8 低端理想二极管（二）

1. 电路组成

采用 NMOS 主管 +NPN 对管方案，在图 5.9 所示低端理想二极管的基础上用 NPN 辅管取代 NMOS 辅管，如图 5.10 所示。

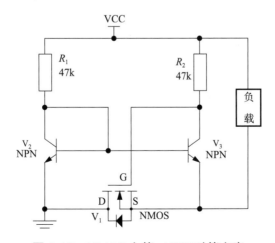

图 5.10 NMOS 主管 +NPN 对管方案

2. 原理分析

逻辑控制电路由两个同型号的 NPN 管 V_2、V_3 或者参数相同、封装在一起的 NPN 管对管，以及两个电阻 R_1、R_2 组成，控制功率 NMOS 管 V_1 的导通与截止。当负载正常工作时，NMOS 管 V_1 导通；极性接反时，NMOS 管 V_1 截止，防止电流经过 NMOS 管 V_1 倒灌至 V_1 管源极，保护 V_1 管源极负载电路。电源正极 VCC 与电源负极 GND 接反时，可以起到防反接保护作用。

使用 NXP 公司 NMOS 管型号为 2N7002E、NPN 管型号为 2N2222A，见仿真图 5.8。对 V_2 管而言 $V_{2B} = V_{2C} = V_{3B} = 0.566V$，$V_{2BE} = 0.566V$，$V_2$ 管导通；对 V_3 管而言 $V_{3BE} = 0.566V–59.9mV = 0.5061V$，$V_3$ 管导通。V_1 管导通压降为 59.9mV，导通（负载）电流为 49.4mA。

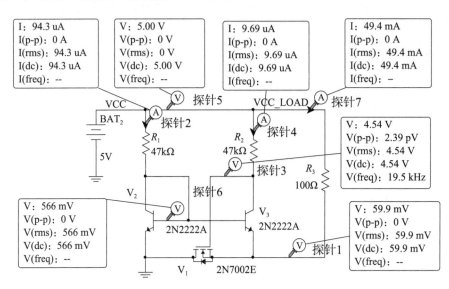

仿真图 5.8　低端理想二极管仿真

3. 电路特点

无需额外的辅助偏置电源 V_{BIAS}，使用参数相同的两个 NPN 管，可以保证集电极电压基本相等，或者优选封装在一起的 NPN 对管。功率型 NMOS 管导通压降低，具有防反接（倒灌）保护作用。

5.2　两路电源切换电路

现在很多便携式电子设备使用电池供电，这些电池供电的设备在使用一段时间后，都需要对电池进行充电，这时就需要连接外部的充电电源，如 5V 或

12V 电源。有些设备可以关机充电，但有些设备要求边充电边工作，这时外部输入的充电电源既对电池充电，也对设备供电。在外部电源输入的时候，要求断开电池的电源输出，防止电池边充电边放电，既影响充电的效率，也会降低电池的使用寿命，两路电源自动切换变得很重要了。

5.2.1 肖特基二极管方案

Oring 电路可以理解为单向导电电路，用于很多场合，保证各路电源互相独立，不出现倒灌现象，常应用于均流电路，满足不同功率需求。

二极管由于本身具有单向导电性，具有正向导通、反向截止的优良特性，是最简单的 Oring 电路，在输出端加二极管电源切换电路如图 5.11 所示。

可以选择普通二极管（小电流压降为 0.7V）或者肖特基二极管（小电流压降为 0.3V）。同等条件下，使用肖特基二极管导通压降越低，其反向漏电流越大，那么在两路电源同时存在的情况下，需要考虑到其中一路电源是否能够"容忍"这个反向电流。

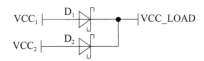

图 5.11 二极管电源切换电路

将二极管串联在电源上，电路简单，缺点是二极管大约有 0.6V 的压降，随着电流增大，压降也会变大，用肖特基二极管取代普通二极管功耗还是比较大。以某公司的肖特基二极管 SS54 为例，通过电流 0.1A、1A、10A、20A 对应的压降分别为 0.3V、0.4V、0.85V、1.4V，相应的功耗分别为 0.03W、0.4W、8.5W、28W，若使用普通二极管功耗更大。根据电源的输出电流和系统中电源输出端可能出现的最高压降选择合适的二极管。

利用肖特基二极管正向导通、反向截止的特性，实现 VCC_1 与 VCC_2 两路电源自动切换，电源电压高的具有优先供电权，即 VCC_1 与 VCC_2 两者电压高的优先供电，若 VCC_1 与 VCC_2 均为同类型同型号的电池，且电源电压相等，则两路电源轮流切换供电，基本上是同时耗电，显然是不合适的。若 VCC_1 为适配器电源、VCC_2 为电池，且 $VCC_1 > VCC_2$，则适配器电源优先供电，适配器电源无输出时自动切换至 VCC_2 电池供电，这种情况是合适的。电路比较简单，元器件非常少，成本低廉，缺点是在肖特基二极管上会产生较大的压降，肖特基二极管反向电流比普通二极管大，对反向电流比较敏感的电路需要注意。

5.2.2 肖特基二极管+PNP管方案

肖特基二极管和 PNP 管方案如图 5.12 所示，优先选用压降较低的肖特基二极管，PNP 管使用低导通阻抗的型号。一般而言，USB-V_F > BAT，接入肖特基二极管的电源 USB 电压（电压为 5V）要高于 BAT 电压（标称电压为 3.6V），肖特基二极管导通压降为 V_F。

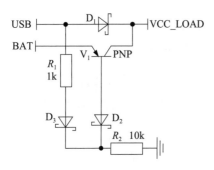

图 5.12　二极管 +PNP 管电源切换

肖特基二极管 D_2、D_3 的作用是相互隔离对方的反向电流，防止干扰。若无 D_2、D_3 管，USB 电源的电流会流入 BAT 电源，路径为 USB 电源→ R_1 → V_1 管基极→ V_1 管发射极 → BAT 电源，或者 USB 电源→ D_1 → V_1 管（PNP 管倒置）→ BAT 电源。同理 USB 无电源、BAT 有电源的情况，也存在上述路径的反向电流，路径为 BAT 电源→ V_1 管发射极→ V_1 管基极→ R_1 → USB 电源，或者 BAT 电源→ V_1 管→ D_1 → USB 电源。若要相互隔离更加彻底（反向电流更小），可以使用反向电流更小的开关二极管取代肖特基二极管 D_2、D_3，压降也会增加。

接入肖特基二极管的 USB 电源具有优先供电权，具有成本低的优势。不足之处是 PNP 管电流通道存在饱和压降，功耗较大，适用于小电流的应用场合；此外 USB、BAT 同时有电时，PNP 管处于倒置区（集电极与基极正偏），会有倒灌电流从集电极流入发射极，USB、BAT 两者压差越大，倒灌电流越大，因此，需要配置好电阻 R_1、R_2，并考虑 BAT 是否能够接受倒灌电流。

5.2.3 肖特基二极管+PMOS管方案

肖特基二极管 +PMOS 管方案有以下几种方式。

1. USB+ 电池

肖特基二极管 +PMOS 管方案如图 5.13 所示，优先选用压降较低的肖特基二极管，PMOS 管使用低导通阻抗的型号。一般而言，USB-V_F > BAT，接入肖特基二极管的电源 USB 电压（电压为 5V）要高于 BAT 电压（标称电压为 3.6V），反之会有问题。

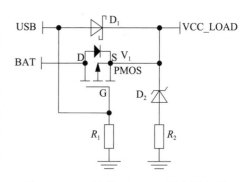

图 5.13　二极管 +PMOS 管电源切换

工作过程分析如下：

（1）当只有电池 BAT 供电时（无 USB 输入），PMOS 管 V_1 体二极管为 V_1 管漏源导通提供初始偏置电压，BAT 经过体二极管正向导通，V_1 管源极为高电平，栅极为低电平，V_1 管导通（PMOS 管双向导通），导通后电流都通过 V_1 管漏源极之间的通道，流过体二极管的电流可以忽略不计，电池电压 BAT 输出至负载端 VCC_LOAD。只有电池 BAT 供电，需要注意肖特基二极管 D_1 的反向饱和电流流经 R_1 至负极，会使 V_1 管栅极电压上升，导致 V_1 管导通不彻底，所以栅极电阻 R_1 阻值不宜过大。

（2）当 BAT 和 USB 同时供电时，V_1 管栅源极之间为高电平（5V），V_1 管截止，漏源极之间通道断开，BAT 不能对外输出电压，只有 USB 电压输出至负载端 VCC_LOAD。

（3）当只有 USB 供电时（无 BAT 输入），跟上述一样，BAT 不能对外输出电压，只有 USB 电压输出至负载端 VCC_LOAD。

（4）当 BAT 和 USB 同时无电，输出为 0V。

由上可知，只要有 USB 输入，PMOS 管 V_1 栅源极之间为高电平，PMOS 管 V_1 截止，负载由 USB 经过二极管供电，显然 USB 具有优先供电权，VCC_LOAD 输出电压见表 5.8。不接 USB 时，PMOS 管是导通的，电池电流主要通过 PMOS 管漏源极通道而非体二极管通道给负载供电。不足之处是电路有偏置电阻，会消耗电池电量，栅极电阻阻值要合适。

表 5.8 二极管 +PMOS 管电源切换输出电压

BAT/V	USB/V	VCC_LOAD/V	备 注
0	0	0	
4	0	3.982	
4	5.0	4.5	USB 优先
0	5.0	4.5	USB 优先

特点：接入肖特基二极管的电源具有优先供电权，具有成本低的优势；PMOS 管电流通道压降小，功耗较小，适用于大电流的应用场合。

细心的读者可能会说图 5.13 中的 PMOS 管接反了，按照通常理解也确实是接反了。关于 MOS 管，教科书上多数写的是 PMOS 管的电流从源极到漏极，NMOS 管的电流从漏极到源极。实际上 MOS 管导通后沟道没有方向性，电流的流向只取决于漏源极的压差，电流可以从源极到漏极，也可以从漏极到源极。当然此时要注意 MOS 管的导通和截止是否符合电路设计要求，或者说这两种电流方向对应的电路设计是有区别的。这就是 PMOS 管漏源 "反接" 用的巧妙！这是为了避免 USB 的 5V 电压经过 PMOS 管体二极管直接对电池充电（倒灌电流），这种充电压差过大，是不合适的，会损坏电池，一般需要专用的芯片对电池充电。

肖特基二极管型号为 MBR340G，导通电流 3A（正向压降最大值 0.6V）、反向耐压值 40V，PMOS 管型号为 NTR4101PT1G，导通阈值电压 $V_{GS(TH)} = -0.7 \sim -1.4V$，典型值为 -1.15V，取 $V_{GS(TH)} = -1.4V$，体二极管正向压降典型值为 0.8V。USB = 5V，BAT = 4V 同时上电仿真，见仿真图 5.9，负载阻抗为 1.5Ω，输出 VCC_LOAD 为 4.5V，肖特基正向压降 0.5V，负载电流 3A，PMOS 管 V_1 体二极管存在反向电流 56.9nA。

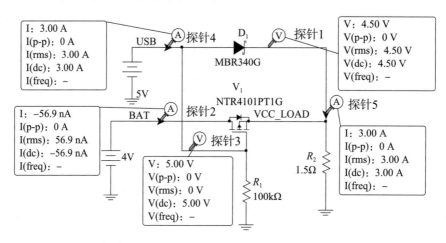

仿真图 5.9　USB = 5V，BAT = 4V 上电仿真

USB = 0V、BAT = 4V 同时上电仿真，见仿真图 5.10，VCC_LOAD = 3.83V，

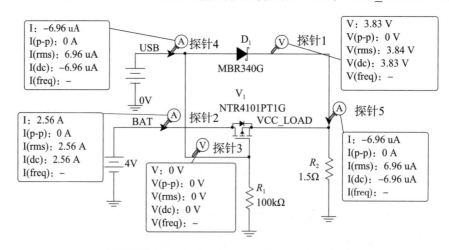

仿真图 5.10　USB = 0V，BAT = 4V 上电仿真

PMOS 管 V_{GS} = −3.83V，导通压降 0.17V，负载电流 2.56A，肖特基二极管存在反向电流 6.96µA，说明肖特基二极管反向电流比较大，符合芯片的数据表测试结果。

交换两个电源的位置，即 USB = 4V，BAT = 5V 同时上电仿真，见仿真图 5.11。VCC_LOAD = 4.12V，PMOS 管 V_{GS} = −0.12V，处于恒流区，压降 0.88V，负载电流 2.74A（导通电阻为 0.88V/2.79A ≈ 0.315Ω），肖特基二极管存在反向电流 6.78µA，说明栅极电阻 R_1 阻值过大，会影响 PMOS 管的工作状态。BAT 改为 10V，VCC_LOAD = 9.64V，PMOS 管 V_{GS} = −5.64V，处于导通状态，压降 0.36V，负载电流 6.42A（导通电阻为 0.36V/6.42A ≈ 0.056Ω），基本符合芯片的数据表测试结果。

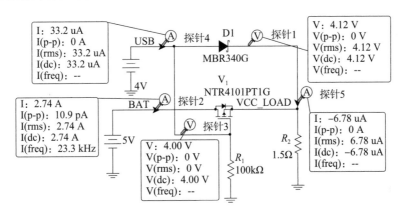

仿真图 5.11 USB = 4V，BAT = 5V 上电仿真

USB+ 电池方案应用电路如图 5.14 所示，可以实现外部电源与电池供电自动切换。切换后的电源用于 LDO 芯片产生直流 3.3V 电源，给负载供电，负载前加电容 C_1 可避免切换瞬间的浪涌电流，稳定电源。

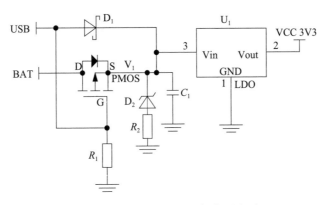

图 5.14 USB+ 电池方案应用电路

无缝自动切换指的是 USB 和 BAT 电池两路电源同时供电的情况下，其中一路瞬间无电，负载能够保持正常工作而不出现复位或者其他异常情况。

无缝自动切换涉及的因素主要有：

（1）导通阈值电压：PMOS 管有导通阈值电压，阈值电压越小，PMOS 管越容易导通，PMOS 管选型的时候可以根据情况适当调整。

（2）栅极电阻：PMOS 管的栅极至负极（GND）有一个下拉电阻 R_1，这个 R_1 阻值越小，PMOS 管导通速度越快。但 R_1 一直耗电，阻值越小，电源切换的功耗就越多。

（3）储能电容：输出端储能电容 C_1 可以储存一定的能量，电源切换更加稳定，推荐使用 $10\mu F \sim 100\mu F$，容量越大越稳定。当然输入端如有电容，掉电速度更缓慢，PMOS 的导通时间变长。

（4）负载功耗：如果负载功耗太大，有可能导致系统复位，那么输出端的滤波电容是不可少的。

2. USB+ 交流适配器

1）锂电池充电器 CN3052A

上海如韵公司研制的 CN3052A 可以对单节锂电池进行恒流 / 恒压充电。器件内部包含功率晶体管，应用时不需要外部的电流监测电阻和阻流二极管，只需要极少数的外围元器件。输出电压为 4.2V，精度达 1%，充电电流可以通过外部电阻调整。当输入电压（交流适配器或者 USB 电源）掉电时，CN3052A 自动进入低功耗睡眠模式，此时电池的电流消耗小于 $3\mu A$。

CN3052A 可以同时利用 USB 接口和交流适配器为锂电池充电，如图 5.15 所示，当二者共同存在时，交流适配器具有优先权。V_1 为 PMOS 管，用来阻

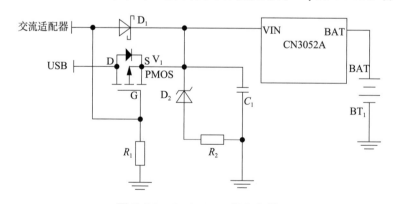

图 5.15　CN3052A 充电电路

止电流从交流适配器电源流入 USB 电源，肖特基二极管 D_1 可以防止 USB 接口通过电阻 R_1 消耗能量。实际应用中，交流适配器电源应接到电压比较高，输出电流能力比较强的电源上，相比之下，USB 电源应当接到电压比较低，输出电流能力比较弱的电源上。

2）锂电池充电器 TP4056X

南京拓微公司研制的 TP4056X 可以对单节锂电池采用恒流 / 恒压线性充电，带有电池正负极反接保护、输入电源正负极反接保护功能。其底部带有散热片的 ESOP8/EMSOP8 封装和较少的外部元器件，使得 TP4056X 成为便携式应用的理想选择，可以同时利用 USB 接口和交流适配器为锂电池充电，如图 5.16 所示。

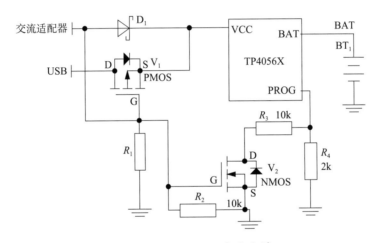

图 5.16 TP4056X 充电电路

由于采用了 PMOS 管架构，加上防倒灌电路，所以不需要外部隔离二极管。充电电压固定为 4.2V，充电电流可通过电阻器进行外部设置。达到最终浮充电压且充电电流降至设定值的 1/10 时，TP4056X 将自动终止充电循环。

当输入电压（交流适配器或 USB 电源）被拿掉时，TP4056X 自动进入低电流状态，将电池漏电流降至 1μA 以下。TP4056X 在有电源时可置于停机模式，将供电电流降至 70μA。TP4056X 还具有电源自适应、电池温度监测、欠压闭锁、自动再充电的功能，以及两个用于指示充电、结束充电的 LED 引脚。

电路中，PMOS 管 V_1 用于防止交流适配器接入时信号反向传入 USB 接口，而肖特基二极管 D_1 则用于防止 USB 功率在经过 10kΩ 下拉电阻时产生功耗。

一般来说，交流适配器能够提供比电流限值为 500mA 的 USB 接口大得多的电流。交流适配器具有高达数安的可编程充电电流。从 PROG 引脚连接一个外部电阻到地端可以对充电电流进行编程。在预充电阶段，此引脚的电压被调制在 0.1V；在恒流充电阶段，此引脚的电压被固定在 1V。在充电状态的所有模式，测量该引脚的电压都可以根据下面的公式估算充电电流。

$$I = V_{PROG} \times 1100/R_{PROG}$$

因此，当交流适配器接入时，可采用 NMOS 管 V_2 和 10kΩ 电阻 R_3，将充电电流增加至 600mA。

3）锂电池充电器 CN3052B

CN3052B 可以对单节锂电池进行恒流／恒压充电，如图 5.17 所示。有外部输入电源 VCC 时，外部电源 VCC 既通过 CN3052B 给锂电池充电，又对系统供电；没有外部输入电源时，锂电池对系统供电。

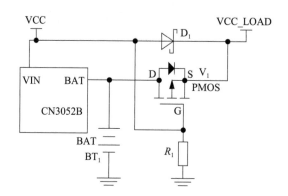

图 5.17　CN3052B 充电电路

5.2.4　PNP管+PNP管方案

基于 PNP 管 +PNP 管的两路电源切换电路如图 5.18(a) 所示。电路由两个相同参数的 PNP 管 V_1、V_2，4 个电阻 $R_1 \sim R_4$ 组成。两路电源切换电路属于对称电路，用一路电源 VCC_1 控制电源 VCC_2 通道 PNP 管 V_2 的基极；用另一路电源 VCC_2 控制电源 VCC_1 通道 PNP 管 V_1 的基极。

根据图 5.18(a) 电路加工 PCB，两个 PNP 管型号为 SS8550，$I_C = 1.5A$，具体实测如下：

（1）只有输入端 VCC_2 接 3.242V 磷酸铁锂电池，$V_{2EB} = 0.65V$，V_2 导通，输出端 VCC_LOAD = 3.242V。同时存在另外一路电流，$VCC_2 \rightarrow V_2$ 管 E 极 $\rightarrow V_2$ 管 B 极 $\rightarrow$ 电阻 $R_1 \rightarrow VCC_1$，$VCC_1 = 2.590V$，VCC_1 存在电压；VCC_1 接 24Ω 负载后，VCC_1 电压为 1.8V，能够驱动一定的负载，VCC_1 存在倒灌电流。

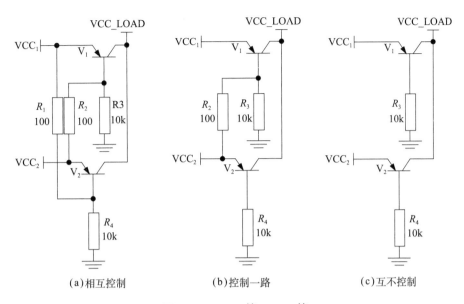

(a)相互控制　　　　　　　(b)控制一路　　　　　　　(c)互不控制

图 5.18　PNP 管 +PNP 管

（2）VCC_LOAD 接 24Ω 负载，串联电流表，输入端 VCC$_2$ 先接 3.242V 磷酸铁锂电池，VCC_LOAD = 3.195V，负载电流为 45mA；输入端 VCC$_1$ 接直流电源 4.2V，VCC_LOAD = 4.162V，负载电流为 70mA。

（3）VCC_LOAD 接 24Ω 负载，串联电流表，输入端 VCC$_2$ 改接 3.78V 三元锂电池，VCC_LOAD = 3.745V，负载电流为 50mA；输入端 VCC$_1$ 接直流电源，从 4.2V 开始升压，VCC$_1$ = 4.3V 时开始有微弱电流、VCC$_1$ = 4.4V 时输出电流有较大变化，VCC$_1$ = 4.5V > VCC$_2$+V_{2EB}（3.78+0.65 = 3.43V）时输出电流变化比较平稳；断开 VCC$_1$ 或者 VCC$_2$，输出为 VCC$_2$ 或 VCC$_1$，实现两路电源正常切换，但是存在倒灌电流至 VCC$_2$，路径为 VCC$_1$ → V$_1$ 管 E 极 → V$_1$ 管 B 极→电阻 R_2 → VCC$_2$。

在图 5.18(a) 电路的基础上，删除电阻 R_1 得到图 5.18(b) 所示电路，用一路电源 VCC$_2$ 控制另一路电源 VCC$_1$ 通道 PNP 管 V$_1$ 的基极。根据图 5.18(b) 电路加工 PCB，PNP 管选择 SS8550 晶体管，具体实测如下：

（1）只有输入端 VCC$_2$ 接 3.242V 磷酸铁锂电池，V_{2EB} = 0.65V，V$_2$ 导通，输出端接 24Ω 负载，VCC_LOAD = 3.172V，负载电流为 36mA，这里 V$_1$ 管处于倒置状态（晶体管 C 极和 E 极互换，可以工作，但放大倍数严重下降），V_{1B} ≈ VCC$_2$，V_{1CB} ≈ 0V，VCC$_1$ 为 0V，没有倒灌电流流入 V$_1$ 管。

（2）输入端 VCC$_1$ 先接 3.242V 磷酸铁锂电池，输出端接 24Ω 负载，VCC_LOAD = 2.579V，负载电流为 28mA，这是因为 V$_2$ 管的基极为 0V（处于倒置状态），V_2 管导通，V_2 管发射极电流流入 V_1 管基极，导致 V_1 管导通不彻底（非饱和导通），$\text{VCC}_2 = 2.579\text{V}$，倒灌电流流入 VCC_2 电源；VCC_2 再接 3.78V 三元锂电池，$\text{VCC\_LOAD} = 3.678\text{V}$，负载电流为 55mA，这种电路无法实现两路电源切换。

在图 5.18(b) 电路的基础上，进一步删除电阻 R_2 得到图 5.18(c) 所示电路，两路电源 VCC_1 和 VCC_2 互不控制，PNP 管选择 SS8550 晶体管，在 VCC_LOAD 电压存在的情况下，V_1 管或 V_2 管存在倒置状态，容易造成电流倒灌，难以实现两路电源切换。

综上所述，图 5.18(a) 两路电源压差大于 V_{EB}，即 $|\text{VCC}_1 - \text{VCC}_2| > V_{EB}$，且分压电阻满足 $R_4 \gg R_1$（让基极获得几乎全部 VCC_1 电压，控制另外一路电源的基极），实现两路电源正常切换，但会存在倒灌电流至另外一路电源。图 5.18(b) 电路无法实现两路电源切换，只能一路电源优先使用，另外一路非饱和导通；图 5.18(c) 的 V_1 管或 V_2 管存在倒置状态，容易造成电流倒灌，难以实现两路电源切换。

5.2.5　PMOS管+PMOS管方案

在图 5.18(b) 的基础上对电路进行改进，使用 PMOS 管代替 PNP 管，如图 5.19 所示，用一路电源 VCC_1 控制另一路电源 VCC_2 通道 PMOS 管 V_2 的栅极，两路电源切换具有优先级，电压高的 VCC_1 电源优先输出，且对两路电源均具有防倒灌功能，保护电源前级电路。

由前述知道，单个带体二极管的 MOS 管作为主管用于电源管理时，一般情况只能用于负载开关导通或者防倒灌功能，导通或者防倒灌不可兼得，只能二选一，但是对于一些特殊情况还是可以同时实现负载开关导通和防倒灌两种功能，当然需要满足一些条件。PMOS 管 V_1 和 V_2 的导通阈值电压不一样，其中，$\text{VCC}_1 > \text{VCC}_2$，$-\text{VCC}_1 < V_{1GS(TH)} < -\text{VCC}_2$，$V_{1GS(TH)MAX} = -3.0\text{V} < -\text{VCC}_2$，$|V_{2GS(TH)}| < \text{VCC}_2$。取 $V_{1GS(TH)} = -4\text{V}$（$-3.0 \sim -5.0\text{V}$），$\text{VCC}_1 \geqslant 5.0\text{V}$，$\text{VCC}_2 \leqslant 3.0\text{V}$，$V_{2GS(TH)} = -0.7\text{V}$。

具体工作过程分析如下：

（1）当 $\text{VCC}_1 = 5\text{V}$，$\text{VCC}_2 = 3.0\text{V}$ 时，体二极管正向导通电压 $V_{1F} = V_{2F} = 0.7\text{V}$，$V_{2G} = \text{VCC}_1 \times R_2/(R_1+R_2) = 4.54\text{V}$，$V_{2GS} = 4.54 - (\text{VCC}_2 - V_{2F}) = 2.24\text{V} > V_{2GS(TH)}$，$V_2$ 管截止；$V_{1GS} = 0 - (\text{VCC}_1 - V_{1F}) = -4.3\text{V} < V_{1GS(TH)} = -4.0\text{V}$，$V_1$ 管导通，输出电源 $\text{VCC\_LOAD} \approx \text{VCC}_1$，$V_{2GS} = 4.54 - \text{VCC}_1 = -0.46\text{V} > V_{2GS(TH)}$，$V_2$ 管截止。

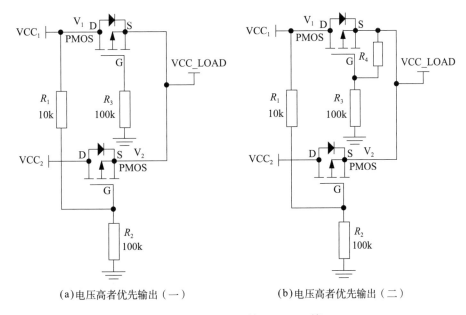

(a)电压高者优先输出（一）　　　　　　　　(b)电压高者优先输出（二）

图 5.19　PMOS 管 +PMOS 管

（2）当 VCC$_1$ = 5V，VCC$_2$ = 0V 时，$V_{1F} = V_{2F}$ = 0.7V，V_{2G} = VCC$_1$ × R_2/(R_1+R_2) = 4.54V，V_{1GS} = 0-(VCC$_1$-V_{1F}) = -4.3V < $V_{1GS(TH)}$ = -4.0V，V_1 管导通，输出电源 VCC_LOAD ≈ VCC$_1$，V_{2GS} = 4.54-5.0V = -0.46V > $V_{2GS(TH)}$，V_2 管截止。

（3）当 VCC$_1$ = 0V，VCC$_2$ = 3.0V < $-V_{GS(TH)}$ = 4V 时，$V_{1F} = V_{2F}$ = 0.7V，V_{2GS} = 0-(VCC$_2$-V_{2F}) = -2.3V < $V_{2GS(TH)}$，这里利用了 VCC$_2$-V_{2F} > $-V_{2GS(TH)}$，V_2 管栅源极电压小于其导通阈值电压，V_2 管导通，输出电源 VCC_LOAD ≈ VCC$_2$ = 3.0V；V_{2G} = 0V，V_{1GS} = 0-VCC_LOAD = -3.0V > $V_{1GS(TH)}$ = -4V，V_1 管截止，起到防倒灌作用。这里主要利用 V_1 管栅源极电压大于其导通阈值电压，即 V_{1GS} > $V_{1GS(TH)}$，这是特殊情况，充分利用了 PMOS 管导通阈值电压 $V_{GS(TH)}$ 的离散性，且电压范围比较大，将劣势转为优势，用双 PMOS 实现电源切换，同时具有防倒灌功能。

图 5.19(a) 中 PMOS 管 V_1 型号为 International Rectifier 公司的 IRF6216TRPBF，I_D = 2.2A，导通阈值电压 $V_{GS(TH)}$ = -3.0 ~ -5.0V，V_{DS} = -150V，$R_{DS(ON)MAX}$ = 0.24Ω，| V_{GS} | 最大值为 20V；PMOS 管 V_2 型号为 VISHAY 公司的 SI2301CDS-T1-GE3，I_D = 2.7A，导通阈值电压 $V_{GS(TH)}$ = -0.4 ~ -1.0V，V_{DS} = -20V。加工 PCB 进行实测，具体测试进程如下：

（1）VCC$_2$ = 3.29V，VCC$_1$ 不接电源，无负载时，V_2 管导通，VCC_LOAD ≈ 3.290V；V_1 管截止，VCC$_1$ = 60mV（$V_{1GS(TH)}$ = -VCC$_2$ 处于导通阈值电压范围内，即 -3.0V > -VCC$_2$ > -5.0V，V_1 管略微导通，处于恒流区）；

VCC_LOAD 接 24Ω 负载，VCC_LOAD = 3.266V，VCC$_1$ = 60mV，V$_1$ 管具有防倒灌作用。

（2）VCC$_2$ = 3.29V，无负载时，VCC$_1$ 从 2.5V 逐渐升压至 6.0V，VCC$_2$ 一直为 3.290V，V$_2$ 管截止，具有防倒灌作用；VCC$_2$ = 3.29V，VCC_LOAD 接 24Ω 负载，VCC$_1$ 从 2.5V 逐渐升压至 6.0V，VCC$_2$ 一直为 3.290V，V$_2$ 管具有防倒灌作用，VCC$_1$ = 5.27V 时，VCC_LOAD = 5.20V，VCC$_2$ = 3.290V；VCC$_1$ = 6.01V 时，VCC_LOAD = 5.95V，VCC$_2$ = 3.290V。

（3）VCC$_2$ 不接电源，VCC$_1$ = 5V，无负载时，用万用表测量 VCC$_2$ 存在微弱漏电压，对应的 V_{2G} = VCC$_1$ × R_2/(R_1+R_2) = 5V × 100k/110k = 4.54V，由于 V$_2$ 管导通阈值电压 $V_{GS(TH)}$ = −0.4 ~ −1.0V，V_{GS} = 4.54−5.0V = −0.46V，说明 V$_2$ 管处于恒流区，若此时 VCC$_2$ 接入 3.290V 磷酸铁锂电池，存在倒灌电流对电池充电，因此，需要根据 PMOS 管导通阈值电压进一步调整偏置电路，将 R_1 改为 1kΩ 的电阻（对应 V_{2G} ≈ VCC$_1$ × R_2/(R_1+R_2) = 5V × 100k/101k ≈ 5V，V_{2GS} ≈ 5−5 = 0V，V$_2$ 管漏源通道截止），VCC$_2$ ≈ 20mV（微弱漏电压），还是存在微小的倒灌电压（减小 R_1 电阻，可进一步减小 VCC$_2$ 倒灌电压），VCC$_2$ 接入 3.290V 磷酸铁锂电池，不存在倒灌电流对电池充电，V$_2$ 管截止，具有防倒灌作用。

电阻 R_1 改为 1kΩ，更改电压值，VCC$_2$ = 2.825V，VCC$_1$ = 5.25V，重新测试如下：

（1）VCC$_2$ = 2.825V，VCC$_1$ 不接电源，无负载时，V$_2$ 管导通，VCC_LOAD ≈ 2.825V，V$_1$ 管截止，VCC$_1$ = 0V（$V_{1GS(TH)MAX}$ = −3.0V < −VCC$_2$ = −2.825V）；VCC_LOAD 接 24Ω 负载，VCC_LOAD = 2.809V，VCC$_1$ = 0V，V$_1$ 管具有防倒灌作用。

（2）VCC$_2$ = 2.825V，无负载时，VCC$_1$ 从 2.5V 逐渐升压至 6.0V，VCC$_2$ 一直为 2.825V，V$_2$ 管截止，具有防倒灌作用；VCC$_2$ = 2.825V，VCC_LOAD 接 24Ω 负载，VCC$_1$ 从 2.5V 逐渐升压至 6.0V，VCC$_2$ 一直为 2.825V，V$_2$ 管具有防倒灌作用；VCC$_1$ = 5.25V，无负载时，VCC_LOAD = 5.25V，VCC$_2$ = 2.825V；VCC$_1$ = 5.25V，接 24Ω 负载，VCC_LOAD = 5.16V，VCC$_2$ = 2.825V。

（3）VCC$_2$ 不接电源，VCC$_1$ = 5.24V，无负载时，VCC$_2$ = 0V，VCC_LOAD 接 24Ω 负载，VCC_LOAD = 5.16V，VCC$_1$ = 0V，V$_2$ 管具有防倒灌作用。

综上所述，满足 $V_{1GS(TH)}$ = −3.0 ~ −5.0V，VCC$_1$ = 5.25V > −$V_{1GS(TH)MAX}$ = 5.0V，

$VCC_2 = 2.825V < -V_{1GS(TH)MIN} = 3.0V$，$V_{2GS(TH)} = -0.40 \sim -1.0V$，两路电源可以很好地切换，$VCC_1$ 优先输出。

在特殊应用中，VCC_2 逻辑电平只能开启导通 V_2 管，不能开启导通 V_1 管，适用范围较窄，PMOS 管的选型很重要。目前市面上的 PMOS 管导通阈值电压 $V_{1GS(TH)}$ 范围多为 $-2.0 \sim -4.0V$（如 IRF5305S，$V_{GS(TH)} = -3.0V$），适用于 $VCC_1 > 5V$、$VCC_2 < 3.0V$ 两路电源切换，不能用于 $VCC_1 = 5V$、$VCC_2 = 3.3V$（4.2V）两路电源切换。为了扩大应用范围，对图 5.19(a) 电路进行改进，V_1 管栅源极并联电阻 R_4 与 R_3 一起进行分压，得到图 5.19(b)。$VCC_1 = 5V$，V_1 管导通需要满足 $V_{1GS} = -(VCC_1) \times R_4/(R_4+R_3) < V_{1GS(TH)} = -3.0V$，即 $R_4 > 150k\Omega$；$VCC_1 = 0V$，$VCC_2 = 3.3V$，VCC_2 经过体二极管后导通，$VCC\_LOAD = VCC_2 = 3.3V$，V_1 管截止需要满足 $V_{1GS} = -VCC_2 \times R_4/(R_4+R_3) > V_{1GS(TH)} = -3.0V$，即 $R_4 < 1M\Omega$；$VCC_1 = 5V$，$VCC_2 = 3.3V$ 取交集，R_4 的取值范围为 $150k\Omega < R_4 < 1M\Omega$；同理 $VCC_1 = 5V$，$VCC_2 = 4.2V$ 时，有 $V_{1GS} = -VCC_2 \times R_4/(R_4+R_3) > V_{1GS(TH)} = -3.0V$，$R_4 < 250k\Omega$，$R_4$ 的取值范围为 $150k\Omega < R_4 < 250k\Omega$，通过分压网络可以获得不同电压的应用范围。

由于 PMOS 管 V_1 栅源极电压 V_{GS} 最大值为 20V，对于 $VCC_1 > 20V$，需要对 PMOS 管 V_1 进行分压，图 5.19(b) 中 $R_1 = 1k\Omega$、$R_4 = 100k\Omega$、$VCC_2 = 2.825V$、不接负载，$VCC_1(V_1)$ 从 6.0V 开始逐渐增加，实测得到 $VCC\_LOAD(V_O)$ 电压见表 5.9，$VCC_1 = 6.12V$，PMOS 管 V_1 导通不彻底，存在压降；$VCC_1 \geq 8V$（对应 $V_{1GS(TH)} = -4.0V$），V_1 管导通彻底，压降非常小。VCC_LOAD 接 24Ω 负载，$VCC_1 = 10.85V$、8.37V、6.01V 分别得到的负载电压 $V_O = 10.74V$（导通压降小）、8.04V（导通压降居中）、5.42V（导通压降大）。

表 5.9　电源切换测试

无负载	V_1/V	6.12	6.60	7.17	7.60	8.09	8.49	9.12	9.76	10.76
	V_O/V	5.93	6.47	7.10	7.59	8.09	8.49	9.12	9.76	10.76
24Ω 负载	V_1/V	6.01	6.95	7.33	8.37	8.63	8.90	9.37	10.04	10.85
	V_O/V	5.42	6.48	6.88	8.04	8.34	8.61	9.19	9.86	10.74

5.2.6　微处理器控制负载开关方案

在图 3.6 高端负载开关的基础上，使用微处理器对多路电源进行控制，如图 5.20 所示。微处理器输出的信号 VCC_EN_1、VCC_EN_2 两者之一为高电平，可以控制负载开关开启，输出电源；两者之一为低电平，可以控制负载开关关闭，无电源输出。

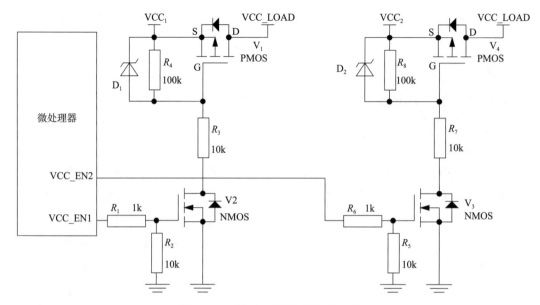

图 5.20 微处理器控制负载开关

电路存在不足之处，若 $|\text{VCC}_1 - \text{VCC}_2| > V_F = 0.6\text{V}$，$\text{VCC\_EN}_1$ 为高电平、VCC_EN_2 为低电平时，PMOS 管 V_1 导通，VCC_1 经过 V_1 输出至 VCC_LOAD，与此同时，VCC_LOAD 也会经过 V_2 的体二极管通道（其漏源通道导通）输出电流倒灌至 VCC_2 电源。同理，VCC_EN_2 为高电平、VCC_EN_1 为低电平时，VCC_LOAD 也会经过 V_1 的体二极管通道（其漏源通道导通）输出电流倒灌至 VCC_1 电源，需要避免这种情况发生。

互换图 5.20 中两个 NMOS 管的漏极和源极位置也会存在电流倒灌问题。因此需要使用双 PMOS 管背靠背对接防止电流倒灌。

若 $|\text{VCC}_1 - \text{VCC}_2| < V_F = 0.6\text{V}$，即两个电源比较接近或者相差很小，不存在上述电流倒灌问题。

5.2.7 单NMOS管+双PMOS管背靠背方案

单 NMOS 管 + 双 PMOS 管背靠背可以实现双向完全关断，同时防止电流倒灌，如图 5.21(a) 所示，工作原理分析如下。

（1）VCC_1 上电后，$\text{VCC}_1 > V_{3\text{GS(TH)}}$，$V_3$ 导通，$\text{VCC}_1 - V_{1F} > -V_{1\text{GS(TH)}}$，$\text{VCC}_2 - V_{2F} > -V_{1\text{GS(TH)}}$，$V_{1\text{GS(TH)}} = V_{2\text{GS(TH)}} = -2\text{V}$。$V_{3\text{GS(TH)}} = 2\text{V}$ 时，如 $\text{VCC}_1 = 3.3\text{V}$，$\text{VCC}_2 = 3.0\text{V}$，NMOS 管 V_3 导通，左边 PMOS 管 V_1 由于体二极管的存在，源极电压 $V_{1S} = 2.6\text{V}$，$V_{1\text{GS}} = -2.6\text{V} < V_{1\text{GS(TH)}}$，$V_1$ 管漏源通道导通；右边 PMOS 管 V_2 栅极为 3.3V，$V_{\text{GS}} = 0\text{V}$，$V_2$ 管漏源通道、体二极管截止，VCC_LOAD =

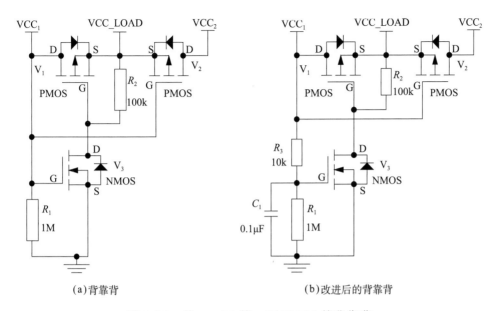

(a)背靠背   (b)改进后的背靠背

图 5.21 单 NMOS 管 + 双 PMOS 管背靠背

$VCC_1 = 3.3V$，由于存在 100k 电阻 R_3，偏置电流经过电阻 R_3、NMOS 管 V_3 至电源负极。

（2）VCC_1 接 3.3V，VCC_2 不接电源时，由上可知，V_1 管导通，V_2 管截止，$VCC\_LOAD = VCC_1 = 3.3V$。

（3）VCC_1 不接电源，VCC_2 接 3.0V 时，右边 PMOS 管 V_2 栅极为 0V，由于体二极管的存在，V_2 管漏源之间导通，源极 $V_{2S} = 3.0-0.7 = 2.3V$，由于 NMOS 管 V_3 不导通，左边 PMOS 管 V_1 栅极电压为 3.0V，V_1 管截止，$VCC\_LOAD = VCC_2 = 3.0V$。

根据图 5.21(a) 电路加工 PCB 进行实测，NMOS 管型号为江苏长电公司的 2N7002，PMOS 管型号为 VISHAY 公司的 SI2301CDS-T1-GE3，具体测试如下：

（1）VCC_1 接 4.158V，VCC_2 不接电源时，V_1 管导通，V_2 管截止，$VCC\_LOAD = 4.158V$。

（2）VCC_1 接 4.158V，VCC_2 接 3.308V 时，V_1 管导通，V_2 管截止，$VCC\_LOAD = 4.158V$。

（3）VCC_2 接 3.308V 时，$VCC_1 = VCC\_LOAD = 2.994V$，$V_1$ 管、V_2 管均导通，V_1 管和 V_3 管出现竞争冒险现象，V_3 管比 V_1 管开启快，间接证明了电子移动速度大于空穴移动速度，故利用电子导电的 NMOS 管动作速度要比利用空穴导电的 PMOS 管要快。

R_1 并联 0.1μF 电容，得到图 5.21(b) 电路，重新测试如下：

（1）VCC_1 接 4.158V，VCC_2 不接电源时，V_1 管导通，V_2 管截止，VCC_LOAD = 4.158V。

（2）VCC_1 接 4.158V，VCC_2 接 3.308V 时，V_1 管导通，V_2 管截止，VCC_LOAD = 4.158V。

（3）VCC_2 接 3.308V，VCC_1 不接电源时，VCC_LOAD = 3.307V，V_1 管具有防倒灌作用，V_1 管和 V_3 管未发生竞争冒险现象。

（4）VCC_1 接 3.308V，VCC_2 不接电源时，VCC_LOAD = 3.307V，V_2 管具有防倒灌作用。

（5）VCC_2 接 3.308V，VCC_1 接 4.145V 时，VCC_LOAD = 4.145V，V_1 管具有防倒灌作用。假如 VCC_1 为电池供电，随着时间流逝，电池电量逐渐减少，电压变低，VCC_1 开启低电压保护（3.0V）后不输出，测量 VCC_LOAD 电压为 2.989V，这是因为断电后 V_3 管泄放电荷不够快，加上 V_1 管漏源通道已经导通，导致 V_3 管长期处于开启状态，VCC_2 通过 V_2 管的体二极管对外供电，压降为 V_F，这也是电路的不足之处。

5.2.8　理想二极管

1. 概　述

凌特公司 LTC4412 通过提供一个低功耗、接近理想的二极管，简化了 PowerPath 控制器的管理和控制。LTC4412 控制一个外部 PMOS 管，获得一种用于电源切换或负载均分的近理想二极管功能，实现了多个电源的高效"合路"操作。LTC4412 的正向压降低于常规二极管，其反向电流也较小。微小的正向压降减少了导通功耗和发热，延长了电池的使用寿命，也简化结构设计。

导通时 PMOS 管两端压降通常为 20mV。对于采用一个交流适配器或其他辅助电源的应用，辅助电源接入时，负载将自动地与电池断接。可通过两个或更多 LTC4412 的互联实现多个电池之间的负载均分或用单个充电器对多个电池进行充电，LTC4412 典型应用电路如图 5.22 所示。

LTC4412 的宽电源工作范围支持用 1 ~ 6 节锂电池串联来提供工作电源。低静态电流（典型值为 11μA）与负载电流无关。栅极驱动器包括一个用于 PMOS 管保护的内部电压钳位。

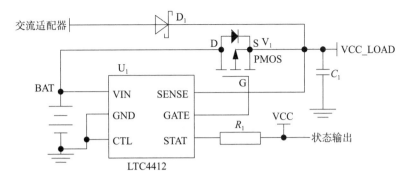

图 5.22　LTC4412 典型应用电路图

　　监测到辅助电源时，可用 STAT 引脚来使能一个辅助 PMOS 管电源开关，以及向微控制器发出指示信号，提示接入了一个辅助电源（如墙上交流适配器）。控制（CTL）输入引脚使得用户能够强制关断 PMOS 主管，并将 STAT 引脚置于低电平。

2. 参数特性

（1）电源"或"二极管的低功耗替代器件。

（2）外部元器件极少，降低整体系统成本。

（3）在直流电源之间自动切换。

（4）利用多节电池简化负载分配。

（5）低静态电流：11μA。

（6）交流 / 直流适配器电压范围：3 ～ 28V。

（7）电池电压范围：2.5 ～ 28V（绝对最大值为 36V）。

（8）电池反接保护。

（9）可驱动多数 PMOS 管型号。

（10）PMOS 管栅极保护钳位，使 PMOS 管免遭过高的栅源极电压。

3. 应用范围

（1）蜂窝电话。

（2）笔记本电脑和手持设备。

（3）USB 供电外部设备。

（4）不间断电源。

（5）逻辑控制型电源开关。

5.2.9 双通道理想二极管

1. 概　述

凌特公司推出双通道理想二极管 LTC4413，它特别针对减少热量、压降与占用 PCB 面积，以及延长电池使用时间而设计。该器件非常适合需要理想二极管"或"功能来实现负载共享或两个输入电源自动切换的应用。LTC4413 包含两个单片式理想二极管，能够从 2.5 ~ 5.5V 的输入电压提供高达 2.6A 的输出电流。每个理想二极管采用一个 100mΩ 的 PMOS 管，用于独立地把电源 INA 连接至 OUTA，以及将 INB 连接至 OUTB。二极管两端的电压均被调节为低至 28mV。LTC4413 在 500mA 和 2A 时分别具有 80mV 和 210mV 的低正向电压，泄漏电流仅为 1μA，较分立二极管"或"解决方案有极大改进。每个 PMOS 管的最大正向电流限制在恒定 2.6A，内部热限制电路在出现故障时可保护器件。不足之处是输出电流高达 1A，静态电流低于 40μA，且存在低于 1μA 的反向倒灌电流从输出端 VCC_LOAD 流向输入端 INA/INB。

一个 9μA 漏极开路 STAT 引脚用于指示传导状态。当通过 470k 电阻接至一个电源时，STAT 引脚指示选定的二极管在高电压处于传导状态，该信号可用来驱动辅助 PMOS 管电源开关，以在 LTC4413 不传导正向电流时控制第三个交流电源。LTC4413 典型应用电路如图 5.23 所示。

两个高电压有效控制引脚可独立关断 LTC4413 内含的两个理想二极管，

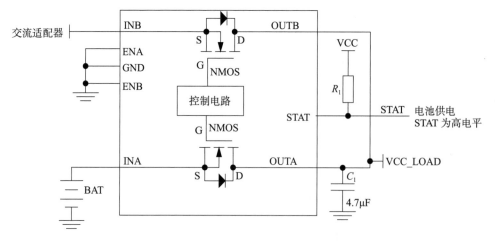

图 5.23　LTC4413 典型应用电路图

从而控制操作模式。当选定通道被反向偏压，LTC4413 置于低功耗待机状态时，状态信号将利用低电压来指示。

2. 参数特性

（1）双通道理想二极管"或"功能或负载均分。

（2）电源"或"二极管的低功耗替代器件。

（3）低正向导通电阻（在 3.6V 电压条件下最大值为 100mΩ）。

（4）低反向电流（最大值为 1μA）。

（5）低正向电压（典型值为 28mV）。

（6）2.5 ~ 5.5V 工作电压范围。

（7）2.6A 最大正向电流。

（8）内部电流限制和热保护。

（9）缓慢导通 / 关断，防止器件遭受由电感性源阻抗感生的电压尖峰的损坏。

（10）超低静态电流（LTC4413-1 的低功耗替代方案）。

（11）用于在选定通道导通时发出指示信号的状态输出。

（12）可编程通道导通 / 关断操作。

3. 应用范围

（1）手持设备的电池和交流适配器二极管"或"操作。

（2）后备电池二极管"或"操作、USB 外部设备。

（3）电源转换。

（4）不间断电源。

5.2.10　低功耗PowerPath控制器

1. 概　述

LTC4414 控制一个外部 PMOS 管，获得一种用于电源切换的近理想型二极管功能，实现了多个电源的高效"或"操作，旨在延长电池的使用寿命和减少自发热。LTC4414 导通时，PMOS 管两端的压降通常为 20mV。对于采用了一个交流适配器或其他辅助电源的应用，辅助电源接入时，负载将自动地与电池断接。可通过两个或更多 LTC4414 的互联实现多个电池之间的切换或由单个充电器对多个电池进行充电。

LTC4414 的宽电源工作范围支持用 1 ～ 8 节锂电池串联来提供工作电源。低静态电流（典型值为 30μA）与负载电流无关。

监测到一个辅助电源时，可用 STAT 引脚来使能一个辅助 PMOS 管电源开关，以及向微控制器发出指示信号。控制（CTL）输入引脚使得用户能够强制关断 PMOS 主管，将 STAT 引脚置于低电平。LTC4414 典型应用电路如图 5.24 所示。

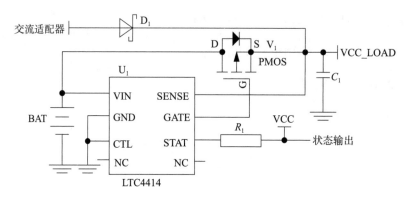

图 5.24　LTC4414 典型应用电路图

2．参数特性

（1）专为驱动大 QG PMOS 管而设计。

（2）电源"或"二极管的低功耗替代方案。

（3）3.5 ～ 36V AC/DC 适配器电压范围。

（4）外部元器件极少。

（5）在直流电源之间自动切换。

（6）低静态电流：30μA。

（7）3 ～ 36V 电池电压范围。

（8）电池反接保护。

（9）MOS 管栅极保护钳位。

（10）手动控制输入。

（11）节省空间的 8 引脚 MSOP 封装。

3．应用范围

（1）高电流电源通道开关。

（2）工业和汽车应用。

（3）不间断电源。

（4）逻辑控制型电源开关。

（5）后备电池系统。

5.2.11　低功耗两路电源切换防倒灌电路

1．电路组成

电路由 4 个同型号的 PMOS 管 V_1 ~ V_4，两个同型号的 NMOS 管 V_5、V_6 和 10 个电阻 R_1 ~ R_{10} 组成，如图 5.25 所示。

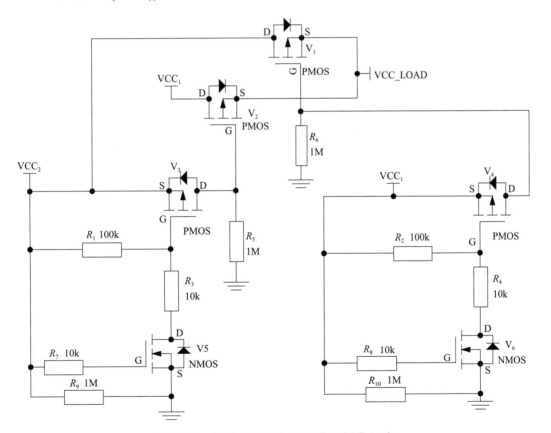

图 5.25　低功耗两路电源切换防倒灌电路

两路电源切换电路属于对称电路，用一路 NMOS 管 +PMOS 管组合开关管（V_3、V_5）控制一路电源通道的 PMOS 管（V_2）栅极；用另一路 NMOS 管 +

PMOS 管组合开关管（V_4、V_6）控制一路电源通道的 PMOS 管（V_1）栅极，两路电源切换具有优先级，优先使用电压高的电源，且对两路电源均具有防倒灌功能，保护电源前级电路。

2. 原理分析

R_1 为 PMOS 管 V_3 偏置电阻，R_9 为 NMOS 管 V_5 偏置电阻，R_3、R_7 为栅极电阻。4 个电阻 R_1、R_3、R_7、R_9，NMOS 管 V_5、PMOS 管 V_3 共同组成一路超低功耗负载开关。R_2 为 PMOS 管 V_4 偏置电阻，R_{10} 为 NMOS 管 V_6 偏置电阻，R_4、R_8 为栅极电阻。4 个电阻 R_2、R_4、R_8、R_{10}，NMOS 管 V_6、PMOS 管 V_4 共同组成另外一路超低功耗负载开关。

（1）有外部电源 VCC_1、VCC_2，$VCC_1 - V_F - VCC_2 > -V_{1GS(TH)}$（如 $VCC_1 = 5V$，$VCC_2 = 3.3V$，$V_{1GS(TH)} = -1V$，V_F 为体二极管导通压降），两路负载开关导通，即 V_3、V_5 组合开关导通，$V_{2G} = VCC_2$，V_4、V_6 组合开关导通，$V_{1G} = VCC_1$，VCC_1 控制功率型 PMOS 管 V_1 截止、PMOS 管 V_2 导通，优先使用电压高的电源 VCC_1，且对电源 VCC_2 具有防倒灌功能。

（2）有外部电源 VCC_2、VCC_1，$VCC_2 - V_F - VCC_1 > -V_{2GS(TH)}$（如 $VCC_2 = 5V$，$VCC_1 = 3.3V$，$V_{2GS(TH)} = -1V$），两路负载开关导通，即 V_3、V_5 导通，$V_{2G} = VCC_2$，V_4、V_6 导通，$V_{1G} = VCC_1$，VCC_2 控制功率型 PMOS 管 V_2 截止，PMOS 管 V_1 导通，优先使用电压高的电源 VCC_2，且对电源 VCC_1 具有防倒灌功能。

（3）外部电源 $VCC_1 = 0V$，只有电源 VCC_2 时（如 $VCC_2 = 3.3V$），只有左边的负载开关导通，即电源 VCC_2 控制 PMOS 管 V_2 截止、V_2 管导通，且对电源 VCC_1 具有防倒灌功能。

R_5、R_6 为偏置电阻，分别控制着 PMOS 管 V_2、V_1，偏置电阻阻值为兆欧级，静态电流为微安级。由于 PMOS 管漏极与源极之间的导通电阻为数十毫欧姆，可以通过很大电流（数安），那么通过 PMOS 管的压降为百毫伏级（数十毫欧乘以数安），PMOS 管的压降小，可以近似为一个理想二极管。

根据图 5.25 设计 PCB，PMOS 管 V_1、V_2、V_3、V_4 型号为 AO3401A（$V_{GS(TH)} = -1V$），NMOS 管 V_5、V_6 型号为 2N7002（$V_{GS(TH)} = 1.6V$），贴片焊接后进行实测。$VCC_1 = 0V$、$VCC_2 = 3.7V$ 锂电池供电时（MOS 管 V_1、V_3、V_5 均导通，偏置电阻 $10M\Omega$），静态电流为微安级；只有交流适配器 $VCC_1 = 5V$ 电源供电时（MOS 管 V_2、V_4、V_6 均导通，偏置电阻为 $10M\Omega$），静态电流为微安级，PMOS 管 V_4 的 V_{4GS} 为毫伏级，处于截止状态，V_4 无倒灌电流；同时

接上两种电源（$VCC_1 = 5V$、$VCC_2 = 3.7V$）时，静态电流为两者之和（微安级），PMOS 管 V_{1GS} 为毫伏级，处于截止状态，V_1 无倒灌电流。

3. 电路特点

（1）根据不同功耗需求调整 MOS 管栅极、源极偏置电阻，满足开启要求。

（2）为确保实现电源可靠切换，两个电源差满足 $|VCC_1 - VCC_2| > V_F + |V_{GS(TH)}|_{MAX}$。

（3）静态功耗很低，静态电流为微安级。

低功耗两路电源切换电路，根据不同要求使用不同的 MOS 管，由于 MOS 管属于电压器件，导通和截止时电流非常小，可以忽略不计。工作时（NMOS 管和 PMOS 管均导通）电流损耗为微安级，偏置电阻电流损耗为微安级；不工作时（NMOS 管和 PMOS 管均不导通）电流损耗几乎为 0，延长了电池的工作时间，降低了设备维护成本，与传统两路电源切换电路电流损耗毫安级相比，静态电流小两个数量级以上。与理想二极管相比，静态电流降低一个数量级以上，且不存倒灌电流。

5.2.12 超低功耗两路电源切换防倒灌电路

超低功耗两路电源切换防倒灌电路如图 5.26、图 5.27 所示。

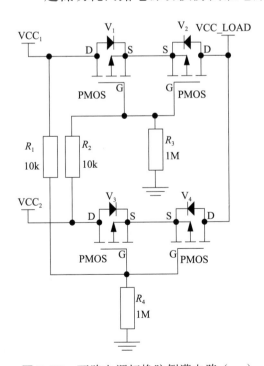

图 5.26 两路电源切换防倒灌电路（一）

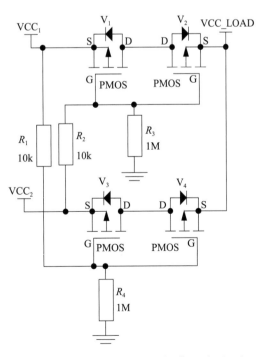

图 5.27 两路电源切换防倒灌电路（二）

电路由 4 个 PMOS 管 $V_1 \sim V_4$ 和 4 个电阻 $R_1 \sim R_4$ 组成。第一路电源（VCC_1）接两个源极背靠背对接 PMOS 管（V_1、V_2），背靠背对接的 PMOS 管两个栅极接在一起通过 R_3 下拉至负极，同时通过电阻 R_2 受第二路电源（VCC_2）控制；VCC_2 接两个源极背靠背对接 PMOS 管（V_3、V_4），背靠背对接的 PMOS 管两个栅极接在一起通过 R_4 下拉至负极，同时通过电阻 R_1 受 VCC_1 控制。两路电源切换具有优先级，优先使用电压高的电源，且对两路电源均具有防倒灌功能，保护电源前级电路。

1. 原理分析

两路电源切换电路属于对称电路，两路电源相互控制，两路电压差大于 PMOS 管导通阈值电压绝对值的最大值与 V_F 之和，即 $|VCC_1 - VCC_2| > V_F + |V_{GS(TH)}|_{MAX}$，电压高的优先输出，电源无缝切换，两路电源均具有防倒灌功能，可以保护前级电路。

PMOS 管可以选择漏极与源极之间导通电阻为数毫欧的功率型器件，也可以使用多个 PMOS 管并联，进一步降低导通电阻、减少功耗。电路由两路相同的控制电路组成，每一路控制电路均由 PMOS 管、电阻组成，VCC_1（如 5V 充电器）控制第二路电源（如 4.2V 电池）串联的背靠背对接 PMOS 管（V_3、V_4）栅极，VCC_2 控制第一路电源串联的背靠背对接 PMOS 管（V_1、V_2）栅极。通过对两路电源的电压选择、比较后，输出不同的电平控制背靠背对接 PMOS 管的一路导通，另一路截止。PMOS 管属于电压器件，导通和截止时其电流非常小，可以忽略不计，导通时只损耗很小的电流（微安级）。选用漏极与源极之间的导通电阻为数毫欧的 PMOS 管，可以通过很大电流（数安），那么通过 PMOS 管的压降很小，可以近似为一个理想二极管。

根据图 5.26 电路加工 PCB，进行单路电源静态（无负载）测试，结果见表 5.10。PMOS 管选用 AO3401A，使用 $VCC_1 = 4.093V$ 锂电池供电，$VCC_2 = 0V$ 时，$R_3 = R_4 = 1M\Omega$，静态电流 $I_1 = 4.0\mu A$；$R_3 = R_4 = 10M\Omega$，静态电流为 $I_1 = 0.39\mu A$，无倒灌电流存在。两路电源静态测试见表 5.11。$VCC_1 = 0V$，$VCC_2 = 5.97V$，高压电源优先输出（如 VCC_2），PMOS 管 V_1（V_2）$V_{GS} = 0.25V$，处于截止状态，电源接口 VCC_1 无倒灌电流存在，VCC_2 静态电流 $I_2 = 5.8\mu A$；同时接两路电源时，静态电流为两者之和 9.8μA，PMOS 管 V_1（V_2）$V_{GS} = 0.24V$，处于截止状态，电源接口 VCC_1 无倒灌电流存在。若 PMOS 管栅极偏置电阻 R_3、R_4 选择更大的阻值，静态电流将更小。

表 5.10 单路电源 VCC$_1$ 静态测试

R_3/Ω	R_4/Ω	VCC$_1$/V	V_{1_S}/V	V_{1_G}/V	V_{3_S}/V	V_{3_G}/V	I_1/μA	I_2/μA	VCC$_2$/V	V_{OUT}/V
10M	10M	5.97	5.97	0	5.65	5.96	0.5	0	0	5.97
10M	10M	4.093	4.09	0	3.845	4.085	0.39	0	0	4.09
1M	1M	4.106	4.104	0	3.782	4.061	4.0	0	0	4.106
100k	100k	4.088	4.087	0	3.985	3.712	37.2	0	0	4.087

表 5.11 两路电源静态测试

R_3/Ω	R_4/Ω	VCC$_1$/V	VCC$_2$/V	V_{1_S}/V	V_{1_G}/V	V_{3_S}/V	V_{3_G}/V	I_1/μA	I_2/μA	V_{OUT}/V
1M	1M	4.106	0	4.104	0	3.782	4.061	4.0	0	4.106
1M	1M	0	5.97	5.65	5.90	5.97	4.48	0	5.8	5.97
1M	1M	4.106	5.97	5.67	5.91	5.97	4.047	4.0	5.8	5.97

在表 5.11 的基础上，VCC_LOAD 接阻抗为 6Ω 负载得到测试结果见表 5.12。存在两种电源时，高电压电源接口 VCC$_2$ 优先输出，低电压电源接口 VCC$_1$ 存在偏置电流，但无倒灌电流存在。

表 5.12 负载测试

R_3/Ω	R_4/Ω	负载电阻/Ω	VCC$_1$/V	VCC$_2$/V	I_1/mA	I_2/mA	V_{OUT}/V
1M	1M	6	4.093	0	649	0	3.852
1M	1M	6	0	5.97	0	960	5.71
1M	1M	6	4.093	5.97	0.004	960	5.71

本电路的另外一种背靠背对接形式，漏极背靠背对接 PMOS 管如图 5.27 所示。两个背靠背对接 PMOS 管（V$_1$、V$_2$）栅极连接，采用图 5.27 电路加工 PCB，进行静态（无负载）测试，PMOS 管选用型号 AO3401A。测试结果表明图 5.27 电路与图 5.26 无异。

2. 电路特点

（1）电路静态功耗很低，由于 PMOS 管栅极与源极（沟道）之间有绝缘膜，栅极与源极之间是绝缘的，栅源极输入阻抗为 $10^{12} \sim 10^{14}$Ω，PMOS 管栅极偏置电阻取值可以达到数百兆欧，具体视栅极下拉电阻而定，静态电流损耗可低于微安级。

（2）根据不同功耗需求调整背靠背对接 PMOS 管栅极上拉电阻（R_1 或 R_2）、下拉电阻（R_3 或 R_4），下拉电阻阻值至少比上拉电阻阻值大两个数量级，满足开启要求。两种电源均为直流电源，两电源差要大于 PMOS 管导通阈值电

压绝对值的最大值 $|V_{GS(TH)}|_{MAX}$ 与 V_F 之和，在满足负荷电流的前提下优先选择导通阈值电压低的 PMOS 管。

（3）4 个 PMOS 管 $V_1 \sim V_4$ 可以使用同型号，导通电流大小根据电路要求来定，背靠背对接 PMOS 管可以选择参数相同、对称的双 PMOS 对管，在温度变化时尽可能保持参数一致性，提高电路的可靠性。逻辑控制电路具有双路电源无缝切换、防倒灌功能。

（4）每一路电源串联两个背靠背对接 PMOS 管，对接 PMOS 管两个栅极接在一起通过电阻下拉至负极，且受另外一路电源控制。

（5）将多个电源切换模块进行级联，可以用于三路、四路电源切换，电压高者优先输出；也可以用于电压比较器，电压高者优先输出信号。

第6章　防反接保护电路

电子设备一般带电源输入接口，如手机 USB 接口，为了防止电源的正负极性接反等误操作，对电路造成诸如芯片损坏等情况，一般会对其进行防反接保护，如采用二极管、MOS 管、保险丝（保险管）等方式，确保设备的可靠。

6.1　二极管保护

6.1.1　肖特基二极管保护

通常情况下，直流电源防反接保护电路是利用二极管的单向导电性来实现的，如图 6.1 所示，在电源正极高端串联二极管保护系统不受反向极性影响，当然也可以在负极低端串入二极管。采用二极管进行保护，具有电路简单、成本低、占用空间小等优点。但是二极管的 PN 结在导通时，存在一个正向压降，电流越大正向压降越大，对电路造成很大功耗，如单节锂电池供电的系统，过大的压降可能引起工作电压过低，导致设备无法工作。若输入电流额定值为 2A、二极管正向压降为 0.7V，则功耗为 $P = 2\text{A} \times 0.7\text{V} = 1.4\text{W}$，转化效率低，发热量大，要加散热器。在低功耗电路中，功耗、发热都是不可忽略的问题，可以使用肖特基二极管代替普通二极管，减少功耗。

图 6.1(a) 中，如果电源电压是 5V/3.3V，串入肖特基二极管则可能导致后端供电电压降低，使系统无法工作，可以考虑在前级电路设计输出电源的时候，提高电压到 5.7V/4V，减少二极管压降的影响。如果电源是 12V 或者 24V，一般会使用 LDO 或者 DC-DC 电路进行降压处理，因此，二极管上的压降对后端的输出电压影响不大，甚至可以分担一些 LDO 上的功耗。

图 6.1(b) 中电流回路串入肖特基二极管也可以实现防反接，不足之处是负载的负极参考电平不是 0V，而是导通正向电压 V_{F}（0.3V 左右，随着电流大小而改变），对于一些需要参考电平为 0V 的电路不合适，优先选用图 6.1(a)。

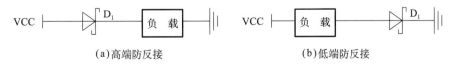

(a)高端防反接　　　　　　　　　　　(b)低端防反接

图 6.1　二极管防反接保护

6.1.2 整流桥保护

用 4 个二极管组成一个整流桥，如图 6.2 所示，对输入电源做整流，这样电路就永远有正确的极性，不论怎么接都可以正常工作，在 AC 转 DC 电源中使用最多。整流桥的缺点是显而易见的，整流桥上二极管的功耗很大，是单个二极管功耗的双倍。输入电流为 2A 时，若图 6.1 中的电路使用普通二极管的功耗为 1.4W，则图 6.2 中电路的功耗为 2.8W。

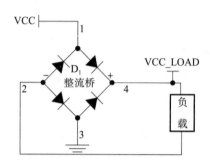

图 6.2 整流桥保护

6.1.3 二极管与保险丝保护

保险丝是一种熔断体，起过流保护作用。在电流异常升高到一定阈值时，电路中的保险丝发热、熔断、切断电流，保护电路正常工作。

保险丝分为一次性保险丝和自恢复保险丝。一次性保险丝价格便宜，熔断损坏后需要更换元件。

PPTC（polymeric positive temperature coefficient，高分子聚合物正温度系数元件）具有可恢复功能，故又称为自恢复保险丝，其特点是，在正常电流情况下聚合物结晶间的导电粒子呈现低电阻特性，数十兆欧级。当电流过大，内阻发热致使温度升高时，体积膨胀，聚合物由结晶态转为非结晶态，使导电粒子构成的导电网络断裂，电阻值突增，呈不导通、绝缘或开路状态，从而保护后端电路。当温度降低，且不再有大电流流过时，等候一段时间恢复结晶状态，又可导通。由于具有优异的可恢复特性，广泛用于过电流保护，在故障消除后，电路可自动恢复到导通状态。

二极管与保险丝（熔断器）的防反接电路如图 6.3(a) 所示，这种防反接电路的优点是电路简单、成本较低、功耗很小，电源反接后二极管导通（相当于短路），电流很大迅速烧掉保险丝，更换保险丝即可，在车载设备电路中使用较广。可以使用肖特基二极管或者普通二极管，肖特基二极管反向漏电流相对大一些。

电源过压时，如电源电压低于稳压管击穿电压，齐纳二极管基本不消耗电流，如图 6.3(b) 所示，电源接反，大电流流过齐纳二极管和 PPTC，PPTC 发热后断开，起到保护电路的作用。

负载上反向并联二极管和保险丝的电路更加可靠，二极管和保险丝选型容易，保险丝修理、更换比较简单方便、省心。

实际上 PPTC 加热需要一定的时间，不适用于低温环境，自恢复保险丝其保护的时间要求很短则很难保护；自恢复保险丝在高温下容易误动作，尤其是室外烈日下使用要注意。两者各有优势，需要结合实际情况选用。

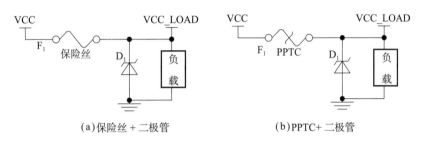

(a)保险丝 + 二极管　　　　　　　(b)PPTC+ 二极管

图 6.3　二极管与保险丝保护

6.2　MOS管保护

在电源正极串联二极管会产生压降，给电路造成不必要的功耗，尤其是电池供电场合，如电池额定电压为 3.7V，二极管压降 0.6V，有些场合 3.1V 电压不满足使用要求，导致部分电池电量无法释放出来，电池释放电荷量大为缩减。

MOS 管具有非常小的导通电阻，好处就是压降非常小，小电流时压降几乎可以忽略不计。现在的 MOS 管导通阻抗可以做到几毫欧，假设是 $10m\Omega$，通过的电流为 1A，通过 MOS 管压降只有 10mV，压降非常小。因此，MOS 管用于防反接再合适不过了，此外价格也越来越便宜，使用 MOS 管防止电源反的应用场合也越来越多。

6.2.1　PMOS防止电源反接电路

PMOS 管防止电源反接电路如图 6.4 所示。

正确连接时，刚上电 PMOS 管的体二极管正向导通，PMOS 管漏极电压经过体二极管到达 PMOS 管源极，源极电位为 VCC−0.6V，栅极通过电阻 R_1 下拉至负极，栅极电压是 0V，$V_{GS} = 0.6V−VCC < V_{GS(TH)}$（导通阈值电压），

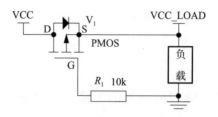

图 6.4　PMOS 管防止电源反接电路

PMOS 管导通，电源与负载形成回路，电流几乎全部从漏极流向源极，没有电流通过体二极管。

电源接反时，栅极是高电平，$V_{GS} > 0$，PMOS 管截止，电源与负载无法形成回路，保护电路安全。电路的可贵之处在于，导通后 PMOS 管的压降比二极管的压降小很多，负载上的电压是达标的，压降方面优于二极管。

若负载电流大于体二极管允许的电流，可以并联功率二极管至 PMOS 管两端，功率二极管方向与体二极管方向一致。

改进电路如图 6.5、图 6.6、图 6.7 所示，齐纳二极管 D_1 是限制 V_{GS} 电压在安全范围，正常情况，齐纳二极管截止，PMOS 管正常导通；反接时齐纳二极

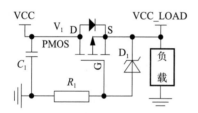

图 6.5　PMOS 管防止电源反接
改进电路（一）

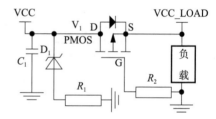

图 6.6　PMOS 管防止电源反接
改进电路（二）

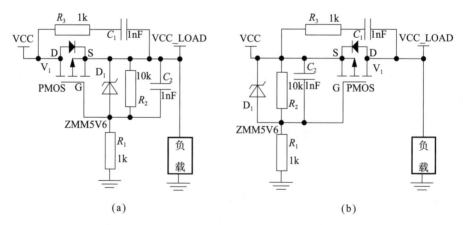

(a)　　　　　　　　　　　　　　(b)

图 6.7　PMOS 管防止电源反接改进电路（三）

管 D_1 反向导通，D_1 两端电压 V_{GS} 小于导通阈值电压，PMOS 管截止。三种过压保护电路中图 6.7 性能最佳。

若 VCC 大于 V_{GS} 额定电压，可以采用分压电路，栅极串联电阻 R_1 和栅源极并联电阻 R_2 组成分压网络，满足导通阈值电压需要；C_1 为加速电容，R_3 和 C_1 起软开关作用，提高开关速度，为输入瞬变信号提供一条低阻抗通道。电路导通后，R_1、R_2 会一直消耗电流，功耗比较大，建议选择阻值较大的电阻，且满足 $R_2 > 10 \times R_1$。

齐纳二极管型号为 SEMTECH 公司的 ZMM5V6，稳压范围为 5.2 ~ 6.0V，典型值为 5.6V; PMOS 管型号为 VISHAY 公司的 SI2301CDS-T1-GE3，$I_D = 2.7$A，导通阈值电压 $V_{GS(TH)} = -0.4 ~ -1.0$V，$V_{DS} = -20$V，$|V_{GS}|$ 最大值为 8V，负载为功率型电阻，阻值为 24Ω。使用图 6.7(b) 加工 PCB 板进行实测，具体见表 6.1，电源 VCC 从 0V 开始逐渐升压，VCC $\approx$ 2V 时（$V_{GS} = -$VCC$/2 = -1$V），PMOS 管已经导通；VCC 从 2.51V 开始逐渐降低电压，$V_{GS} = -$VCC$/2 = -1$V 时，PMOS 管已经导通，得到的负载电压为 VCC_LOAD(V_O)。假设 $|$VCC$-V_O| <$ 0.1V 来判定导通与截止的阈值，升压的导通阈值为 $V_{T+} = 1.982$V，降压的截止阈值为 $V_{T-} = 1.833$V，回差电压 $\Delta V = |V_{T+}-V_{T-}| = |1.982-1.833| = 0.149$V。

表 6.1　负载测试

升压 /V	VCC	1.60	1.70	1.80	1.894	1.920	1.982	2.026	2.089	2.156
	V_O	0.52	1.44	1.62	1.715	1.798	1.915	1.970	2.050	2.131
降压 /V	VCC	2.51	1.91	1.86	1.855	1.833	1.802	1.781	1.762	1.747
	V_O	2.51	1.86	1.80	1.780	1.744	1.600	1.338	1.320	1.084

不焊接电阻 R_3，其余条件与上面一样，具体测试结果见表 6.2，升压的导通阈值为 $V_{T+} = 1.922$V，降压的截止阈值为 $V_{T-} = 1.867$V，回差电压 $\Delta V = |V_{T+}-V_{T-}| = |1.922-1.867| = 0.055$V。

表 6.2　负载测试

升压 /V	VCC	1.53	1.65	1.76	1.821	1.922	1.967	2.052	2.269	2.382
	V_O	0.19	0.53	1.24	1.683	1.879	1.935	2.026	2.260	2.372
降压 /V	VCC	2.38	2.27	1.97	1.867	1.821	1.811	1.782	1.764	1.60
	V_O	2.37	2.26	1.94	1.801	1.702	1.647	1.480	1.340	0.641

由上述两表可知，增加反馈电路，可以增加回差电压的范围，提高电路的抗干扰能力。

图 6.7(b) 反接时存在倒灌电流，适用于纯阻性负载，推荐使用图 6.7(a) 的具有防倒灌功能电路。

此外，不焊接电阻 R_3，其余条件与上面一样，继续测量齐纳二极管的实际效果，ZMM5V6 稳压范围为 5.2 ~ 6.0V，典型值为 5.6V，由分压电路可知，VCC > 2 × 5.6V = 11.2V 开始稳压，ZMM5V6 稳压值 V_{SG} 具体见表 6.3，VCC 从 11.2V 升压到 20.0V，稳压值 V_{SG} 几乎不变，正常输出电流，很好地保护了 NMOS 管，限制栅源极电压 $|V_{GS}|$（最大值为 8V），防止损坏。

表 6.3　齐纳二极管高压保护测试

VCC/V	11.2	11.4	13.0	14.9	16.3	17.6	18.5	19.2	20.0
V_{SG}/V	5.56	5.60	5.61	5.62	5.62	5.63	5.64	5.64	5.65

6.2.2　NMOS管防止电源反接电路

NMOS 管防止电源反接电路如图 6.8 所示。

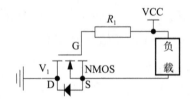

图 6.8　NMOS 管防止电源反接电路

正确连接时，刚上电瞬间，NMOS 管体二极管导通，源极电位为体二极管的正向压降，约为 0.7V，而栅极电位为 VCC，VCC–0.7V 大于 $V_{GS(TH)}$（导通阈值电压），NMOS 管漏源极之间通道导通，电流回路形成，由于内阻很小，相当于把体二极管短路，压降几乎为 0V。

电源接反时，$V_{GS} < 0V$，NMOS 管截止，负载的回路是断开的，从而保证电路安全。若负载电流大于体二极管允许的电流，可以并联功率二极管至 NMOS 管两端，功率二极管方向与体二极管方向一致。

MOS 管做防反接保护时的连接技巧：NMOS 管漏极串联到负极，PMOS 管漏极串联到正极，让体二极管方向朝向电流流动方向。

细心的读者会发现，防反接保护电路中，感觉漏源极电流流向是"反"的。这是利用体二极管的导通作用，正常连接上电时，使得 V_{GS} 满足 MOS 管的导通阈值要求。进而让低阻抗的 MOS 管漏源通道导通，体二极管通道截止。

如果是晶体管，NPN 管的电流方向只能是集电极到发射极，PNP 管的电流方向只能是发射极到集电极，反之就是处于倒置状态（放大倍数严重下降）。不过，只要电路设计得当，MOS 管的漏极和源极是可以互换的，电流可以从漏极到源极，也可以从源极到漏极，性能基本不下降，这是 BJT 管和 MOS 管的区别之一。

实际应用中，栅极一般串联限流电阻，为了防止 MOS 管被击穿，漏极加上齐纳二极管（电压过大，栅极和源极之间还需进行电阻分压），并联电容。在电流开始流过的瞬间，电容充电，栅极的电压逐步建立起来，起到软启动的作用。

齐纳二极管可以把栅源极之间的电压差钳制在一定范围内，超过 V_{BR} 时，稳压管击穿导通，栅源极之间的电压差钳位至 V_{BR}，即 $V_{GS} \leq V_{BR}$，起到保护栅极、源极的作用，如图 6.9 所示。

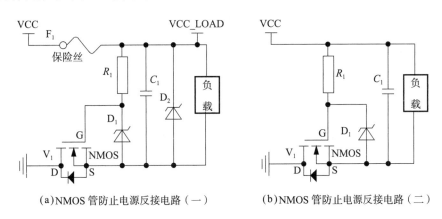

（a）NMOS 管防止电源反接电路（一）　（b）NMOS 管防止电源反接电路（二）

图 6.9　NMOS 管防止电源反接电路

使用 MOS 管防止电源反接，可以解决二极管存在的压降大的问题，但其构成的电路相对二极管来说复杂点，成本也高一些。

基于基尔霍夫电压定律（KVL），二极管闭合回路中，当二极管正向偏置（如 LED 二极管发光）时，二极管处于导通状态，电流能够通过二极管，需要串联一个限流电阻以防二极管损坏；二极管反向导通（如齐纳二极管稳压）时，电流能够反向通过二极管，也需要串联一个限流电阻。也就是说，二极管在任何一个闭合回路（不管是正向导通还是反向导通）中，都必须串联一个合适的限流器件（电阻、负载、一次性保险丝或自恢复保险丝等），防止导通电流过大损坏二极管。

6.3　专用芯片保护

采用专用的芯片，比如 TI 公司的 LM5050 是一款超低压降理想二极管控制器模块，可用在 $N+1$ 的高端 Oring（冗余电源配置）电源系统或者 Buck 同步整流拓扑的 DC–DC 上给电池充电，防止电池电流倒灌进同步降压模块里面导致模块损坏，应用电路如图 6.10 所示。

LM5050 控制器与外部 NMOS 管配合工作，当与电源串联时则用作理想的二极管整流器。使用 NMOS 管替换二极管整流器，从而降低功耗和压降。LM5050 控制器为外部 NMOS 管和快速响应比较器提供电荷泵栅极驱动，电流反向流动时关断 NMOS 管。LM5050 工作电源范围为 5 ~ 75V，可承受 100V 的瞬态电压。供电输入必须与电源系统离地连接。

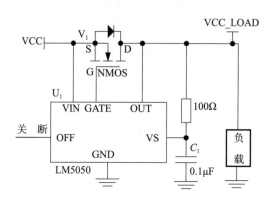

图 6.10　LM5050 应用电路

TI 公司的 LM74700-Q1 是一款符合汽车 AECQ100 标准的高端理想二极管控制器，内部集成电荷泵栅极驱动器，与外部 NMOS 管配合工作，可作为理想二极管整流器，利用 20mV 正向压降实现低功耗反向保护。

LTC4359 是一款高端理想二极管控制器，内部集成电荷泵栅极驱动器，用于驱动外部 NMOS 管以取代肖特基二极管。控制 NMOS 管两端的正向电压降，以确保平滑电流传输。如果电源发生故障或短路，则快速关断可最大限度地抑制反向电流瞬变。LTC4359 还可用于具有冗余电源的系统中对电源进行"或"操作。

LTC4365 是一款过压、欠压和反向电源保护控制器，通过控制外部 NMOS 管的栅极电压实现这种功能，以确保输出保持在安全的工作范围。

相比离散分立元器件构成的防反接保护电路，采用专用的保护芯片具有更可靠的性能，但价格也贵了不少。

第7章 开关机电路

目前电子产品很多电源开关用的多是自锁按钮开关或者拨动开关，是一种硬件开关机方式，按下导通，再按断开，电源通过按钮流到负载。但是这种开关一般体积较大，不够美观漂亮。

对于手持设备而言，用户更喜欢用按键，现在大部分手持设备开机和关机共用（复用）一个按键。一键开关机优点：方便、省资源、防止误操作，漏电电流很小；不用增加零件，只是程序上的处理方式不同，可以实现单按、长按、双击等功能。长按开、长按关在手持设备非常有必要，长按以防止误碰开关机；台式设备，可以短按开关机以节省开关机时间。

一键开关机：如果用纯硬件的话，可以用常规门电路加触发器控制开关管实现；也可以使用硬件 + 软件实现更加丰富的功能。

7.1 软硬件实现一键开关机

7.1.1 双I/O口一键开关机电路

1. PMOS 管 +NPN 管 + 二极管实现

PMOS 管 +NPN 管 + 二极管实现一键开关机电路如图 7.1 所示，使用 MCU 的双 I/O 口监测与控制，MCU 一个 I/O 口作为输入接收监测信号 CHECK（MCU 内部可配置为电阻上拉，反之则需要在外部上拉电阻），一个 I/O 口作为输出控制 EN，这种开关方式属于下拉到地模式。

开机过程：按键 S_1 长按数秒，肖特基二极管 D_1 导通，PMOS 管 V_1 栅极电压由 VCC 变为 0.3V，$V_{GS} < V_{GS(TH)}$，PMOS 管提供导通通道给 MCU 微处理器供电，MCU 开机启动，D_2 导通，MCU 程序运行，在输入口监测到 CHECK（MCU 内部上电阻）低电平（约为 0.3V，且持续一定时间，如 2s），认为是有效的开机指令，输出端 EN 持续输出高电平使 NPN 管 V_2 导通，PMOS 管 V_1 持续导通，源源不断给 MCU 供电，处于不断循环中，按键 S_1 松开后 CHECK 为高电平，D_1、D_2 断开，MCU 工作正常。

关机过程：MCU 处于工作状态，按键 S_1 长按数秒，肖特基二极管 D_2 导通，

MCU 监测到 CHECK 为低电平且持续一定时间（如 2s），认为是有效的关机指令，EN 输出低电平使 NPN 管 V_2 截止，PMOS 管 V_1 栅极为高电平，PMOS 管 V_1 截止，MCU 不能获得电源后关机。

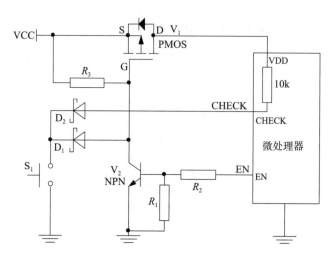

图 7.1　PMOS 管 +NPN 管 + 二极管实现一键开关机

使用 MCU 的双 I/O 口进行监测与控制，适用于 I/O 比较多的 MCU 电路，此外还可以根据按键时间的长短和瞬间按键次数来实现更丰富的功能，如长按键用于开关机、短按键用于休眠、双击用于开启特殊模式等。

需要注意的是，本电路中的二极管不宜选择反向电流大的肖特基二极管，肖特基二极管虽然具有较低的正向电压，但是其反向电流较大，且受温度影响较大，温度增加时，正向压降 V_F 减小、反向电流增加，室温附近，温度每增加 10℃，反向电流 I_R 约增加一倍，温度增加越多，I_R 增加越大。R_3 阻值较大时，反向电流路径：VCC → R_3 → D_1 正向→ D_2 反向电流→微处理器，R_3 电阻分压获得较大的电压，导致 PMOS 管 V_1 很容易开启，无法正常开关机。考虑到低功耗，R_3 阻值不能太小，阻值应根据 PMOS 管 V_1 导通阈值和低功耗要求进行配置，二极管宜选择反向（倒灌）电流较小的开关二极管取代肖特基二极管，最好是在低压 VCC 范围内，I_R 越小越能够获得好的性能。

2. PMOS 管 + 双 NPN 管实现

使用 NPN 管代替图 7.1 的两个肖特基二极管，改进的电路如图 7.2 所示，这种开关方式属于控制 NPN 管导通与截止。

开机过程：按键 S_1 长按数秒，按下瞬间，NPN 管 V_3 的基极与发射极正向导通、V_3 导通，饱和压降为 0.2V 左右，PMOS 管 V_1 栅极为低电平、V_1 管导通，

MCU 开始工作，对 I/O 口进行初始化（如将 CHECK 设置为输入状态并内部上拉、EN 设置为输出状态）后，MCU 监测到 CHECK 为低电平且持续一定时间（如 2s），认为是有效的开机指令，EN 持续输出高电平，V_2、V_1 导通，电源正常供电，MCU 进入工作状态，按键 S_1 松开，MCU 工作正常。

关机过程：按键 S_1 再次长按数秒，V_3 导通，MCU 监测到 CHECK 为低电平且持续一定时间（如 2s），认为是有效的关机指令，MCU 使 EN 持续输出低电平，V_2、V_3 截止不导通，此时电源输入电压几乎为 0V，MCU 停止工作，系统关闭。

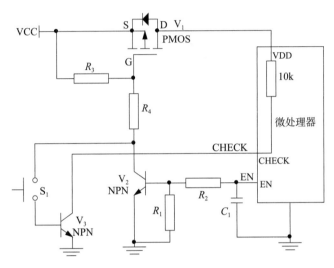

图 7.2 PMOS 管 +NPN 管实现一键开关机

3. PMOS 管 +NMOS 管 + 二极管实现

使用 NMOS 管代替图 7.1 的 NPN 管，将按键 S_1 置为高端开关，调整两个二极管位置，改进后电路如图 7.3 所示，这种开关方式属于上拉到电源模式，控制 NMOS 管的导通与截止，NMOS 管的 $V_{GS(TH)} = 2V$，$R_1 \geqslant 10 \times R_2$。

开机过程：平时电路没有电，按键 S_1 长按数秒，按下瞬间，电流通过二极管 D_2，D_2 导通、NMOS 管 V_2 导通、V_1 导通，MCU 上电工作，MCU 上电后监测 CHECK，如果监测 CHECK 引脚为高电平（$V_{GS(TH)} + V_F = 2 + 0.7 = 2.7V$）且持续一定时间（如 2s），认为是有效的开机指令，然后 MCU 设置 EN 持续输出高电平，此时即使按键松开电路仍能维持 V_2 管、V_1 管导通，MCU 正常工作，CHECK 下拉到地位低电平。

关机过程：按键 S_1 长按数秒，MCU 如果监测 CHECK 引脚为高电平（$V_{GS(TH)} + V_F = 2 + 0.7 = 2.7V$）且持续一定时间（如 2s），认为关机操作，需要

MCU 退出工作程序，MCU 设置 EN 持续输出低电平，松开按键后，V_2、V_1 不导通，MCU 关机。

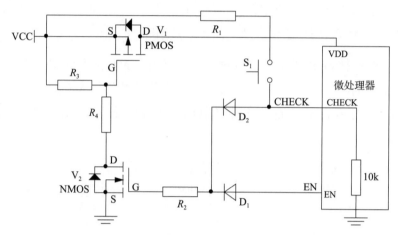

图 7.3　PMOS 管 +NMOS 管 + 二极管实现一键开关机

7.1.2　单 I/O 口实现一键开关机电路

目前图 7.1、图 7.2、图 7.3 均使用两个 I/O 实现一键开关机，控制和监测按键分别使用一个 I/O 口。定时设置 MCU 的输入输出状态切换，通过时分复用的方式，可以减少一个 I/O 口，使用单个 I/O 口实现一键开关机电路，改进后电路如图 7.4 所示。适合 MCU 的 I/O 数量短缺的情况，要求 MCU 的 I/O 口可以配置为上拉功能，无上拉功能则需要外接上拉电阻。

开机过程：关机状态下，按键 S_1 长按数秒，按下瞬间，二极管 D_2 导通，

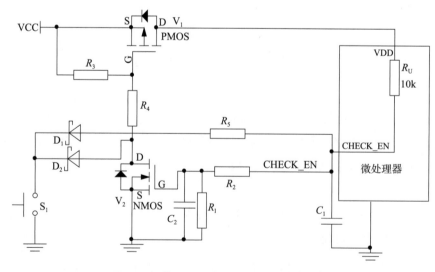

图 7.4　单 I/O 口实现一键开关机电路

V_1 导通，VCC 经过 V_1 管给 MCU 供电，MCU 工作。MCU 迅速将 CHECK_EN 配置为输入上拉状态，并监测到 CHECK_EN 低电平且持续一定时间（如2s），认为是开机指令，MCU 将 CHECK_EN 配置为输出状态，CHECK_EN 持续输出高电平，使 V_2 导通。此时若按键 S_1 松开，由于 V_2 管持续导通，V_1 管保持导通状态，持续供电使 MCU 处于工作状态。将 CHECK_EN 配置为输入，通过时分复用的方式，定时配置为输入或者输出状态。

关机过程：开机状态下，保持按键 S_1 长按数秒，二极管 D_2 导通，V_1 导通，VCC 经过 V_1 管给 MCU 供电，二极管 D_1 导通而拉低 CHECK_EN（为低电平）且持续一定的时间（如 2s），认为是有效的关机指令，则 MCU 配置 CHECK_EN 脚配置为输出状态，输出低电平而使 V_2、V_1 截止，MCU 关机。

CHECK_EN 通过时分复用的方式，定时配置为输入、输出状态，需要注意时序，状态切换期间需要电容 C_1 放电维持 V_2 管的导通状态。电阻 R_1 阻值尽可能大，增加时间常数 RC。

7.1.3 一键开机电路

对于需要一键开机的电路，在单个 PNP、PMOS 管负载开关的基础上进行改进，集电极和发射极之间并联一个按键，即可实现一键开机电路，PNP 管一键开机电路如图 7.5 所示。漏源极之间并联一个按键，即可实现一键开机电路，PMOS 管一键开机电路如图 7.6 所示。

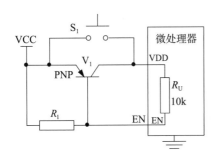

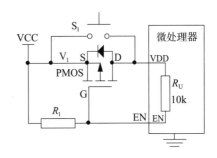

图 7.5　PNP 管一键开机电路　　　　图 7.6　PMOS 管一键开机电路

开机过程：关机状态下，按键 S_1 长按数秒，S_1 提供电源通道，VCC 给微处理器供电，MCU 工作。MCU 将 EN 配置为输出状态，持续输出低电平，使 PMOS/PNP 管 V_1 导通，持续供电使 MCU 处于工作状态。

关机过程：可配置为定时关机或者等到电池耗尽或者拔掉电池插座，MCU 关机。

适用于一次性开机电路，控制的电源与微处理器电源电平大小一样（如 VCC = 3.3V/1.8V），且满足 VCC > $V_{GS(TH)}$，使 PMOS 管漏源通道导通。电路具有简单、低成本的特点。

7.2 纯硬件实现一键开关机

7.2.1 MOS管实现（一）

使用 MCU 参与控制一键开关机电路可能存在一些问题，如 MCU 死机或者程序跑飞（只能重启电源）或者有些场合无 MCU 配置，因此，纯硬件实现一键开关机电路还是有一定的应用市场，不使用 MCU，无须软件控制，提高了可靠性，如图 7.7 所示。这是单纯的按键开关机，适合无单片机的场合。

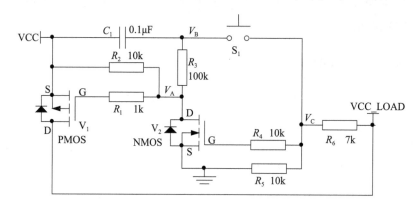

图 7.7 MOS 管实现一键开关机电路（一）

开机过程：关机状态下，按键 S_1 按下瞬间，C_1、R_4 和 R_5 组成 RC 电路，进行放电，V_2 管导通、V_1 管导通，VCC_LOAD 给负载供电，又经过 R_6 持续给 V_2 管的基极提供高电平，V_2 管持续导通，V_1 管也持续处于导通中，VCC_LOAD 给负载供电。

关机过程：开机状态下，按键按下瞬间，R_2、R_3、S_1、R_5 构成一个回路，V_2 管的栅极电压为 V_{2GS} = VCC × R_5/(R_5+R_2+R_3) = 3.3V × 10k/(10k+10k+100k) = 0.275V < $V_{2GS(TH)}$（= 2V），导致 V_2 管和 V_1 管截止，VCC_LOAD 无电压输出。

NMOS 管型号为江苏长电公司 2N7002，I_D = 115mA，导通阈值电压 $V_{GS(TH)}$ 的最小值、典型值、最大值分别为 1.0V、1.6V、2.5V；PMOS 管型号为 VISHAY 公司的 SI2301CDS-T1-GE3，I_D = 2.7A，导通阈值电压 $V_{GS(TH)}$ 最大值、最小值分别为 −0.4V、−1.0V，无典型值，加工 PCB 板进行实测，具体如下，

VCC = 3.289V，按键 S_1 按下，节点 V_A、V_B、V_C、VCC_LOAD 电压分别为 3.287V、3.258V、0V、0V；松开后再次按下按键 S_1，节点 V_A、V_B、V_C、VCC_LOAD 电压分别为 14mV、1.86V、1.86V、3.290V。

7.2.2　MOS管实现（二）

用 MOS 管实现一键开关机电路如图 7.8 所示。

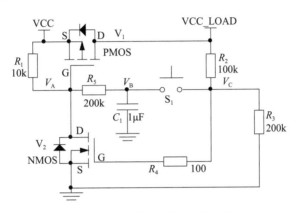

图 7.8　MOS 管实现一键开关机电路（二）

开机过程：按钮未按时，V_2 管的栅源极电压 V_{2GS} 为 0V，V_2 管截止，V_2 管的漏源电阻很大，V_1 管的栅源极电压 V_{1GS} 为 0V，V_1 管截止无电压输出；按下按键 S_1，C_1 充电，V_2 管的栅源极电压 V_{2GS} 上升至约 $V_{2GS(TH)}$（= 1.6V）时，V_2 管导通，V_1 管栅源极电压 V_{1GS} 电压小于 $V_{1GS(TH)}$（= −1V），V_1 饱和导通，VCC_LOAD 有电压输出，此时放开按钮，VCC_LOAD 通过 R_2、R_4 控制 NMOS 管 V_2 持续导通，C_1 通过 R_1、R_5 继续充电，V_1 管、V_2 管导通状态被锁定。

关机过程：再次按下按钮 S_1 时，由于 V_2 管处于导通状态，漏极电压为 0V，C_1 通过 R_3、R_5 和 V_2 放电，放电至小于 $V_{2GS(TH)}$ 时，V_2 管截止，V_1 管栅源极电压大于 $V_{1GS(TH)}$，V_1 截止，VCC_LOAD 无电压输出，松开按钮，V_1 管、V_2 管维持截止状态。

注：S_1 使 VCC_LOAD 打开或关闭后应放开按钮，不然会形成开关振荡。

NMOS 管型号为江苏长电公司 2N7002，PMOS 管型号为 VISHAY 公司的 SI2301CDS-T1-GE3，V_{DS} = −20V，加工 PCB 板进行实测，具体如下，VCC = 3.290V，按键 S_1 按下，节点 V_A、V_B、V_C、VCC_LOAD 电压分别为 0V、0V、2.180V、3.290V；松开后再次按下按键 S_1，节点 V_A、V_B、V_C、VCC_LOAD 电压分别为 0.276V、1.711V、0V、0V。

此电路可以应用于很宽的电压、电流范围（视具体型号而定）。R_5 为可选，当输入电压小于 20V（$V_{DS} = -20V$、$V_{GS} = \pm 8V$）时可短接；输入电压大于 20V 时建议接上，R_5 的取值应满足与 R_1 的分压使 MOS 管 V_1 的 $|V_{GS}| < 8V$，在 V_2 管导通时，尽量使 V_1 管的 V_{GS} 电压在 $-2.8 \sim -8V$，以使 V_1 管输出更大电流。

7.2.3 MOS管实现（三）

用 MOS 管实现一键开关机电路如图 7.9 所示。

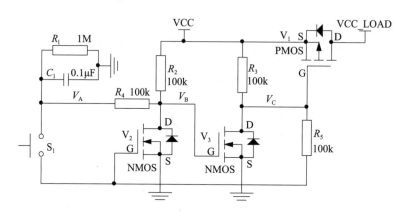

图 7.9 MOS 管实现一键开关机电路（三）

按键 S_1 未按下时，VCC（$= 3.3V$）电流流经 R_3、R_5 和 NMOS 管 V_2，V_2 管栅极电压为 VCC，V_2 管导通，V_2 管漏极电压为 0V，即 V_3 管栅极电压 V_B 为 0V，V_3 管截止（漏极电压 V_C 约为 3.3V），C_1 经 R_1、R_4 和 V_2 放电至 0V，这时 V_2 管栅极大约是 3.3V，V_3 管的栅源极电压差 $V_{3GS} = 0V$，V_3 管截止，V_1 管截止，切断负载供电。

开机过程：按下按键 S_1 瞬间，C_1 连接至 V_2 管栅极，未充电的 C_1 把 V_2 管栅极电压拉低至 0V，V_2 管瞬间截止，V_2 管漏极电压升至 3.3V；V_3 管导通，V_1 管栅极电压为 0V，V_1 管的栅源极电压差 $V_{1GS} = -3.3V$，V_1 管导通，给负载供电。经过电阻 R_5 把电容 C_1 电压下拉，电路进入平衡。

松开按键，C_1 经 R_2、R_4 充电，V_A 大约为 $3.3V \times 1M/(1M+200k) = 2.75V$。

关机过程：再次按下按键瞬间，C_1 连接至 V_2 管栅极，V_2 管栅极电压提升至约 2.75V，V_2 管瞬间导通，V_2 管漏极电压下降至 0V，V_3 管截止，V_3 管漏极电压升高，V_1 管截止，切断负载供电。

NMOS 管型号为江苏长电公司 2N7002，PMOS 管型号为 VISHAY 公司的 SI2301CDS-T1-GE3，加工 PCB 板进行实测，具体如下，VCC = 3.289V，

按键 S_1 按下，节点 V_A、V_B、V_C、VCC_LOAD 电压分别为 0V、0V、3.261V、2mV；松开后再次按下按键 S_1，节点 V_A、V_B、V_C、VCC_LOAD 电压分别为 1.511V、0.766V、2.389V、3.290V。

7.2.4 专用芯片

ATtiny13 为 8 引脚的单片机，引脚数量较少，若外接晶振还会占用两路 I/O 接口，要求不高的场合可以使用内部晶振。可以采用 ATtiny13 为整个系统提供一键开关机、延时关机、LED 灯指示等功能，如图 7.10 所示，上电后，单片机工作，S_1 按下触发中断，单片机唤醒，EN 输出高电平信号，负载开关闭合，向外供电。S_1 再次按下，EN 输出低电平信号，负载开关断开，进入关机模式。

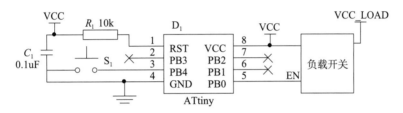

图 7.10 专用芯片实现开关机电路

7.2.5 反相器

图 7.9 实现的非门电路，可以采用非门芯片实现，如图 7.11 所示，两者电路原理是一样的，只是用反相器代替 MOS 管和电阻而已，实现相同的功能。

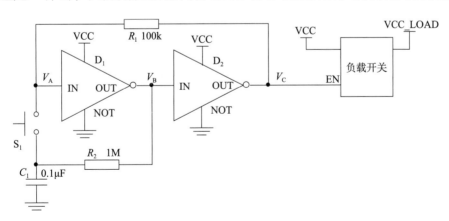

图 7.11 反相器实现一键开关机

开机过程：按键 S_1 未按下时，假设非门 D_1 的 IN 电压（V_A）为低电平 0V，D_2 的 IN 电压（V_B）为高电平 VCC，EN 信号为 0V（V_C），负载开关断开，C_1 经过 R_2 充电至高电平 VCC。

按键 S_1 按下时，V_A 为高电平，V_B 为低电平，V_C（EN 信号）为高电平，负载开关闭合；松开按键 S_1 后，V_C 电流经过 R_1 至 V_A，V_A 维持为高电平。

关机过程：按键 S_1 再次按下时，C_1 瞬间将 V_A 拉为低电平，V_B 为高电平，V_C 为低电平，负载开关断开；松开按键 S_1 后，C_1 经过 R_2 充电至高电平 VCC。

这样周而复始。每按一次，信号 EN 翻转一次。

非门型号为 TI 公司的 SN74LVC1G00，用双输入与非门，替换图 7.11 中的反相器 D_1、D_2，双输入与非门的两个输入引脚接在一起，如图 7.12 所示，加工 PCB 板进行实测，具体如下，VCC = 3.289V，按键 S_1 按下，节点 V_A、V_B、V_C 电压分别为 0V、3.289V、0V；松开后再次按下按键 S_1，节点 V_A、V_B、V_C 电压分别为 2.965V、0V、3.289V。

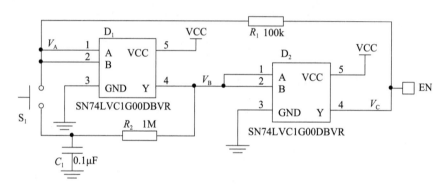

图 7.12　与非门实现开关机

每一种电路都有自己的特点，如果能够非常清晰分辨优缺点、适合场合及范围，那更能扬长避短，发挥各自的优势。如果有些场合无 MCU，那么使用纯硬件实现一键开关机，应用范围会更广。若是需要用到长按、短按、双击、紧急报警等丰富功能时，使用 MCU 的电路可以发挥更多的优势。当然自锁硬开关也有其使用的场合。

第8章 过欠压保护电路

电压比较器是对输入信号（电压）进行鉴幅与比较的电路，输入信号电压 V_I 是模拟信号，输出电压 V_O 只有高电平 V_{OH} 和低电平 V_{OL} 两种状态，使 V_O 从 V_{OH} 变为 V_{OL} 或者从 V_{OL} 变为 V_{OH} 对应输入电压为阈值电压 V_T，是最简单的模数转换电路，即将模拟信号转换成一位二值信号的电路。

运算放大器工作于非线性区，虚短不再成立，$V_p = V_n$ 仅对应输出翻转时刻。运算放大器输入阻抗比较大，分析比较器时虚断仍被采用。用集成运算放大器构成的电压比较器，在输入端并联两个二极管（方向相反）以限幅输入信号的幅度，避免内部晶体管进入深度饱和状态，提高响应速度。电压传输特性用于描述输出电压和输入电压的函数关系，其三要素为输出电压的高电平 V_{OH} 和低电平 V_{OL}、门限电压、输出电压的跳变方向。

电压比较器有如下三种：

（1）单限比较器：电路只有一个阈值电压 V_T，输入电压在阈值电压附近的任何微小变化都将引起输出电压的跃变，不管微小变化来自输入信号还是外部干扰。输入电压 V_I 在逐渐增大或者减小过程中，当通过 V_T 时输出的 V_O 电压会产生跃变，从 V_{OH} 变为 V_{OL}，或者从 V_{OL} 变为 V_{OH}。单限比较器很灵敏，但是抗干扰能力差。

（2）滞回比较器：是一个具有迟滞回环传输特性的比较器，一般在反向单门限电压比较器的基础上引入正反馈网络，组成双门限的反向输入迟滞比较器（又称为施密特触发器），只是由于正反馈的作用，这种比较器的门限电压是随输出电压的变化而加速改变，抗干扰能力提高。滞回比较器具有滞回特性，即惯性，因而具有一定的抗干扰能力，抗干扰能力越强，灵敏度越差。滞回比较器电路有两个阈值电压，输入电压 V_I 在逐渐增大过程使输出电压 V_O 产生跃变的阈值电压 V_{T1}，输入电压 V_I 在逐渐减小过程使输出电压 V_O 产生跃变的阈值电压 V_{T2}，$V_{T1} \neq V_{T2}$，电路具有滞回特性。与单限比较器的相同之处在于，输入电压向单一方向变化时，输出电压 V_O 只跃变一次。

（3）窗口比较器：电路有两个阈值电压，输入电压 V_I 在逐渐增大或者减小过程中使输出电压 V_O 产生两次跃变，阈值电压：$0V < V_{T1} < V_{T2}$，输入电压 V_I 从 0 开始逐渐增大过程中，经过 V_{T1} 时输出电压 V_O 产生跃变，从 V_{OH} 变

为 V_{OL}；V_I 继续增加经过阈值电压 V_{T2} 时，输出电压 V_O 产生跃变，从 V_{OL} 变为 V_{OH}。电压传输（输出）特性在输入电压某个区域内开了个窗口，故而得名，与前两种比较器相比，输入电压向单一方向变化时，输出电压 V_O 跃变两次。

在单限比较器中，输入电压在阈值电压附近的细微变化都可能引起输出电压的跃变，具有很高的灵敏度，但是抗干扰能力较弱。滞回比较器具有滞回特性，即惯性，因而具有一定的抗干扰能力，一般会引入正反馈电路，加快 V_O 的转换速度，进而获得较为理想的电压传输特性。两个阈值电压差的绝对值称为回差电压 $\Delta V = |V_{T2} - V_{T1}|$，回差电压越大，抗干扰能力越强，其灵敏度也越差，根据使用场合合理设定相关值。

为了提高比较器的灵敏度，应该选择开环电压增益大、失调与温漂小的集成运算放大器或者集成比较器构成的电压比较器电路。

从某种程度上来说，过压、欠压保护属于一种比较器电路，可以是单限比较器、滞回比较器、窗口比较器中的一种。

8.1　过压保护

过压保护是指被保护设备电压超过规定的最大电压时，使电源断开或使受控设备电压降低的一种保护方式。常见的过压保护元器件有保险丝、压敏电阻、二极管等。如在通信电源领域，为防止雷电瞬间高电压对其造成巨大损害，通常会配置压敏电阻对其进行防雷过压保护。

8.1.1　无源器件保护

1. 一次性保险丝 +TVS 管

使用一次性保险丝 +TVS 管实现过压保护，如图 8.1 所示。

过压保护过程：正常电压，一次性保险丝不发热，电压过大时 TVS 管击

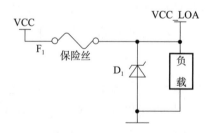

图 8.1　一次性保险丝 +TVS 管

穿后为低阻抗导通通道，造成过电流，保险丝发热、熔断，切断电源，保护后级电路。

防止反接过程：电源反接，TVS 管正向导通，电流通过一次性保险丝，保险丝发热、熔断，切断电源，保护前级电路。

2. 自恢复保险丝 +TVS 管

将图 8.1 中一次性保险丝改成自恢复保险丝，电路如图 8.2 所示，TVS 管可以使用单向或者双向型器件。

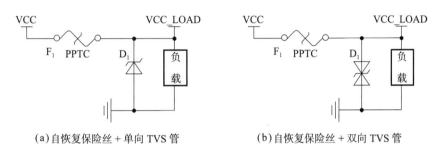

(a) 自恢复保险丝 + 单向 TVS 管　　　　(b) 自恢复保险丝 + 双向 TVS 管

图 8.2　PPTC+TVS 管

过压保护过程：过压之后 TVS 管导通，电流由正极流向自恢复保险丝再流经 TVS 管，最后到负极，自恢复保险丝升温，阻值变大，相当于断开，无导通电流，自恢复保险丝温度下降，恢复导通。

防止反接过程：反接时 TVS 管直接导通，自恢复保险丝断开。

TVS 管并联在输入端上，前面再串入自恢复保险丝，无论电源接反还是过压，TVS 管快速导通，自恢复保险丝动作，恢复后一切正常。

自恢复保险丝 +TVS 管适用于容量比较大的系统，例如针对整块电路板的保护，占 PCB 面积也比较大。至于大电容，一般不单独添加，只借助电路中的储能电容或者去偶电容即可。一般推荐自恢复保险丝 +TVS 管，可以选择的余地多，价格实惠，应用较为普遍。

3. 自恢复保险丝 + 齐纳二极管

将图 8.2 中 TVS 管改为齐纳二极管也可以实现过压保护，并在负载回路中串入肖特基二极管，过压保护与防反接组合电路如图 8.3 所示。

PCB 面积受限的场合可以选用模块集成的方案，如 Littelfuse（美国力特）的模块 ZEN056V130A24LS，将自恢复保险丝和齐纳二极管集成在小块 PCB 上，是体积小、简单、元件数量最少的过压保护模块，电流流向如图 8.4 所示，是一种三端元器件。单颗物料适用于容量比较小的系统，例如保护某个功能模块，又能对电源过压和防止反接起到保护作用，且保护后不需维护。

过压保护过程：正常工作电压，电流流过 PPTC，电压过大时齐纳二极管低阻抗导通，PPTC 发热后断开，保护后级电路。

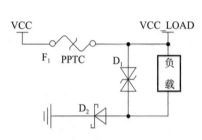

图 8.3　过压保护与防反接组合电路

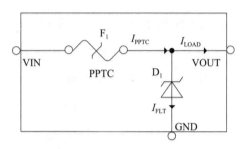

图 8.4　PPTC+ 齐纳二极管

防止反接过程：电源反接，齐纳二极管低阻抗导通，PPTC 发热后断开，保护电源电路。

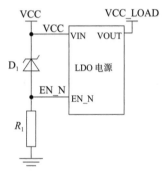

图 8.5　产生过压信号

此外，也可以用齐纳二极管产生过压信号，如图 8.5 所示，用于 LDO 或者 DC–DC 模块的使能信号，齐纳二极管击穿电压 V_{BR} = 5V，VCC = 3.3V（$< V_{BR}$）为正常工作电压时，齐纳二极管 D_1 截止，EN_N 为低电平（有效使能信号），可以作为 LDO 电源的使能信号；VCC 过压时（如 ≥ 8V），齐纳二极管 D_1 导通，产生 V_{BR} = 5V 压降，EN_N = 8–5 = 3V，为高电平（无效使能信号），关闭 LDO 电源，起到保护的作用。

4. 压敏电阻

压敏电阻（voltage dependent resistor，VDR），是一种具有非线性伏安特性、限压的电阻保护器件，多用于高压电路，需要配合保险丝使用，主要用于在电路承受过压时进行电压钳位，吸收多余的浪涌电流以保护敏感器件。在利用压敏电阻的非线性特性保护电路中，当加在压敏电阻上的电压低于阈值时，流过它的电流极小，等效于一个阻值无穷大的电阻，相当于断开状态的开关。压敏电阻上的电压超过阈值时，流过它的电流激增，等效于阻值无穷小的电阻，相当于闭合状态的开关，压敏电阻可以将电压钳位到一个相对固定的电压值，从而实现对后级电路的保护，如图 8.6 所示。

压敏电阻的响应时间为 ns 级，比 TVS 管稍慢一些，一般情况下用于电子电路的过电压保护其响应速度可以满足要求。体积要求不高场合可以用继电器，压敏电阻 + 常闭型继电器过压保护电路如图 8.7 所示。

过压保护过程：VCC 正常电压（小于压敏电阻开启电压），压敏电阻截止，常闭型继电器导通，VCC_LOAD 输出电压；VCC 过压，压敏电阻导通，常闭型继电器断开，VCC_LOAD 无电压输出，起到过压保护作用。

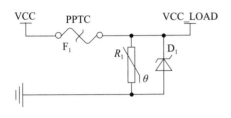

图 8.6　压敏电阻实现过压保护

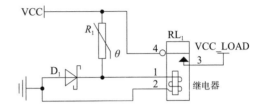

图 8.7　压敏电阻 + 继电器 + 肖特基二极管

8.1.2　有源器件保护

有源方案使用齐纳二极管进行过压门限控制，PNP/PMOS 管作为辅管和开关管。

1. 过压 + 防反接组合保护

过压 + 防反接组合保护电路可以采用 PMOS 管、二极管防止电源反接，如图 8.8 所示。

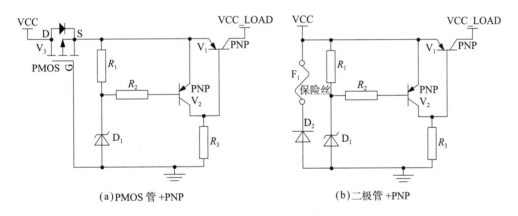

(a) PMOS 管 +PNP　　　　　　　(b) 二极管 +PNP

图 8.8　过压 + 防反接

过压保护过程：VCC 正常电压，齐纳二极管 D_1 截止、PNP 管 V_2 截止、PNP 管 V_1 导通，VCC_LOAD 输出电压；VCC 过压时，齐纳二极管 D_1 导通、PNP 管 V_2 导通、PNP 管 V_1 截止，VCC_LOAD 无电压输出，起到过压保护作用。过压保护电压值根据齐纳二极管的范围而定。防反接保护使用 PMOS 管 V_3 或者二极管 D_2。用功率 PMOS 管代替 PNP 管，可以获得更低的功耗。

不足之处：齐纳二极管稳压容易受到干扰，在稳压电平附近容易波动，电路容易振荡形成错误判断。

2. 齐纳二极管 +PNP 管过压保护（一）

齐纳二极管 +PNP 管过压保护电路如图 8.9 所示。

工作过程分析：$VCC < V_{BR} = 5.1V$ 时，齐纳二极管 D_1、PNP 管 V_2（辅管）均截止，PNP 管 V_1（开关管）导通，输出电源；$VCC \geq 5.1V$ 时，齐纳二极管 D_1 击穿，PNP 管 V_2 导通，$V_{2CE} = 0.2V < V_{1EB(TH)} = 0.7V$，PNP 管 V_1 截止，关闭电源输出。

用 PMOS 管替换 PNP 管的过压保护电路如图 8.10 所示，由于存在体二极管，常用于 PCB 板内直连负载（中间没有任何连接器），若对外供电需要考虑防倒灌问题，使用背靠背连接的 PMOS 管解决防倒灌问题，如图 8.11 所示。

实际中，$V_{BR} = 5.1V$ 的齐纳二极管并不是从 5.1V 开始产生齐纳电流，而是

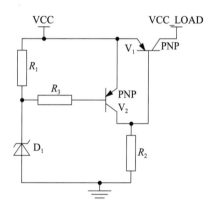

图 8.9　齐纳二极管 +PNP 管

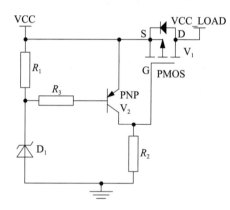

图 8.10　齐纳二极管 +PMOS 管

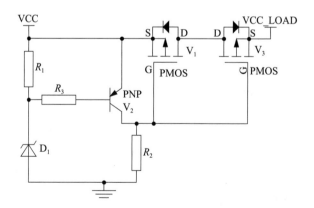

图 8.11　过压保护 + 防倒灌

从 5V 甚至更小的电压（4.5V 可能"微导通"）就存在电流了，所以齐纳二极管的偏置电阻要合理，这样有利于提高齐纳二极管的稳定电压和伏安特性。

使用齐纳二极管作为恒压元件时，其击穿区特性呈现很大的差异，齐纳二极管的齐纳（稳定）电压因齐纳电流而出现很大变化，尤其是齐纳电压在 4.7V 以下的二极管变化更加显著，适用于齐纳电流不大的应用场合。

对图 8.10 所示电路进行改进，引入正反馈电路，增加 100k 的电阻 R_4，如图 8.12 所示，VCC 从 5.1V 开始逐渐变小，VCC 经过 PMOS 管 V_1、电阻 R_4、R_3 和齐纳二极管 D_1 构成一个正反馈回路，把 D_1 看成一个较大阻值的电阻，R_4 和 D_1 分压后 PNP 管 V_2 导通，迅速关断 PMOS 管，增加 R_4 可以加速 PNP 管 V_1 的开关，可以将变化缓慢的输入信号整形成边沿陡峭的电平信号，使得小幅度干扰不会对反相器产生影响，改善开关效果。

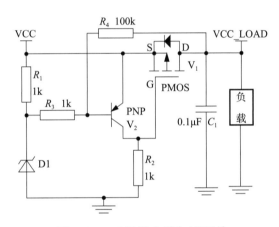

图 8.12 正反馈电路加速开关

PMOS 管型号为 VISHAY 公司的 SI2301CDS-T1-GE3，$I_D = 2.7A$，导通阈值电压 $V_{GS(TH)}$ 最大值、最小值分别为 –0.4V、–1.0V，无典型值；PNP 管型号为江苏长电公司的 SS8550，$I_C = 1.5A$；齐纳二极管型号为 SEMTECH 公司 ZMM5V6，稳压范围为 5.2 ~ 6.0V。加工 PCB 板进行实测，接功率型负载电阻，阻值为 24Ω，负载测试见表 8.1，电源 VCC 从 0.4V 开始逐渐升压，VCC = 0.7V，负载电压为 VCC_LOAD(V_O)，存在微弱电压，升压时输出电压 V_O 跃变对应的截止阈值电压为 $V_{T+} = 6.24V$，降压时输出电压 V_O 跃变对应的导通阈值电压为 $V_{T-} = 5.833V$，回差电压 $\Delta V = |V_{T+} - V_{T-}| = |6.24 - 5.83| = 0.41V$。

不焊接电阻 R_4，其余条件与上面一样，负载测试见表 8.2，升压时输出电压 V_O 跃变对应的导通阈值电压为 $V_{T+} = 6.09V$，降压时输出电压 V_O 跃变对应的截止阈值电压为 $V_{T-} = 5.83V$，回差电压 $\Delta V = |V_{T+} - V_{T-}| = |6.09 - 5.83| = 0.26V$。

表 8.1　负载测试（一）

升压 /V	VCC	2.16	2.85	3.53	3.979	6.03	6.09	6.11	6.18	6.24
	V_o	2.15	2.84	3.52	3.964	6.01	6.07	6.09	6.15	0.0
降压 /V	VCC	7.0	6.1	6.0	5.92	5.83	5.75	5.63	5.49	5.37
	V_o	0.0	4.37	4.89	5.05	5.81	5.73	5.61	5.48	5.35

表 8.2　负载测试（二）

升压 /V	VCC	0.8	5.0	5.80	5.86	5.90	5.97	6.02	6.09	6.27
	V_o	0.78	4.99	5.79	5.85	5.88	5.95	6.0	4.84	0.0
降压 /V	VCC	6.1	6.07	6.06	6.02	5.91	5.83	5.95	5.81	5.72
	V_o	4.37	4.77	4.83	4.93	5.13	5.79	5.08	5.20	5.70

由上述两表可知，增加反馈电路，可以增加回差电压的范围，提高电路的抗干扰能力。

3. 齐纳二极管 + 回差逻辑控制电路电源

过压保护电路理论上在阈值电压是关闭的，但是由于齐纳二极管的稳压存在一定的范围，在稳压附近很小一段范围内（如 ±0.1V）开关不稳定，因此需要滞后（回差）电路，确保稳定的开关机电压。回差逻辑控制电路如图 8.13 所示，图中 R_5 和二极管 D_1 用于产生回差。

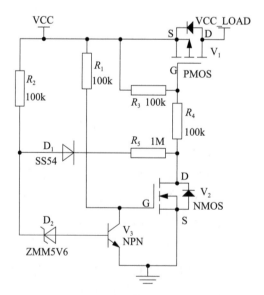

图 8.13　齐纳二极管 + 回差逻辑控制电路电源

过压保护过程：VCC 正常电压，齐纳二极管 D_2 截止、NPN 管 V_3 截止、NMOS 管 V_3 导通、PMOS 管 V_1 导通，VCC_LOAD 输出电压；VCC 过压时，

齐纳二极管 D_2 导通、NPN 管 V_3 导通、NMOS 管 V_2 截止（$V_{GS} = 0.3V$）、PMOS 管 V_1 截止（$V_{GS} = 0V$），VCC_LOAD 无电压输出，起到过压保护作用。图中 R_5 和二极管 D_1 用于产生回差，如果没有回差，电路将变成线性降压电路，会损坏主开关管。

PMOS 管型号为 VISHAY 公司的 SI2301CDS-T1-GE3，$I_D = 2.7A$，导通阈值电压 $V_{GS(TH)}$ 最大值、最小值分别为 –0.4V、–1.0V，无典型值；NMOS 管型号为江苏长电公司 2N7002，$I_D = 115mA$；NPN 管型号为江苏长电公司的 SS8050，$I_C = 1.5A$；齐纳二极管型号为 SEMTECH 公司 ZMM5V6，稳压范围为 5.2 ~ 6.0V。加工 PCB 板进行实测，接功率型负载电阻，阻值为 24Ω，负载测试见表 8.3，电源 VCC 从 0.4V 开始逐渐升压，VCC = 0.7V，负载电压为 VCC_LOAD(V_O)，存在微弱电压，假设 | VCC–V_O| > 0.1V 来判定导通与截止的阈值，升压的导通阈值电压为 $V_{T+} = 5.03V$，降压的截止阈值电压为 $V_{T-} = 4.57V$，回差电压 $\Delta V = | V_{T+}–V_{T-}| = | 5.03–4.57 | = 0.46V$。

表 8.3　负载测试（一）

升压 /V	VCC	3.56	4.41	4.68	4.79	4.85	4.90	5.03	5.26	7.0
	V_O	3.54	4.39	4.66	4.77	4.83	4.88	0.0	0.0	0.0
降压 /V	VCC	9.0	8.0	7.0	6.0	4.57	4.58	4.53	4.51	4.49
	V_O	0.0	0.0	0.0	0.0	4.55	4.57	4.52	4.49	4.47

不焊接电阻 R_5，其余条件与上面一样，负载测试见表 8.4，升压的导通阈值电压为 $V_{T+} = 4.59V$，降压的截止阈值电压为 $V_{T-} = 4.51V$，回差电压 $\Delta V = | V_{T+}–V_{T-}| = | 4.59–4.51 | = 0.08V$。

表 8.4　负载测试（二）

升压 /V	VCC	2.01	2.31	3.14	3.742	3.808	4.026	4.510	4.59	4.90
	V_O	1.96	2.29	3.12	3.727	3.796	4.010	4.49	0.0	0.0
降压 /V	VCC	6.0	5.5	5.1	4.51	4.48	4.47	4.382	4.263	4.128
	V_O	0.0	0.0	0.0	4.47	4.46	4.45	4.364	4.280	4.113

由上述两表可知，增加反馈电路，可以增加回差电压的范围，提高电路的抗干扰能力。

4. 齐纳二极管 +PNP 管过压保护（二）

齐纳二极管 +PNP 管过压保护电路如图 8.14 所示。

过压保护过程：VCC 正常电压，齐纳二极管 D_1 截止、PNP 管 V_2 截止、PNP 管 V_1 导通，VCC_LOAD 输出电压；VCC 过压时，齐纳二极管 D_1 导通、

PNP 管 V_2 饱和导通（$V_{2CE} = 0.2V$）、PNP 管 V_1 截止，VCC_LOAD 无电压输出，起到过压保护作用。

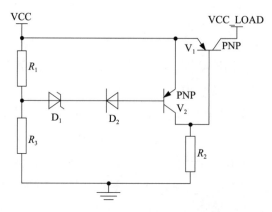

图 8.14 齐纳二极管 +PNP 管过压保护电路

5. 过压 + 防浪涌保护

过压 + 防浪涌保护电路如图 8.15 所示。

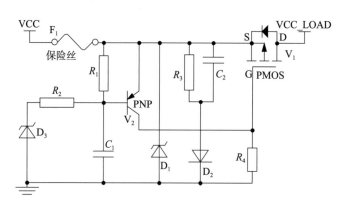

图 8.15 过压 + 防浪涌保护电路

过压保护过程：VCC 正常电压，齐纳二极管 D_3 截止、PNP 管 V_2 截止、PMOS 管 V_1 导通，VCC_LOAD 输出电压；VCC 过压，齐纳二极管 D_3 击穿、PNP 管 V_2 饱和导通、$V_{2EC} = 0.3V$，PMOS 管 V_1 截止，VCC_LOAD 无电压输出，起到过压保护作用。F_1 和 D_1 起到过压和防浪涌保护作用。

电阻 R_3、电容 C_2、二极管 D_2 组成浪涌吸收电路，防止浪涌尖脉冲。电容 C_1 和电阻 R_1 构成 RC 充电电路，防止上电瞬间 V_2 导通，软启动 PMOS 管 V_1，延迟 VCC_LOAD 输出。

6. 过压 + 防倒灌保护

过压 + 防倒灌保护电路使用 PNP 管 + 齐纳二极管 + 背靠背 PMOS 管（高端控制），如图 8.16 所示。

过压保护过程：VCC 过压时，PMOS 管 V_1 导通、齐纳二极管 D_1 击穿、PNP 管 V_3 导通，$V_{3EC} = 0.3V = V_{2GS}$，PMOS 管 V_2 截止（$V_{2GS} = V_{1GS} = -V_{3EC} \approx -0.3V$），VCC_LOAD 无电压输出，起到过压保护作用。

防倒灌过程：VCC 无电压时，VCC_LOAD 过压（大于齐纳二极管 D_1 的 V_{BR}），PMOS 管 V_2 体二极管导通、齐纳二极管 D_1 击穿、PNP 管 V_3 饱和导通，$V_{3EC} = 0.3V = -V_{1GS} = -V_{2GS}$、PMOS 管 V_1 截止（$V_{2GS} = V_{1GS} \approx -0.3V$），PMOS 管 V_1 漏源通道截止，起到防倒灌作用。

过压 + 防倒灌保护电路使用 NPN 管 + 齐纳二极管 +NMOS 管（低端控制），如图 8.17 所示。

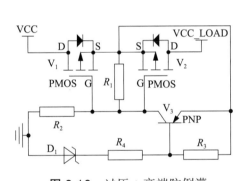

图 8.16　过压 + 高端防倒灌

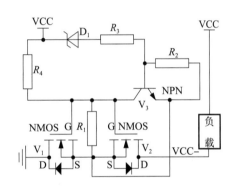

图 8.17　过压 + 低端防倒灌

过压保护过程：VCC 过压时，齐纳二极管 D_1 击穿导通、NPN 管 V_3 导通，V_1 管的体二极管导通，$V_{3CE} = 0.3V = V_{2GS} < V_{2GS(TH)}$，NMOS 管 V_1 管、V_2 管的漏源通道截止，VCC 不能经过 V_1 管、V_2 管漏源通道至负极构成一个完整的回路，起到过压保护作用。

7. 迟滞过压保护电路

过压保护电路由高精度低功耗的三端子可调节电压基准 D_3、比较器 D_1、迟滞电路以及输出驱动器组成，三端子可调节电压基准连接到比较器的负极输入端，如图 8.18 所示。

工作过程分析：当比较器正极输入端电压（V_A）大于 V_{REF} 时，V_O 为高电平，经过非门 D_2，V_B 为低电平，NMOS 管 V_2 截止，V_D 为高电平，NMOS 管 V_1 截止，

V_{R_2} 的电压为 $V_{AH} = VCC \times (R_2+R_3)/(R_1+R_2+R_3)$。如果电压 VCC 变小，$V_{AH}$ 跟着下降，当 V_{AH} 下降到小于 V_{REF} 时，比较器输出 V_O 由高电平变为低电平，V_B 为高电平，NMOS 管 V_2 导通，V_D 为低电平；NMOS 管 V_1 导通，电阻 R_3 被短路，此时 V_A 电压为 $V_{AL} = VCC \times R_2/(R_1+R_2)$，$V_{AL}$ 值小于 V_{AH}。这样比较器输出 V_O 将保持在低电平，可以防止电路振荡。迟滞电路通过引入上下两个门限电压值，来获得正确、稳定的输出电压。迟滞电路的比较器输出状态的跳变不再是发生在同一输入信号的电平上，而是具有两种不同的门限，上门限电压 $V_{TH(+)}$（输入电压从低电平变为高电平，比较器发生反转对应的电平）、下门限电压 $V_{TH(-)}$（输入电压从高电平变为低电平，比较器发生反转对应的电平）。上门限电压 $V_{TH(+)} = V_{REF} \times R_2/(R_1+R_2)$；下门限电压 $V_{TH(-)} = V_{REF} \times (R_2+R_3)/(R_1+R_2+R_3)$；迟滞电压（hysteresis，回差电压或门限宽度）$V_{HYS} = V_{TH(+)} - V_{TH(-)}$。

迟滞电压的传输特性曲线也称为磁滞回线，如图 8.19 所示，当 VCC 从低电平升高到 $V_{TH(+)} = VCC \times R_2/(R_1+R_2) > V_{REF}$ 时，比较器输出 V_O 和 V_D 都为高电平；当 VCC 从高电平下降到 $V_{TH(-)} = VCC \times (R_2+R_3)/(R_1+R_2+R_3) < V_{REF}$ 时，比较器输出 V_O 和 V_D 都为低电平。

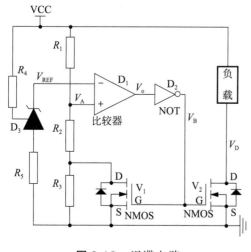

图 8.18　迟滞电路

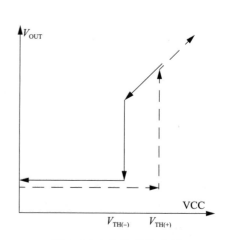

图 8.19　传输特性曲线

迟滞电路具有较强的抗干扰能力，只要干扰信号变化幅度不超过迟滞电压 V_{HYS}，输出电压可以保持稳定，而且不会产生误判。迟滞电路抗干扰能力的提高是以牺牲灵敏度为代价的，由于迟滞电压的存在，电路的鉴别灵敏度降低了。一般情况迟滞电压增加，灵敏度降低。

8. 晶闸管过压保护

使用可控硅整流器（SCR）和齐纳二极管组合过压保护电路，如图 8.20 所示。当电压 VCC 超过齐纳二极管击穿电压 V_{BR} 时，击穿齐纳二极管，晶闸管加正向电压且门极有触发电流，触发可控硅整流器并导通，电流通过保险丝，保险丝发热、断开，保护后级电路。

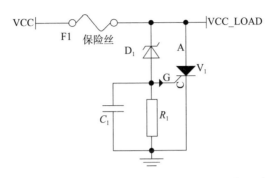

图 8.20 可控硅整流器（SCR）和齐纳二极管组合电路

8.1.3 芯片保护

1. 电压监测器

HOLTEK 公司的 HT7050A 采用 CMOS 技术实现的三端低功耗电压监测器，电压监测范围为 2.2 ~ 5.0V。电压监测器系列由高精度低功耗的标准电压源、比较器、迟滞电路以及输出驱动器组成，内部配备有高稳定的参考电压连接到比较器的负极输入端。电压监测器 +PMOS 管的过压保护电路如图 8.21 所示。

过压保护过程：VCC 正常电压，电压监测器输出 OUT 为低电平，PMOS 管 V_1 导通，VCC_LOAD 输出电压；VCC 过压，电阻分压网络得到的电压 V_+ 大于监测电平，电压监测器输出 OUT 为高电平，PMOS 管 V_1 截止，VCC_LOAD 无电压输出，起到过压保护作用。可以根据过压保护电压值选择电压监测器相应的型号。

2. 过压保护芯片

MAX4840 是过压保护 I_C，可对低压系统提供高达 28V 的过压保护。如果输入电压超过触发电平，会关闭外部 NMOS 管，以防止那些受保护的元件损坏。内部集成电荷泵电路，无需外部电容，可非常简单地驱动 NMOS 管栅极，构成一个简单、高度可靠的方案，如图 8.22 所示。MAX4840 的过压门限为 5.8V，具有门限值为 3.25V 的欠压锁存输出（UVLO）。除了单个 NMOS 管结构，还可连接背靠背 NMOS 管，以阻止 VCC_LOAD 电流倒灌至 VCC 电源中。

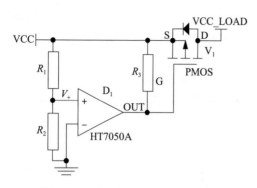

图 8.21　电压监测器 +PMOS 管

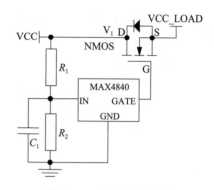

图 8.22　过压保护芯片

8.2　欠压保护

8.2.1　无源器件

1. 二极管串联

使用 3 个二极管串联构成的低压保护电路如图 8.23 所示。若二极管的正向压降 $V_F = 0.7V$，电压 VCC = 5V > 2.1V 时，3 个二极管均导通，EN ≈ 2.9V，为高电平，开启 LDO 模块，产生电压；电压 VCC 低于 2.1V 时，3 个二极管不能全部导通，至少有一个二极管截止，EN 输出低电平，关闭 LDO 模块。

2. 齐纳二极管

使用单个齐纳二极管代替上述二极管串联构成的低压保护电路如图 8.24 所示。若齐纳二极管 D_1 击穿电压为 $V_{BR} = 2.0V$，电压 VCC 为 5.0V 时，齐纳二极管导通，EN ≈ 3.0V，为高电平；VCC 低于 2.0V 时，齐纳二极管截止，EN 输出低电平。不足之处，容易受到干扰，在门限电平附近上下容易波动，电路容易振荡形成错误判断。

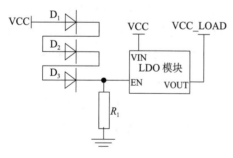

图 8.23　二极管串联

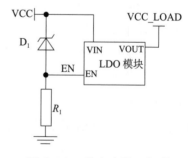

图 8.24　单个齐纳二极管

8.2.2 有源器件

1. 施密特触发电路（一）

施密特触发电路是电平转换中经常使用的一种电路，它是通过公共射极电阻耦合的两级正反馈放大电路，性能上具有两个特点：

（1）输入信号 V_I 从低电平逐渐上升的过程中电路输出状态转换时对应的输入电平 V_{T+}（正向阈值电压、上行阈值电压）与输入信号 V_I 从高电平逐渐下降的过程中电路输出状态转换时对应的输入电平 V_{T-}（负向阈值电压、下行阈值电压）不同，即 $V_{T+} \neq V_{T-}$。

（2）电路在状态转换过程中，通过内部的正反馈过程使输出电压波形的边沿变得很陡峭。

利用上述两个特点，可以将边沿变化缓慢的信号波形整形成边沿很陡峭的矩形波，而且可以有效地清除噪声。

施密特触发电路主要用于波形变换、脉冲整形、脉冲鉴幅以及多谐振荡电路。

施密特触发电路如图 8.25 所示，两个 NPN 管的发射极连接在一起，电路的两个稳定状态——V₁饱和导通、V₂截止或者 V₁截止、V₂饱和导通，相互转换取决于输入信号的大小（电位触发），当输入信号电平达到上行阈值电压（导通电平）且维持在大于上行阈值电压时，电路保持为某一稳态；如果输入信号电平降到下行阈值电压（截止电平）且维持在小于下行阈值电压时，电路迅速翻转且保持在另一状态。下行阈值电压和上行阈值电压两者

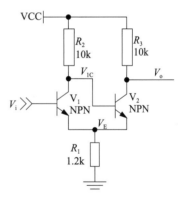

图 8.25　施密特触发电路

有固定的电压差，$|V_{T+} - V_{T-}| = \Delta V_T$ 称为回差电压，即迟滞。迟滞可以消除由于被监测信号噪声或者由于负载突变导致的电池电压不稳定而引起的监测输出紊乱。NPN 管 V₂ 饱和导通时 V_O 输出的低电平近似为 $VCC \times R_1/(R_1+R_3)+V_{CE(SAT)}$，不是接近于 0V 的逻辑低电平，一般的芯片还需要在输出端增加电平转换电路，将输出的低电平转换为标准的逻辑低电平。

施密特触发电路的主要作用是能够把变化缓慢的输入信号整形成边沿陡峭的矩形脉冲，使得小幅度干扰不会对反相器产生影响，从而避免误动作的发生，施密特触发器利用其回差电压来提高电路的抗干扰能力。如果导通电平为

5V，那么输入信号在 5V 附近小幅度波动时，导致反相器电路不停地动作，增加一个施密特触发器，就可以设定电压动作范围，例如，电压降至 4.7V 截止，回升至 5V 才能导通，迟滞电压范围为 4.7～5V。

正常工作过程分析：假设 NPN 管导通阈值电压 $V_{BE(TH)} = 0.7V$，当电压 V_I 为低电平（0V）时，$V_I - V_E < V_{1BE(TH)} = 0.7V$，$V_1$ 截止、V_2 导通。若 V_I 逐渐增加并达到 $V_{1BE} > 0.7V$ 时，V_1 管导通，通过发射极耦合电阻 R_1 的正反馈，使 V_1 管迅速转为饱和导通、V_2 管截止，V_O 输出为高电平 VCC。当 V_I 逐渐下降并达到 $V_{1BE} \approx 0.7V$ 时，通过发射极耦合电阻 R_1 的正反馈，使 V_1 管迅速转为截止、V_2 管饱和导通，V_O 输出为低电平，V_1 导通、V_2 截止。滞回电压范围难于计算，一般使用工程测试数据或者简化处理。

NPN 管型号为江苏长电公司的 SS8050，$I_C = 1.5A$，$V_{CE(SAT)} = 0.2V$，加工 PCB 板进行实测，具体见表 8.5，电源 VCC = 3.289V，$V_I = 0.0V$ 开始逐渐升压，NPN 管 V_2 饱和导通时 V_O 输出为低电平，$V_O \approx VCC \times R_1/(R_1+R_3) + V_{CE(SAT)} = $ 3.289V × 1.2k/11.2k+0.2V ≈ 0.552V，与实测值 0.578V 比较接近，输出电压 V_O 存在电压，假设 $|VCC-V_O| > 0.1V$ 来判定导通与截止的阈值，升压时输出跃变对应的阈值为 $V_{T+} = 1.093V$，降压时输出跃变对应的阈值为 $V_{T-} = 0.900V$，回差电压 $\Delta V = |V_{T+}-V_{T-}| = |1.093-0.900| = 0.193V$。

表 8.5　施密特触发测试（一）

升压 /V	V_I	0.0	0.8	0.95	1.00	1.056	1.093	1.082	1.094	1.124
	V_O	0.578					3.288			
降压 /V	V_I	1.5	1.2	0.95	0.923	0.900	0.086	0.851	0.828	0.808
	V_O	3.287					0.578			

重新焊接电阻：$R_1 = 470\Omega$、$R_2 = 2k\Omega$、$R_3 = 1.33k\Omega$，其余条件与上面一样，具体测试结果见表 8.6，NPN 管 V_2 饱和导通时 V_O 输出为低电平，$V_O \approx VCC \times R_1/(R_1+R_3) + V_{CE(SAT)} = 3.289V \times 470/1.8k+0.2V \approx 1.059V$，与实测值 1.112V 比较接近，升压时输出跃变对应的阈值为 $V_{T+} = 1.618V$，降压时输出跃变对应的阈值为 $V_{T-} = 1.138V$，$\Delta V = |V_{T+}-V_{T-}| = |1.618-1.138| = 0.48V$。

表 8.6　施密特触发测试（二）

升压 /V	V_I	0	0.65	1.0	1.4	1.566	1.618	1.640	1.652	1.681
	V_O	1.122					2.289			
降压 /V	V_I	2.0	1.50	1.40	1.25	1.165	1.138	1.134	1.118	1.10
	V_O	2.289					1.122			

由上述两表测试可知,不同的发射极耦合电阻和集电极电阻对应的阈值电压 V_{T+}、V_{T-}、回差电压均不同,根据需要调整电阻,阻值越小,回差电压 ΔV 越大。

2. 施密特触发电路(二)

对图 8.25 所示电路进行改进,取消发射极耦合电阻 R_1,得到图 8.26 所示(无电阻 R_5)的特殊施密特触发电路。

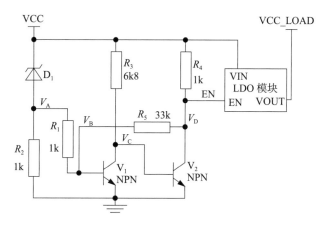

图 8.26 特殊的施密特触发电路

增加电阻 R_5,最左边 V_A 处的电压比最右边 V_D 处的电压高,增加 R_5 构成电压回差电路,由 R_4、R_5、R_1、R_2 组成一个电压回差电路;R_5 和 NPN 管 V_1 组成一个电压并联正反馈电路。

正常工作过程分析:若齐纳二极管 D_1 击穿电压 $V_{BR}=12V$,VCC > 12.6V 时,齐纳二极管 D_1 导通,此时回差电路不起作用,则 NPN 管 V_1 导通、V_2 截止,EN 输出为高电平(VCC × $(R_2+R_1+R_5)/(R_2+R_1+R_5+R_4)$ = VCC × 35/36)。电池在供电过程中电压逐渐降低,低于 12V,当齐纳二极管欠压截止后,回差电路起作用,使得 V_1 管一直导通;V_{1BE} < 0.6V 时,即 VCC × $(R_1+R_2)/(R_1+R_2+R_4+R_5)$ < 0.6V,计算得出 VCC < 10.8V,则 V_1 管截止,V_2 管饱和导通,EN 输出为低电平(0.2V 左右)。当电压回升后,由于 V_2 一直导通,所以 EN 电压始终为 0V,直到 VCC 再次大于 12.6V 时,通过齐纳二极管产生 0.6V 的电压,使得 V_1 再次导通,V_2 截止,EN 输出为高电平。

通过调节 R_5 的阻值,可以改变欠压保护的电压下限值($0.6 \times (R_1+R_2+R_4+R_5)/(R_1+R_2)$);通过调节齐纳二极管,可以改变开启电压的上限值($V_{D1BR}+V_{BE(TH)}=V_{D1BR}+0.6V$),此电路中,迟滞电压范围为 10.8 ~ 12.6V。

因此,在欠压保护电路中,电压 VCC 降压低于 10.8V 开始保护;同样,在过压保护中，电压 VCC 上升高于 12.6V 开始保护，输出逻辑与欠压保护电路相反。

对上述电路进行扩展使用，可以将 EN 输出作为 LDO 或负载开关的控制信号，控制电源的输出与否。

NPN 管型号为江苏长电公司的 SS8050，$I_C = 1.5A$；齐纳二极管型号为 SEMTECH 公司 ZMM5V6，稳压范围为 5.2 ~ 6.0V，电阻 R_5 阻值为 33kΩ，加工 PCB 板进行实测，具体测试见表 8.7，电源 VCC 从 4.8V 开始逐渐升压，升压时输出信号 EN 跃变对应的阈值为 $V_{T+} = 6.14V$，降压时输出信号 EN 跃变对应的阈值为 $V_{T-} = 5.980V$，回差电压 $\Delta V = |V_{T+} - V_{T-}| = |6.14 - 5.980| = 0.16V$。

表 8.7　特殊的施密特触发电路测试（一）

升压 /V	VCC	4.8	5.8	5.91	5.96	5.99	6.14	6.22	6.41	6.60
	V_O	0.0					5.97	6.06	6.25	6.43
降压 /V	VCC	6.0	6.12	6.19	6.08	6.02	6.00	5.98	5.97	5.5
	V_O	5.9	5.96	5.92	5.91	5.85	5.84	0.0		

不焊接电阻 R_5，其余条件与上面一样，实际测试结果见表 8.8，升压时输出信号 EN 跃变对应的阈值为 $V_{T+} = 6.17V$，降压时输出信号 EN 跃变对应的阈值为 $V_{T-} = 6.14V$，回差电压 $\Delta V = |V_{T+} - V_{T-}| = |6.17 - 6.14| = 0.030V$。

表 8.8　特殊的施密特触发电路测试（二）

升压 /V	VCC	5.0	5.9	6.14	6.17	6.19	6.44	6.48	6.53	7.8
	V_O	0.0			6.17	6.19	6.44	6.48	6.53	7.8
降压 /V	VCC	7.0	6.53	6.29	6.16	6.15	6.14	6.13	6.10	5.6
	V_O	7.0	6.53	6.29	6.16	6.15	0.0			

由上述两表可知，增加反馈电路会使边沿变化更陡峭，增加回差电压的范围，提高电路的抗干扰能力。

8.2.3　芯片方案

1. 电压监测芯片 CN301

如韵电子的 CN301 是一款低功耗的电池电压监测芯片，适合单节或多节电池的电压监测。当电压低于设定的下行阈值电压时，CN301 输出低电平，实现欠压保护；当电压大于上行阈值电压时，CN301 输出高电平，实现过压保护，两种功能二选一。

2. 电池保护芯片 S8261

精工电子公司的 S8261 系列芯片内置高精度电压监测电路和延迟电路，是用于锂离子 / 锂聚合物可充电电池的保护芯片。适合对单节锂离子 / 锂聚合物可充电电池组的过充电、过放电和过电流的保护，性能与 DW01 系列产品一样。

3. 电池保护芯片 DW01

JSMSEMI（杰盛微）公司的 DW01 是单节可充电锂电池保护电路，应用非常广泛，具有过放、过充、过流及短路保护功能。内部包含 3 个电压监测电路、一个基准电路、一个延迟电路、一个短路保护电路和一个逻辑电路。典型应用电路如图 8.27 所示，背靠背两个的 NMOS 管栅极分别受 DW01 芯片 OD、OC 引脚控制，属于低端负载开关。

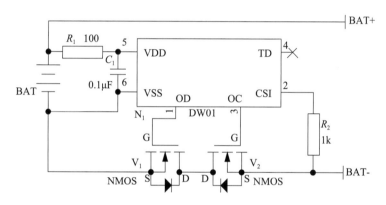

图 8.27 DW01 典型应用电路

4. 电压基准 TLV431

TI 公司的 TLV431 是低电压三端子可调节电压基准，在一定的工业和商业级温度范围内具有一定的热稳定性。可以通过两个外部电阻器将输出电压范围设置为 V_{REF}（1.24V）至 6V，比 TL431 和 TL1431 稳压器基准电压更低，工作电压为 1.24V。TLV431 器件适用于 3 ~ 3.3V 开关模式电源的隔离式反馈电路中的理想电压基准，其输出阻抗典型值均为 0.25Ω，在许多应用中可以代替低电压齐纳二极管。

使用 TLV431 作为电平监测电路如图 8.28(a) 所示，用作电平比较器可以监测低电平。当 VCC 小于由 R_1 和 R_2 分压网络确定的阈值电压 V_{TH} 时 Flag（标志）输出为高电平，当输入达到或超过阈值电压 V_{TH} 时，Flag 输出为低电平，如图 8.28(b) 所示，其中 $V_{TH} = V_{REF}(1+R_1/R_2)$，导通电流 I_{SH} 范围为 0.1 ~ 15mA，$R_3 = (VCC-V_{KA(MIN)})/I_{SH}$，$V_{KA}$ 为 TLV431 的阴极电压。

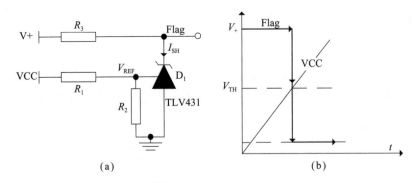

图 8.28　电平监测电路

将图 8.28 电路进一步拓展，如图 8.29 所示，通过调节可变电阻器 RP_1 使电路电压降至 10.4V，电压基准 D_1（TLV431）截止，低端负载开关 NMOS 管 V_1 导通，蜂鸣器发声提示。

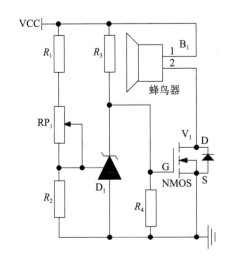

图 8.29　欠压提示电路

8.3　过欠压保护

8.3.1　有源方案

12V 铅酸电池过欠压保护电路如图 8.30 所示，正常工作电压为 10.8 ～ 13.8V，齐纳二极管 D_1、D_2 型号为 ZM4745A，击穿电压为 16V。NMOS 管型号为江苏长电公司 2N7002，$I_D = 115mA$，导通阈值电压 $V_{GS(TH)}$ 的最小值、典型值、最大值分别为 1.0V、1.6V、2.5V；PMOS 管型号为 VISHAY 公司的 SI2301CDS-T1-GE3，$I_D = 2.7A$，导通阈值电压 $V_{GS(TH)}$ 最大值、最小值分别为 −0.4V、−1.0V，未标明典型值。

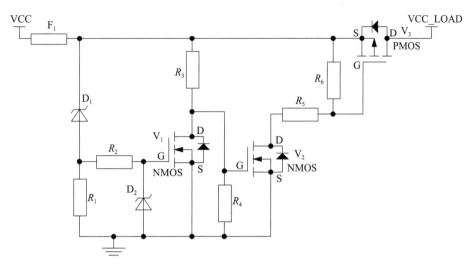

图 8.30 过欠压保护电路

工作过程分析如下：

（1）32V > VCC > 16V 时，D_1 击穿导通，V_1 管导通，V_2 管、V_3 管截止，属于高压保护，无电压输出。

（2）VCC < 10.8V 时，D_1 未击穿，V_1 管截止，VCC 通过 R_3 和 R_4 分压，满足 $VCC \times R_4/(R_4+R_3) < V_{GS(TH)}$，即 VCC < 10.8V，$V_2$ 管截止，V_3 管截止，属于欠压保护，无电压输出。

（3）10.8V < VCC < 16V 时，D_1 未击穿，V_1 管截止，$VCC \times R_4/(R_4+R_3) > V_{GS(TH)}$，$V_2$ 管、V_3 管导通，属于正常工作范围，电池得到较好保护。

此电路属于窗口电压比较器。考虑到 NMOS 管 V_2 的导通阈值电压比较离散，可以使用电位器（可调电阻）替换电阻 R_4，确保高精度过压保护；也可以使用 NPN 管替换 NMOS 管 V_2，PN 结导通阈值电压为 0.6 ~ 0.7V，范围比较小，可以获得更准确的过压保护，不过其功耗比 NMOS 管高，是以牺牲功耗换取性能的过压保护方式。

8.3.2 芯片方案

电压比较器可以将模拟信号转换为高电平和低电平两种状态的离散信号，可用电压比较器作为模拟输入和数字电路的接口电路。集成电压比较器是一种特殊运算放大器，响应速度快，传输时间短，一般不需要外加驱动电路就可以直接驱动 TTL、CMOS 等数字电路，驱动能力强的电压比较器可以直接驱动 LED、蜂鸣器等。

1. 运算放大器

LT1495 是具有精密特性的低功率（$I_S \leqslant 1.5\mu A$）运算放大器，实现了低电源电流与出色放大器性能指标的组合，输入失调电压为 375μV（最大值），典型漂移为 0.4μV/℃，输入失调电流为 100pA（最大值）。在 2.2V ±15V 的电源范围内变化很小。电源抑制比为 90dB，而共模抑制比为 90dB。电源防反接保护（-18V 最小值）以及可在高于正电源的电压下工作的输入使 LT1495 在苛刻环境中易用。基于 LT1495 运算放大器的过欠压监测电路如图 8.31 所示。

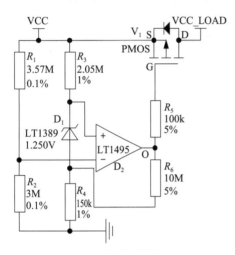

图 8.31 运放放大器 LT1495

2. 比较器 TLV431

对图 8.28 电路进行扩展，使用两个稳压器 TLV431 来实现一个窗口比较器，如图 8.32 所示，两个稳压器串联起来构成两个电平比较器。电源在下行阈值电压（V_{LO}）和上行阈值电压（V_{HI}）之间时，Flag 输出低电平，过压保护、欠压保护串联起来，可以实现过压欠压同时保护。其中，下行阈值电压 $V_{LO} = V_{REF}(1+R_3/R_4)$，上行阈值电压 $V_{HI} = V_{REF}(1+R_1/R_2)$，导通电流为 $I_{SH} = 0.1\text{mA} \sim 15\text{mA}$，$R_5 = (\text{VCC}-V_{KA(MIN)})/I_{SH}$。

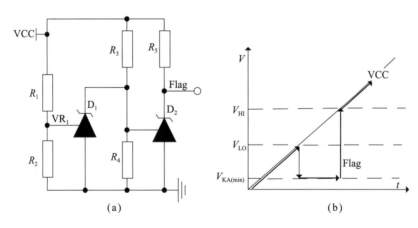

图 8.32 窗口比较器

3. 双通道电压监测

如韵电子的 CN303 是一款双通道电压监测集成电路，内部有两个高精度电压比较器，适合单节或多节电池的电压监测，监测电压阈值精度为 ±2%，比较器迟滞范围为 7.5%，迟滞可以消除由于被监测电压的扰动或者负载突变导致的电压不稳定而引起的监测输出紊乱。

两个输入端可以通过外部电阻分压电路设置监测电压。当 IN1（IN2）电压高于比较器的上行（上升）阈值电压时，OUT1（OUT2）输出高电平；当 IN1（IN2）电压低于比较器的下行（下降）阈值电压时，OUT1（OUT2）输出低电平。监测单个电池两个电压点如图 8.33 所示，监测两个独立电池电压点如图 8.34 所示。

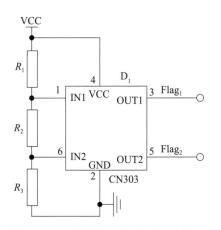

图 8.33　监测单个电池两个电压点

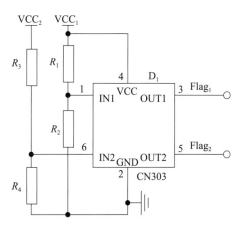

图 8.34　监测两个独立电池电压点

4. 窗口电压比较器

一般的集成电压比较器芯片内部带有两路电压比较器，两个电路输出端不能并联使用，否则两路输出会产生电压冲突，出现倒灌电流，倒灌电流过大会造成器件损坏，因此需要在每一路输出端串入一个肖特基二极管，防止倒灌，如图 8.35 所示，参考电压 $V_{TH} > V_{TL}$，具体工作如下：

（1）输入电压 V_I 大于 V_{TH} 时，电压比较器 U_1 输出高电平，肖特基二极管 D_1 导通，U_2 输出低电平，肖特基二极管 D_2 截止，V_O 为高电平。

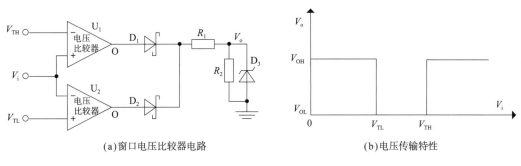

（a）窗口电压比较器电路　　　　（b）电压传输特性

图 8.35　窗口电压比较器及其电压传输特性（一）

（2）输入电压 V_I 小于 V_{TL} 时，电压比较器 U_1 输出低电平，肖特基二极管 D_1 截止，U_2 输出高电平，肖特基二极管 D_2 导通，V_O 为高电平。

（3）输入电压 $V_{TL} < V_I < V_{TH}$ 时，电压比较器 U_1 输出低电平，肖特基二极管 D_1 截止，U_2 输出低电平，肖特基二极管 D_2 截止，V_O 为低电平。

对于集电极开路输出的电压比较器，两个比较器的输出可以直接并联，如图 8.36 所示，与图 8.35 互为反相输出，共用一个外部上拉电阻，实现"线与"功能，所谓"线与"就是逻辑"与"功能，只有两个比较器的输出都为高电平，V_O 才为高电平，否则就是低电平的逻辑关系。

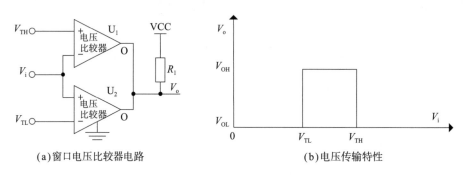

(a)窗口电压比较器电路　　　　　　(b)电压传输特性

图 8.36　窗口电压比较器及其电压传输特性（二）

5. 窗口比较器

如韵电子的 CN305 是具有独立过压和欠压输出端的窗口比较器集成电路，如图 8.37 所示。CN305 内部包括两个比较器和电压基准源，特别适合单节或多节电池的电压监测，监测电压阈值精度为 ±2%，比较器迟滞为 7.5%，迟滞可以消除由于被监测电压的扰动或者由于负载突变导致的电压不稳定而引起的监测输出紊乱。两个输入端都可以通过外部电阻分压网络设置监测电压。当 OVIN 引脚电压上升大于 OVIN 上行阈值电压时，引脚输出低电平；当 UVIN 引脚电压下降到 UVIN 下行阈值电压以下时，引脚输出低电平。CN305 静态工作电流典型值为 11μA，输出类型为漏极开路输出。

6. 过欠压保护

Analog Devices 公司的电压监视器芯片 LT2912 专为监测电源欠压和过压而设计，提供一款面向电压监视的精准、通用且具有节省空间的微功耗型解决方案。VL 和 VH 监视器输入包括用于抑制短暂干扰的滤波处理电路，从而确保可靠的复位操作，不发生误触发现象。LTC2912 工作电压为 2.3 ~ 6V，内部 VCC 并联稳压器且电源电流很低，如图 8.38 所示，也可以采用 12V、24V

或 48V 等较高的工作电压。提供三种输出配置，LTC2912-1 具有用于 OV 输出的闭锁控制功能；LTC2912-2 应用于 OV 和 UV 输出停用功能；LTC2912-3 与 LTC2912-1 基本相同，采用了一个同相、OV 输出。

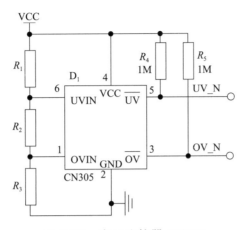

图 8.37　窗口比较器 CN305

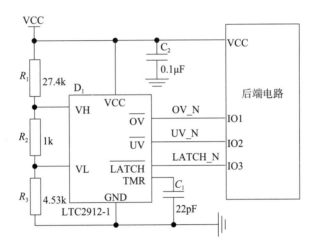

图 8.38　电压监视器芯片 LT2912

第9章 晶体管应用电路

9.1 遇水（触水）监测

9.1.1 导电液体高端监测

目前市面上的导电液体监测终端使用不同类型的传感器，如工厂的酸碱液体监测、地下车库浸水的测量、船上遇险救生系统等监测传感器的应用，使用导电液体监测的传感器有湿度传感器、遇水形变材料、逻辑门电路、微处理器监测、电压比较器等。

湿度传感器：采用单总线通信、模拟电压或者 I²C 等复杂接口，但需要外接微处理器，进行软件编程处理，由于使用微处理器，其功耗为毫安数量级，设备体积大，在 PCB 上安装不方便，触水响应速度慢，功耗较大，成本较高。

遇水形变材料：触水膨胀或软化的材料在遇到水时产生变形力传到电源开关（遇水快速断电的电源开关，专利申请号：CN201310245937.0），设备体积大，在 PCB 上安装不方便，触水响应速度慢，功耗较大，成本较高。

逻辑门电路：终端采用微处理器，取一微处理器引脚作为输入接口，连接外部监测电路，一旦监测电路的电平发生变化，立即产生中断响应，执行相应的程序，其导电液体监测电路采用机械开关或防拆触点结合逻辑门电路实现。

微处理器监测：使用微处理器的引脚监测，引脚遇到导电液体后电平由高电平变为低电平（一种智能电子设备触水自动关机的电路结构，实用新型专利，申请号：CN201520168777.9），触水响应速度快，由于使用微处理器，其功耗为毫安级，功耗较大，成本较高。

电压比较器（一种集成电路）：利用导电液体的导电性，遇到导电液体时得到分压后的电压与参考电压进行比较，输出高电平，由于比较器固有特性，其功耗为百微安级，具有触水响应速度快、成本低的优点，但表贴面积大（属于集成电路），占用较多 PCB 面积。

逻辑芯片（一种集成电路）：使用逻辑芯片，利用导电液体的导电性，分压后的逻辑芯片获得高电平，逻辑芯片功耗为数百微安级，成本低，表贴面积大（属于集成电路），可以集成在 PCB 上。

上述现有技术解决方案的静态功耗较大，需要提供一种导电液体高端监测电路，解决现有导电液体监测电路难以获得超低功耗的技术问题。

1. 电路组成

导电液体高端监测电路如图 9.1 所示，由 PMOS 管（型号如 AO3401）或 PNP 管，电阻 R_1、R_2，监测电极 X_1 和公共电极 G_1 组成。电路的网络信号 Water_check 同时连接电阻 R_1 和 R_2，R_1 另一引脚连接 PMOS 管 V_1 栅极，R_2 另一引脚和 PMOS 管源极同时连接电源正极 VCC，PMOS 管漏极为电源输出 VCC_LOAD，为整个设备供电。

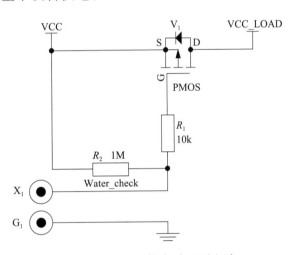

图 9.1　导电液体高端监测电路

2. 电路原理

利用导电液体的导电性，导电液体的阻抗 R_W 为几十千欧至几百千欧不等（根据液体导电率、X_1 与 G_1 的接触面积、X_1 与 G_1 之间距离而定），选取 R_1 为 $10k\Omega$，R_2 为 $1M\Omega$，R_2 的取值一般与 VCC、导电液体电阻 R_W、PMOS 管的导通阈值电压 $V_{GS(TH)}$ 有关，满足 $VCC \times R_2/(R_2+R_W) \geqslant -V_{GS(TH)}$。一旦监测电极 X_1 和公共电极 G_1 先后监测到导电液体，Water_check 电压减小，PMOS 管栅极、源极之间的电压差 V_{GS} 小于导通阈值电压 $V_{GS(TH)}$（负电压）时 PMOS 管导通，导通偏置电流损耗为微安级，电源开启进入设备；监测电极 X_1 和公共电极 G_1 未监测到导电液体，PMOS 管栅极、源极之间的电压差约为 0V，PMOS 管截止，导通偏置电流损耗约为 0，由于 PMOS 管属于电压器件，PMOS 管导通和截止时电流非常小，可以忽略不计，具有较低功耗。

3. 电路特点

根据不同电压以及监测电极 X_1、公共电极 G_1 的接触面积和距离，调整偏置电阻 R_2 大小，满足导电液体接触时能开启 PMOS 管导通，反之能关闭 PMOS 管截止。

根据 PMOS 管参数调整 R_1 电阻，属于限流电阻，避免监测电极 X_1、公共电极 G_1 短路时 PMOS 管栅极、源极之间电流过大损坏 PMOS 管。

与传统导电液体监测电路电流损耗毫安级相比，PMOS 管导通时电路电流损耗为微安级，PMOS 管截止时电路电流损耗几乎为 0，其加权平均电流损耗约为 0，降低很多，具有超低功耗、低成本、表贴面积小（属于分立元器件）、易于集成在 PCB 板上等特点，降低了设备的功耗，延长了电池的工作时间，特别适合用于长时间无导电液体的监测电路，降低了设备维护成本。

根据设计要求使用相应的 PMOS 管型号。也可以使用 PNP 管或者数字 PNP 管替换本电路的 PMOS 管，但是静态功耗较大。

9.1.2 导电液体低端监测

前述导电液体高端监测电路由 PMOS 管和几个电阻构成，具有非常低的功耗，属于一种高端负载开关（高端驱动），遇到导电液体时开启电源正极，反之断开电源正极，同等条件下由于 PMOS 管导通电阻比 NMOS 管大，价格贵，替换种类少等原因，进一步限制了使用范围，适用范围不如 NMOS 管，很多设备需要一种低端负载开关（低端驱动，比如太阳能充电控制器开启或关闭电源负极），因此有必要设计一款低端驱动导电液体监测电路，满足低端驱动要求。

1. 电路组成

导电液体低端监测电路由 NMOS 管 V_1，电阻 R_1、R_2、R_3，公共电极 G_1 和监测电极 X_1 组成。电路信号 Water_check 同时连接电阻 R_2 和 R_3，R_2 另一引脚连接 NMOS 管栅极，R_3 另一引脚连接 NMOS 管源极，R_1 一引脚连接电源正极 VCC，负载连接 VCC 和 NMOS 管漏极，VCC 为负载供电，电路原理如图 9.2、图 9.3 所示。

2. 电路原理

利用导电液体的导电性，导电液体（水）的阻抗为几十千欧至几百千欧级（视液体导电率、X_1 与 G_1 的接触面积、X_1 与 G_1 之间距离而定），选取电阻 R_1 为 $10\text{k}\Omega$、R_2 为 $10\text{k}\Omega$、R_3 为 $1\text{M}\Omega$。监测电极 X_1 和公共电极 G_1 接触导电液

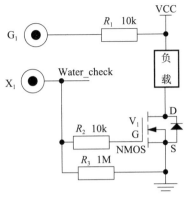 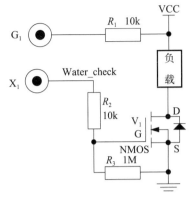

图9.2 导电液体低端监测（一） 图9.3 导电液体低端监测（二）

体，监测电极 X_1 的电压增加，NMOS 管 V_1 的栅极、源极之间电压大于导通阈值电压，NMOS 管导通，导通偏置电流损耗为微安级，电源正极 VCC 经过负载、NMOS 管 V_1 至电源负极，设备开始工作；公共电极 G_1 和监测电极 X_1 未接触导电液体，NMOS 管的栅极、源极之间的电压差约为 0V，NMOS 管截止，截止电流损耗约为 0A。

3. 电路特点

根据不同电压以及监测电极 X_1、公共电极 G_1 的接触面积和距离，调整偏置电阻 R_3 大小，满足遇到导电液体时能开启 NMOS 管，无导电液体时能关闭 NMOS 管 V_1。根据 NMOS 管 V_1 参数调整电阻 R_2 大小，电阻 R_2 属于限流电阻，避免监测电极 X_1、公共电极 G_1 短路时 NMOS 管 V_1 的栅极、源极之间电流过大损坏 NMOS 管。电源负极接设备金属外壳，为避免电源正极 VCC 经过公共电极 G_1 至电源负极形成回路，限流电阻 R_1 阻值尽可能大，可减少泄漏电流，降低功耗。

NMOS 管 V_1 具有低导通阻抗，可以减少负载开关导通电流，降低功耗。

与传统导电液体监测电路电流损耗毫安级相比，由于 NMOS 管也属于电压器件，NMOS 管 V_1 导通时工作电流损耗为微安级，可以忽略不计，NMOS 管 V_1 截止时电路电流损耗约为 0，其加权平均电流损耗约为 0，降低非常大，低功耗，低成本，表贴面积小（属于分立元器件），易于集成在 PCB 板上，降低了设备的功耗，延长了电池的工作时间，降低了设备维护成本。本电路是一种低端驱动导电液体监测电路，适用于低端负载开关应用领域，同样适合用于长时间无导电液体的监测电路。

根据不同需求使用不同的 NMOS 管，也可以使用 NPN 管或者数字 NPN 管替换本电路的 NMOS 管，但是静态功耗较大，约为毫安级。

9.2 电阻式数字电子水尺

电子水尺（电极式水位传感器）是一种水位测量传感器，利用水的导电性，通过等间距排列的信号监测电极来采集水位信息，采集电路的信号监测电极，根据该处电极电位是高电平还是低电平，进而识别该处电极是否被水淹没，根据没入水中电极的数量多少来计算水位，进而得到数字化的水位信息，属于一种数字化电子水尺（简称数字电子水尺）。市面上的电子水尺多由电路板、公共电极、监测电极、环氧树脂、金属外壳等组成，其中，公共电极连接金属外壳，监测电极与 PCB 连接，公共电极和监测电极一般使用不锈钢螺钉且裸露在外，以便与水良好接触。

电子水尺一般由数字逻辑芯片（属于集成电路）、电阻、电容等元器件组成，芯片功耗低，成本低，表贴面积大，级联数目较多时占用较大的 PCB 面积，具体如下：

（1）遥测电子水尺（实用新型专利，申请号：CN201520716037.4）：电路部分包含数字逻辑电路板、无线传输模块、充电电池和稳压电路板，以及数字逻辑电路板电气连接的探针（电极）。

（2）一种新型电子水尺（实用新型专利，申请号：CN201721276232.5）：传感器体利用机械方法定位感应水位变化，经模数转换模块进行数字编码处理，实现数字化分度、数字化采样、数字化传输，将模拟信号转换成数字信号后传送至中央控制器。

（3）一体化多段检索式智能电子水尺（实用新型专利，申请号：CN201520468625.0）：数据采集单元传感器采集模块包含多个触点（电极），包含触点供电模块、触点电平采集模块、信号回传模块等。

9.3 电阻式模拟电子水尺

数字电子水尺采用数字逻辑芯片，需要较为复杂的时序电路和微处理器（MCU）的多个接口引脚，通过并转串模块将数据发送至 MCU，因此 MCU 收到的是一连串数字信号（高低电平），需要进一步处理才能得到水位信息。监测电极级联数量过多会降低水位采集速度，降低抗干扰性能，难以适应数据更新频率高的场合，需要研制一种新型电子水尺，以解决现有技术中存在的问题。

模拟电子水尺是根据电极是否接触水体得到水位模拟信号:电流或者电压,MCU通过自身的模数转换器(ADC)进行采样,得到电压值与参考电压做比对,进而计算水位信息。

9.3.1 两线并联式电子水尺电路

1. 电路组成

水位监测子电路原理图两种表现形式如图 9.4 所示。

电路由等间距并联排列的水位监测子电路级联、分压电路、微处理器等组成。第一级水位监测子电路处于水位最低处,水位监测子电路由 NMOS 管 M1,电阻 S_1、R_1、R_2、RG_1,监测电极 X_1 和公共电极 G_1 等组成。监测电极 X_1 同时连接电阻 R_1 和 R_2,R_1 另一引脚连接 NMOS 管栅极,NMOS 管漏极通过串联限流电阻 S_1 连接 VCC,R_2 另一引脚连接 NMOS 管源极,得到一路水位监测信号 V_AD,公共电极 G_1 通过串联电阻 RG_1 连接 VCC。

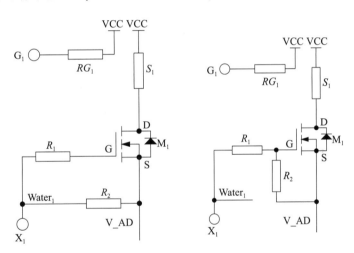

图 9.4 水位监测子电路原理图

2. 电路原理

1)实施方式一

两线并联式电子水尺电路原理如图 9.5 所示。

NMOS 管选型:考虑到水位监测子电路级联数量较多,尽可能选用低导通阻抗 $R_{DS(ON)}$(数十毫欧)、小型化尺寸、低导通阈值电压、价格便宜的功率型 NMOS 管,多个 NMOS 管级联的导通阻抗低,整体导通压降小。

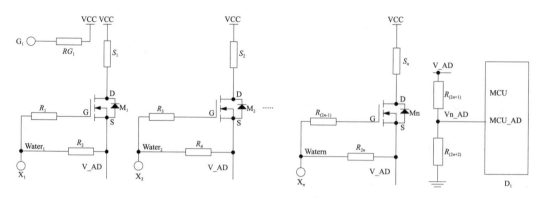

图 9.5 两线并联式电子水尺电路原理图（一）

水位监测子电路中 NMOS 管的导通与截止条件，取决于 NMOS 管栅极、源极之间电压 V_{GS} 和导通阈值电压 $V_{GS(TH)}$，$V_{GS(TH)}$ 与 R_2、RG_1、水体阻值 R_W（视监测电极 X_1、公共电极 G_1 的接触面积和距离、水体导电率而定，图中未标出）有关。

监测电极 X_1 和公共电极 G_1 未接触到水时，NMOS 管 M_1 栅极、源极之间的电压差约为 0V，NMOS 管截止不导通，电源 VCC 无法经过 M_1 管变成 V_AD；监测电极 X_1 和公共电极 G_1 被水淹没时，监测电极 X_1 信号 Water$_1$ 电压由低变高，大小为电阻 RG_1、R_2 与水体电阻 R_W 的分压值，NMOS 管栅极、源极之间的电压差大于 NMOS 管导通阈值电压（正电压），NMOS 管 M_1 导通阻抗非常小（数十毫欧，远小于电阻 S_1 阻值），电源 VCC 经过电阻 S_1、NMOS 管 M_1 低阻抗路径得到水位监测信号 V_AD，经过 NMOS 管的压降可以忽略不计，此外 R_2 的电阻值取值很大，R_2 远大于 S_1，经过 R_2 的偏置电流（远小于经过 S_1 电流）可忽略不计。

由以上分析可知，当第二级水位监测子电路监测电极 X_2 未接触到水时，M_2 管截止；反之 X_2 接触到水时，M_2 管导通，VCC 经过 S_2、NMOS 管 M_2 得到水位监测信号 V_AD（NMOS 管 M_2 几乎无衰减），与第一级监测电路并联，两路电流信号汇合在一起。其他级水位监测子电路得到的水位监测电流信号并联汇合，依此类推。

关于限流电阻取值，考虑到 AD 转换器转换后 MCU 微处理器的数据处理方便，优先选用每级水位监测子电路的限流电阻相等，即 $R_{(2n+2)} = R$、$S_1 = S_2 = S_3 = \cdots\cdots = S_n = kR$（$k$ 远大于 1）、$R_{(2n+1)} = m \times R$，m 的取值视电源 VCC 和微处理器 MCU 的工作电压 VDD 而定，以免电压 VCC 直接进入 MCU 造成损坏，$m = $ VCC/VDD 且向下取整（如 VCC = 12V、VDD = 3.3V，则 $m = 3$），一般情

况下 VCC = VDD，即 $m = 0$。由于一般 AD 转换器需要汲取一定的电流才能正常工作，NMOS 管的漏源阻抗 $R_{DS(ON)}$ 为数十毫欧（远小于阻值 R）不予考虑，因此，总限流电阻阻值介于 $(k+m+1) \times R \sim (k/n+m+1) \times R$，其中 $(k+m+1) \times R$ 为第一级电极触水对应的电阻，$(k/n+m+1) \times R$ 为全部电极触水对应的总电阻，忽略 M_1、M_2、……、M_n 的漏源阻抗 $R_{DS(ON)}$，S_1、S_2、……、S_n 并联，取值范围取决于 ADC 汲取的电流大小，总限流电阻阻值过大会使 ADC 转换电压误差变大，阻值过小会使限流电阻功耗变大，因此 R 的取值必须进行适当折中，满足使用要求。

选取 $R_{(2n+2)} = R$、$S_1 = S_2 = S_3 = \cdots\cdots = S_n = kR$（$k$ 远大于 1）、$R_{(2n+1)} = 0\Omega$，$R_2 = R_4 = R_6 = \cdots\cdots = R_{2n} = jR$（$j$ 远大于 k），即 $j \gg k \gg 1$，$R_1 = R_2 = R_3 = \cdots\cdots = R_n$ 为千欧级。

计算分析过程如下（假设 $m=0$），未监测到水时，电源 VCC 无法经过 NMOS 管 M_1、M_2、M_3、……、M_n 中的任何一个或者多个 NMOS 管得到水位监测信号 V_AD，MCU 得到的电阻分压信号值 Vn_AD = 0V。

第一级监测到水时，电源 VCC 通过 NMOS 管 M_1（M_2、M_3、……、M_n 截止不导通）得到水位监测信号 V_AD，M_1 管的导通阻抗 $R_{DS(ON)}$ 远小于 S_1，不予考虑；RG_1+ 水体电阻 R_W 之和远小于 R_2，不予考虑；S_1 并联 R_2（用 $S_1//R_2$ 表示），流经 S_1 的信号电流和流经 R_2 的偏置电流，两路电流经过电阻 $R_{(2n+2)}$，得到水位监测信号 V_AD，MCU 得到的电阻分压信号值 Vn_AD = VCC $\times R_{(2n+2)}/(S_1//R_2+R_{(2n+2)})$ = VCC $\times R/(kR//jR+R)$ = VCC$/(jk/(j+k)+1)$。

第二级监测到水时，电源 VCC 分别通过 NMOS 管 M_1、M_2（M_3、……、M_n 截止不导通），相当于 $S_1//R_2//S_2//R_4$，即有 4 路电流，流经 S_1 的信号电流和流经 R_2 的偏置电流、流经 S_2 的信号电流和流经 R_4 的偏置电流，共 4 路电流并联经过 $R_{(2n+2)}$，得到水位监测信号 V_AD，MCU 得到的电压分压信号值 Vn_AD = VCC $\times R/(S_1//R_2//S_2//R_4+R)$ = 2 $\times$ VCC$/(jk/(j+k)+2)$。

第 N（$3 \leqslant N < n$）级监测到水时，电源 VCC 并联通过 NMOS 管 M_1、M_2、……、M_N（$M_{(N+1)}$、……、M_n 截止不导通），$S_1//R_2//S_2//R_4//\cdots\cdots//S_N//R_{2N}$，即有 $2 \times N$ 路电流，N 路信号电流（S_1、S_2、……、S_N）和 N 路偏置电流（R_2、R_4、……、R_{2N}），$2 \times N$ 路电流并联经过 $R_{(2n+2)}$，得到水位监测信号 V_AD，MCU 得到的电压分压信号值 Vn_AD = VCC $\times R/(S_1//R_2//S_2//R_4//\cdots\cdots //S_N//R_{2N}+R)$ = $N \times$ VCC$/(jk/(j+k)+N)$。

第 n 级监测到水时，电源 VCC 并联通过 M_1、M_2、……、M_n，$S_1//R_2//S_2//R_4//……//S_n//R_{2n}$，即有 $2 \times n$ 路电流，n 路信号电流（S_1、S_2、……、S_n）和 n 路偏置电流（R_2、R_4、……、R_{2n}），$2 \times n$ 路电流并联经过 $R_{(2n+2)}$，得到水位监测信号 V_AD，MCU 得到的电压分压信号值 Vn_AD $= VCC \times R/(S_1//R_2//S_2//R_4//……//S_n//R_{2n}+R) = n \times VCC/(jk/(j+k)+n)$。

目前微控制器内置多位 ADC（$M = 12$、14、16、18、20bit），Vn_AD $= VCC \times n/(jk/(j+k)+n)$ 随着 n 增加是增函数，为了保证分辨力，最后两级量化电压差满足式（9.1），其中，$h = jk/(j+k)$。

$$VCC \times n/(h+n) - VCC \times (n-1)/(h+n-1) \geqslant VCC/(2^M-1) \tag{9.1}$$

对式（9.1）进行化简：

$$\frac{n}{h+m} - \frac{n-1}{h+m-1} \geqslant \frac{1}{2^M-1} \tag{9.2}$$

对式（9.2）约去分母：

$$(2^M-1)(nh+n^2-n-nh+h-n^2+n) \geqslant h^2+hn-h+hn+n^2-n \tag{9.3}$$

对式（9.3）进行整理：

$$h2^M-h \geqslant h^2+hn-h+hn+n^2-n \tag{9.4}$$

对式（9.4）进行整理：

$$n^2-(1-2h)n+h^2-h2^M \leqslant 0 \tag{9.5}$$

对式（9.5）进行方程求解：

$$n = \frac{(1-2h) \pm \sqrt{(1-2h)^2-4h^2-h2^M}}{2} \tag{9.6}$$

若 $M = 12$，$k = 121$，$j = 10^4$，$h = jk/(j+k)$，代入式（9.6），得到 n 的取值范围：$-818.7 \leqslant n \leqslant 580.6$，最多可以并联 580 级监测子电路。$M = 14$、$16$、$18$、$20$ 分别得到的级联数量取值范围见表 9.1。

表 9.1　级联数量 n 取值范围

	$M=12$bit	$M=14$bit	$M=16$bit	$M=18$bit	$M=20$bit
n 取值：$h=jk/(j+k)$	$-818 \sim 580$	$-1518 \sim 1280$	$-2918 \sim 2680$	$-5717 \sim 5479$	$-11315 \sim 11077$
n 取值：$h=k$	$-824 \sim 583$	$-1528 \sim 1287$	$-2936 \sim 2695$	$-5752 \sim 5511$	$-11384 \sim 11143$

$M = 12$、14、16、18、20，量化级数最大值分别为 580、1280、2685、5479、11077，若信号监测电极的排列间距为 1cm，测量长度理论最大值分别为 580cm、1280cm、2685cm、5479cm、11077cm，测量长度范围较大，目前电子水尺级联数量为 $n = 100$ 左右即可满足要求。

若不考虑偏置电流的影响，相当于 j 为无穷大，等同于不焊接电阻 R_2、R_4、……、R_{2n}，对采样无影响，前述推导已经包含了 n 路偏置电流（R_2、R_4、……、R_{2n}），即 $h = k$，得到 $-824.4 \leq n \leq 583.4$，最多可以并联 583 级监测子电路，与 $h = jk/(j+k)$ 相差不大（$M = 12$、14、16、18、20，相对误差分别为 0.52%、0.55%、0.56%、0.58%、0.59%），因此在粗略计算中可以不用考虑偏置电阻（R_2、R_4、……、R_{2n}）的影响。

需要焊接的电阻有 4 种：RG_1、R_1、R_2、$R_{(2n+2)}$，采购方便，优先选用高精度的电阻。因此，可以根据 MCU 采集得到的电压信号判断监测电极的级数，进而得到水位信息。

2）实施方式二

考虑图 9.5 中极端情况，当 n 个 NMOS 管全部导通时，忽略 n 个 NMOS 管漏源通道阻抗，务必满足 $V_{GS} = VCC - V_s = VCC \times (S_1//S_2//\cdots\cdots//S_n)/ (R_{(2n+2)}+S_1//S_2//\cdots\cdots//S_n) > V_{GS(TH)}$，其中，$R_{(2n+1)} = 0\Omega$，源极电压 $V_S = VCC \times R_{(2n+2)}/(R_{(2n+2)}+S_1//S_2//\cdots\cdots//S_n)$），为确保 NMOS 管的可靠导通，$V_{GS}$ 大于 NMOS 管 M_1 导通阈值电压 $V_{GS(TH)}$（正电压），一般 NMOS 管导通阈值电压要求满足 $V_{GS(TH)} > 2V$，若 $R_{(2n+2)} = S_1//S_2//\cdots\cdots//S_n$，$VCC/2 > 2V$，则 $VCC > 4V$，一般 MCU 的工作电压为 3.3V，难以满足实施方式一的工作要求，需要一个大于 4V 的电源。由于本电路的 NMOS 管属于"中端开关"，因此低端采样电阻 $R_{(2n+2)}$ 阻值不能太大，否则会抬高 NMOS 管源极电位，导致 NMOS 管的 V_{GS} 电压过小无法正常开启，且 $(S_1//S_2//\cdots\cdots//S_n)$ 并联电阻值尽可能大于 $R_{(2n+2)}$。由于 NMOS 管也可以用作高端负载开关，对图 9.5 进行改进，将电阻 RG_1 接的电源 VCC 改为 V_B（VCC Bias，偏置电源），满足 $V_B > VCC+V_{GS(TH)}$，即使用 NMOS 管作为高端负载开关，应用于本"中端开关"电路，可以更可靠地开启 NMOS 管，具体如图 9.6 所示。

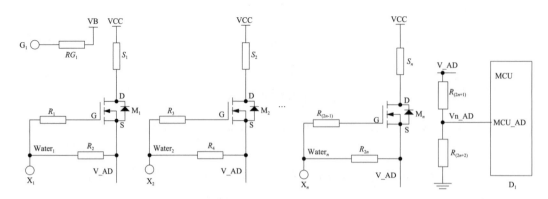

图 9.6　两线并联式电子水尺电路原理图（二）

由于 NMOS 管作为高端负载开关，且偏置电源 V_B 至少比电源 VCC 高 $V_{GS(TH)}$，监测电极 X_1 遇到水时，V_B 的偏置电流经过电阻 RG_1、水体电阻 R_W（图中未标出）、电阻 R_2（R_4、……、R_{2n}）至信号 V_AD，为降低偏置电流对信号电流 V_AD 的影响，R_2 应尽可能大（$R_2 \gg R_{(2n+2)}$）或者不焊接（推荐使用），V_B 的偏置电流无法通过电阻 R_2（R_4、R_6、……、R_{2n}）汇流至 V_AD，对信号电流 V_AD 没有影响。

上述两种实施方式的不同之处就是偏置电压不同，实施方式一的电源 VCC > 4V，常用电源 3.3V 难以使用，适合 MCU 工作电压为 5V 的场合；实施方式二的电源 VCC 可以为常用电源 3.3V，偏置电源 V_B 至少比电源 VCC 高 $V_{GS(TH)}$ 以确保 NMOS 管可靠导通，其后续的推导与实施方式一一样，不再赘述。

3. 电路特点

电路使用分立元器件，采用组合逻辑电路实现，两线制取代以往的四线制，模拟信号取代数字信号，具有超低功耗、量程范围大、任意裁剪、工作电压和温度范围广、质量小、尺寸小、响应速度快、抗扰性强、防腐性强等特点。

电路采用等间距并联排列的多级水位监测子电路级联构成电子水尺电路，利用水体是否接触监测电极来决定 NMOS 管的导通与截止，进而确定是否给水位信号传递提供一条低阻抗路径，经过多级并联汇合，最后微处理器 MCU 使用 ADC 进行模数转换得到电压值并与参考电压进行比较，得到水位信息。

水位监测子电路根据不同工作电压和水体阻值 R_W（视监测电极 X_1、公共电极 G_1 的接触面积和距离、水体导电率而定），调整偏置电阻 R_2、R_4、……、R_{2n}，可以使用多个均匀分布的公共电极 G_1，满足接触水时能足够开启导通 NMOS 管，否则 NMOS 管截止。

水位监测子电路由小型化元器件组成，多级并联可以加工成 FPC 柔性电路板（又称挠性电路板，具有配线密度高、质量小、厚度薄、可弯曲折叠等优良特性），通过软硅胶灌胶做防水处理可以达到 IP68，进一步加工成柔性电子水尺，满足不同场合的安装。

还可以对电子水尺任意进行裁剪，裁剪任意一级无须焊接操作，只需做好防水处理即可，对于裁剪的电路，只需修改 MCU 的内部参数，无须改动其他硬件电路，扩展了应用范围。

本电路对外连接电源 VCC 和水位信号 Vn_AD（包含信号电流和偏置电流），因此只需两芯电缆即可，两线制取代以往的四线制（电源 VCC、485+/232TX、485-/232RX、电源负极）；水位信号 Vn_AD 是模拟信号，需要经过 ADC 处理，因此模拟信号取代数字信号，具有超低功耗、抗干扰性强等特点。本电路偏置电流和信号电流合用一路，与电流型投入式压力传感器有异曲同工之妙，在电路硬件上可以完全兼容电流型投入式压力传感器，只需重新焊接 ADC 采样电阻和修改协议即可，扩展了应用范围。

9.3.2 三线并联式电子水尺电路

1. 电路组成

电路由等间距并联排列的水位监测子电路级联、分压电路、微处理器等组成，如图 9.7 所示。水位监测子电路由 PMOS 管 M_1，电阻 S_1、R_1，监测电极 X_1 和公共电极 G_1 等组成。监测电极 X_1 同时连接电阻 R_1 和 PMOS 管栅极，R_1 另一引脚同时连接电源 VCC 和 PMOS 管源极，PMOS 管漏极串联限流电阻 S_1 后得到一路水位监测信号 V_AD。

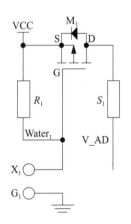

图 9.7 水位监测子电路

2. 电路原理

PMOS 管选型：考虑到水位监测子电路级联数量较多，尽可能选用低导通阻抗 $R_{DS(ON)}$（数十毫欧）、小型化尺寸、低导通阈值电压、价格便宜的功率型 PMOS 管，多个 PMOS 管级联的导通阻抗比较低，整体导通压降小。

水位监测子电路中 PMOS 管的导通与截止条件取决于 PMOS 管栅极、源极之间电压 V_{GS} 和导通阈值电压 $V_{GS(TH)}$，V_{GS} 与 R_1、水体阻值 R_W（视监测电极 X_1、公共电极 G_1 的接触面积和距离、水体导电率而定）有关，$V_{GS} =$

$-\text{VCC} \times R_1/(R_1+R_\text{W})$，$V_\text{GS}$ 小于导通阈值电压 $V_\text{GS(TH)}$（负电压）时 PMOS 管导通，根据实际应用情况先确定水体阻值 R_W 范围再确定 R_1，如图 9.7 所示，三线并联式电子水尺电路如图 9.8 所示。

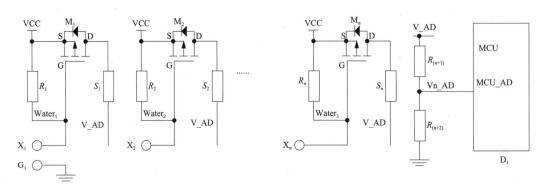

图 9.8　三线并联式电子水尺电路

监测电极 X_1 和公共电极 G_1（电源负极 GND）未接触到水时，PMOS 管 M_1 栅极、源极之间的电压差约为 0V，PMOS 管截止不导通，电源 VCC 无法经过 PMOS 管 M_1、电阻 S_1 变成 V_AD；监测电极 X_1 和公共电极 G_1 被水淹没时，监测电极 X_1 信号 Water_1 电压由高变低，大小为电阻 R_1 与水体电阻 R_W 的分压值，PMOS 管栅极、源极之间的电压差小于 PMOS 管导通阈值电压（负电压），PMOS 管 M_1 导通阻抗非常小（数十毫欧，远小于电阻 S_1 的阻值），电源 VCC 经过低阻抗路径（PMOS 管 M_1、电阻 S_1）得到水位监测信号 V_AD，PMOS 管 M_1 导通压降可以忽略不计。

由以上分析可知，当第二级水位监测子电路监测电极 X_2 未接触到水时，M_2 管截止，VCC 不经过 PMOS 管 M_2、S_2 得到水位监测信号 V_AD；反之 X_2 接触到水时，M_2 管导通，VCC 经过 PMOS 管 M_2、S_2 得到水位监测信号 V_AD（几乎无衰减），与第一级监测电流信号并联汇合。其他级水位监测子电路得到的水位监测信号 V_AD 与同级监测电流信号并联汇合，依此类推。

关于限流电阻取值，考虑到 ADC 转换后微处理器 MCU 的数据处理方便，优先选用每级水位监测子电路的限流电阻相等，$R_{(n+2)} = R$、$S_1 = S_2 = S_3 = \cdots\cdots = S_n = kR$（$k$ 远大于 1）、$R_1 = R_2 = \cdots\cdots = jR$（不参与计算，满足阈值电压即可）、$R_{(n+1)} = m \times R$，$m$ 的取值视电源 VCC 和微处理器 MCU 的工作电压 VDD 而定，以免电压 VCC 直接进入 MCU 造成损坏，$m = \text{VCC/VDD}$ 且向下取整（如 VCC = 12V、VDD = 3.3V，则 $m = 3$），一般情况下 VCC = VDD，即 $m = 0$。由于一般 ADC 需要汲取一定的电流才能正常工作，PMOS 管的 $R_\text{DS(ON)}$ 为数十毫欧

（远小于阻值 R）不予考虑，因此，总限流电阻阻值介于 $(k+m+1)\times R$ ~ $(k/n+m+1)\times R$，取值范围取决于 ADC 汲取的电流大小，总限流电阻阻值过大会使 ADC 转换电压误差变大，阻值过小会使限流电阻功耗变大，因此 R 的取值必须进行适当折中，满足使用要求。

计算分析过程如下（假设 $m=0$），未监测到水时，电源 VCC 无法经过 M_1、M_2、M_3、……、M_n 中的任何一个或者多个 PMOS 管得到水位监测信号 V_AD，MCU 得到的电阻分压信号值 $Vn\_AD=0V$。

第一级监测到水时，电源 VCC 通过 PMOS 管 M_1（M_2、M_3、……、M_n 截止不导通）、电阻 S_1 得到水位监测信号 V_AD，M_1 管导通电阻 $R_{DS(ON)}$ 不考虑，MCU 得到的电阻分压信号值 $Vn\_AD=VCC\times R_{(n+2)}/(S_1+R_{(n+2)})=VCC\times R/(kR+R)=VCC/(k+1)$。

第二级监测到水时，电源 VCC 并联通过 M_1+S_1、M_2+S_2（M_3、……、M_n 截止不导通），得到水位监测信号 V_AD，M_1 和 M_2 的漏源阻抗 $R_{DS(ON)}$ 不予考虑，$S_1//S_2$（S_1 并联 S_2），MCU 得到的电阻分压信号值 $Vn\_AD=VCC\times R/(kR/2+R)=VCC\times 2/(k+2)$。

第 N（$3\leq N<n$）级监测到水时，电源 VCC 并联通过 M_1+S_1、M_2+S_2、……、M_N+S_N（$M_{(N+1)}$、……、M_n 截止不导通）得到水位监测信号 V_AD，M_1、M_2、……、M_N 的漏源阻抗 $R_{DS(ON)}$ 不予考虑，$S_1//S_2//……//S_N$，MCU 得到的电阻分压信号值 $Vn\_AD=VCC\times R/(kR/N+R)=VCC\times N/(k+N)$。

第 n 级监测到水时，电源 VCC 并联通过 M_1+S_1、M_2+S_2、……、M_n+S_n，得到水位监测信号 V_AD，M_1、M_2、……、M_n 的漏源阻抗 $R_{DS(ON)}$ 不予考虑，$S_1//S_2//……//S_n$，MCU 得到的电阻分压信号值 $Vn\_AD=VCC\times R/(kR/n+R)=VCC\times n/(k+n)$。

目前微控制器内置多位 ADC（$M=12$、14、16、18、20bit），$Vn\_AD=VCC\times n/(k+n)$ 随着 n 增加是增函数，为了保证分辨力，最后两级量化电压差满足：

$$VCC\times n/(k+n)-VCC\times (n-1)/(k+n-1)\geq VCC/(2^M-1) \tag{9.7}$$

对式（9.7）进行化简：

$$\frac{n}{k+n}-\frac{n-1}{k+n-1}\geq\frac{1}{2^M-1} \tag{9.8}$$

对式（9.8）约去分母：

$$\left(2^M-1\right)\left(nk+n^2-n-nk+k-n^2+n\right)\geqslant k^2+kn-k+kn+n^2-n \quad （9.9）$$

对式（9.9）进行整理：

$$k2^M-k\geqslant k^2+kn-k+kn+n^2-n \quad （9.10）$$

对式（9.10）进行整理：

$$n^2-(1-2k)n+k^2-k2^M\leqslant 0 \quad （9.11）$$

对式（9.11）进行方程求解：

$$n=\frac{(1-2k)\pm\sqrt{(1-2k)^2-4k^2-k2^M}}{2} \quad （9.12）$$

若 $M=12$，$k=121$，代入式（9.12），得到 n 的取值范围：$-824.4\leqslant n\leqslant 583.4$，最多可以并联 583 级监测子电路。$M=14$、16、18、20 分别得到的级联数量取值范围见表 9.2。与表 9.1 中 $h=k$ 时的取值一样，在本节中 PMOS 管作为高端负载开关，在推导和计算中没有考虑偏置电流，只使用了信号电流 S_1、S_2、……、S_n，偏置电流已经从 R_1、R_2、……、R_n 流至电源负极（GND），不参与计算。

表 9.2 级联数量 n 取值范围

	$M=12$bit	$M=14$bit	$M=16$bit	$M=18$bit	$M=20$bit
n 最大值	583	1287	2695	5511	11143

$M=12$、14、16、18、20，量化级数最大值分别为 583、1287、2695、5511、11143，若信号监测电极的排列间距为 1cm，测量长度理论最大值分别为 583cm、1287cm、2695cm、5511cm、11143cm，测量长度范围较大，目前电子水尺级联数量为 $n=100$ 左右即可满足要求。

需要焊接的电阻有 3 种：R_1、S_1 和 $R_{(n+2)}$，采购方便，优先选用高精度的电阻。因此，可以根据 MCU 采集得到的电压信号判断监测电极的级数，进而得到水位信息。

3. 电路特点

电路使用分立元器件，采用组合逻辑电路实现。

电路采用等间距并联排列的多级水位监测子电路级联构成电子水尺电路，利用水体是否接触监测电极来决定 PMOS 管的导通与截止，进而确定是否给水位信号传递提供一条低阻抗路径，经过多级并联汇合，最后微处理器 MCU 使用 ADC 进行模数转换得到电压值并与参考电压进行比较，得到水位信息。

水位监测子电路根据不同工作电压和水体阻值 R_W（视监测电极 X_1、公共电极 G_1 的接触面积和距离、水体导电率而定），调整偏置电阻 R_1、R_2、…、R_n，可以使用多个均匀分布的公共电极 G_1，满足接触水时能足够开启导通 PMOS 管，否则 PMOS 管截止。

还可以对电子水尺任意进行裁剪，裁剪任意一级无须焊接操作，只需做好防水处理即可，对于裁剪的电路，只需修改 MCU 的内部参数，无须改动其他硬件电路。

本电路对外连接电源 VCC、水位信号 Vn_AD（全部为信号电流、无偏置电流）和电源负极，因此只需三芯电缆即可，三线制取代以往的四线制（电源 VCC、485+/232TX、485−/232RX、电源负极）；水位信号 Vn_AD 是模拟信号，需要经过 ADC 处理，因此模拟信号取代数字信号，具有超低功耗、抗干扰性强等特点。本电路偏置电流和信号电流分流，与电压型投入式压力传感器有异曲同工之妙，在电路硬件上可以完全兼容电压型投入式压力传感器，只需重新焊接 ADC 采样电阻和修改协议即可，扩展了应用范围。

9.3.3　三线串联式电子水尺电路（一）

1. 电路组成

电路由等间距串联排列的水位监测子电路级联、分压电路、微处理器等组成。水位监测子电路由 PMOS 管 M_1 管，电阻 S_1、R_1、R_2，监测电极 X_1 和公共电极 G_1 等组成。监测电极 X_1 同时连接电阻 R_1 和 R_2，R_1 另一引脚和 PMOS 管源极同时连接电源 VCC，R_2 另一引脚连接 PMOS 管栅极，PMOS 管漏极为水位监测信号 V_1，限流电阻 S_1 两个引脚分别连接 PMOS 管源极和漏极，如图 9.9 所示。

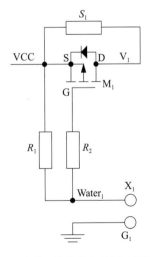

图 9.9　水位监测子电路原理图（一）

2. 电路原理

PMOS 管选型：考虑到水位监测子电路级联数量较多，尽可能选用低导通

阻抗 $R_{\text{DS(ON)}}$（数十毫欧）、小型化尺寸、低导通阈值电压、价格便宜的功率型 PMOS 管，多个 PMOS 管级联的导通阻抗比较低，整体导通压降小。

水位监测子电路中 PMOS 管的导通与截止条件取决于 PMOS 管栅极、源极之间电压 V_{GS} 和导通阈值电压 $V_{\text{GS(TH)}}$，V_{GS} 与 R_1、水体阻值 R_{W}（视监测电极 X_1、公共电极 G_1 的接触面积和距离、水体导电率而定）有关，$V_{\text{GS}} = -\text{VCC} \times R_1/(R_1+R_{\text{W}})$，$V_{\text{GS}}$ 小于导通阈值电压 $V_{\text{GS(TH)}}$（负电压）时 PMOS 管导通，根据实际应用情况先确定水体阻值 R_{W} 范围再确定 R_1。根据 PMOS 管参数调整电阻 R_2，R_2 属于栅极限流电阻，避免监测电极 X_1、公共电极 G_1 短路时 PMOS 管栅极、源极之间电流过大损坏 PMOS 管，三线串联式电子水尺电路原理图如图 9.10 所示。

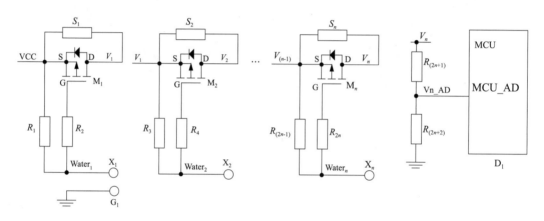

图 9.10　三线串联式电子水尺电路原理图（一）

监测电极 X_1 和公共电极 G_1（电源负极 GND）未接触到水时，PMOS 管 M_1 栅极、源极之间的电压差约为 0V，PMOS 管截止不导通，电源 VCC 经过 S_1 得到水位监测信号 V_1，由于 S_1 阻值较大，压降不可忽略，得到 VCC 的衰减信号 V_1；监测电极 X_1 和公共电极 G_1 被水淹没时，监测电极 X_1 信号 Water_1 电压由高变低，大小为电阻 R_1 与水体电阻 R_{W} 的分压值，PMOS 管栅极、源极之间的电压差小于 PMOS 管导通阈值电压（负电压），PMOS 管导通阻抗非常小（数十毫欧，远小于电阻 S_1 的阻值），电源 VCC 经过低阻抗路径（PMOS 管 M_1）变成信号 V_1，其压降可以忽略不计，电源 VCC 经过 S_1 的电流忽略不计。

由以上分析可知，当第二级水位监测子电路监测电极 X_2 未接触到水时，M_2 管截止，V_1 经过 S_2 得到水位监测信号 V_2（有衰减）；反之 X_2 接触到水时，M_2 管导通，V_1 经过 M_2 管得到水位监测信号 V_2（几乎无衰减），其他级水位监测子电路依此类推。

1）实施方式一

关于限流电阻取值，考虑到 ADC 转换后 MCU 微处理器的数据处理方便，优先选用每级水位监测子电路的限流电阻相等，即 $S_1 = S_2 = S_3 = \cdots\cdots = S_n = R$、$R_{(2n+2)} = R$、$R_{(2n+1)} = m \times R$，$m$ 的取值视电源 VCC 和微处理器 MCU 的工作电压 VDD 而定，以免电压 VCC 直接进入 MCU 造成损坏，$m = $ VCC/VDD 且向下取整（如 VCC = 12V、VDD = 3.3V，则 $m = 3$），一般情况下 VCC = VDD，即 $m = 0$。由于一般 ADC 需要汲取一定的电流才能正常工作，因此，总限流电阻阻值 $(n+m+1) \times R$ 取值范围取决于 ADC 汲取的电流大小，$R_{DS(ON)}$ 为数十毫欧（远小于阻值 R），若 $n = 100$，阻值 $n \times R_{DS(ON)}$ 为数欧，相对于 $(n+m+1) \times R$ 来说可以忽略不计，总限流电阻阻值过大会使 ADC 转换电压误差变大，阻值过小会使限流电阻功耗变大，因此 R 的取值必须进行适当折中，满足使用要求，优先选用高精度的电阻。

计算分析过程如下，未监测到水时，电源 VCC 串联依次通过 S_1、S_2、S_3、$\cdots\cdots$、S_n 得到水位监测信号 V_n，MCU 得到的电阻分压信号值 Vn_AD = VCC $\times R/((n+m+1) \times R) = $ VCC $\times /(n+m+1)$。

第一级监测到水时，电源 VCC 依次通过 M_1、S_2、S_3、$\cdots\cdots$、S_n 得到水位监测信号 V_n，MCU 得到的电阻分压信号值 Vn_AD = VCC $\times R/((n+m) \times R) = $ VCC/$(n+m)$。

第二级监测到水时，电源 VCC 依次通过 M_1、M_2、S_3、$\cdots\cdots$、S_n 得到水位监测信号 V_n，MCU 得到的电阻分压信号值 Vn_AD = VCC $\times R/((n+m-1) \times R)$ VCC/$(n+m-1)$。

第 N（$3 \leqslant N < n$）级监测到水时，电源 VCC 依次通过 M_1、M_2、$\cdots\cdots$、M_N、$S_{(N+1)}$、$\cdots\cdots$、S_n 得到水位监测信号 V_n，MCU 得到的电阻分压信号值 Vn_AD = VCC/$(n+m+1-N)$。

第 n 级监测到水时，电源 VCC 依次通过 M_1、M_2、$\cdots\cdots$、M_n 得到水位监测信号 V_n，MCU 得到的电阻分压信号值 Vn_AD = VCC/$(m+1)$。

目前微控制器内置多位 ADC（$M = 12$、14、16、18、20bit），为了保证分辨力，无水时和第一级有水时量化电压差满足 VCC/$(n+m)$–VCC/$(n+m+1)$ $\geqslant$ VCC/(2^M-1)，$M = 12$、$n+m \leqslant 63$；$M = 14$、$n+m \leqslant 127$；$M = 16$、$n+m \leqslant 255$。$m = 0$ 时量化级数最大值分别为 63、127、255，若信号监测电极的排列间距为 1cm，测量长度理论最大值分别为 63cm、127cm、255cm，目前电子水尺级联数量为 $n = 100$ 左右即可满足要求。

因此，可以根据 MCU 采集得到的电压信号判断监测电极的级数，进而得到水位信息。

还可以对电子水尺任意进行裁剪，如图 9.11 所示。不裁剪时，K_1 需要焊接 0Ω 电阻，电阻 $K_2 \sim K_n$ 不焊接；裁剪第一级时，K_2 需要焊接 0Ω 电阻，电阻 $K_3 \sim K_n$ 不焊接；裁剪第二级时，K_3 需要焊接 0Ω 电阻，电阻 $K_4 \sim K_n$ 不焊接……裁剪第 N（$3 \leqslant N < n$）级时，K_N 需要焊接 0Ω 电阻，电阻 $K_{(N+1)} \sim K_n$ 不焊接。对于裁剪的电路，只需修改 MCU 的内部参数即可，无须改动其他硬件电路，扩展了应用范围。

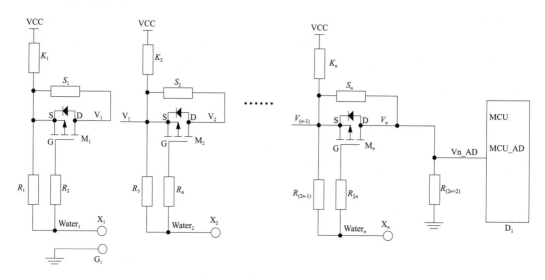

图 9.11 可裁剪的三线串联式电子水尺电路原理图

2）实施方式二

实施方式二与实施方式一的不同之处在于限流电阻选取和计算方法，实施方式一采用等值电阻，实施方式二采用等比例电阻，如图 9.12 所示。

目前，E48、E96、E192 系列电阻为等比例电阻，其公比 q 分别为 1.052、1.025、1.012，其精度误差分别为 ±2%、±1%、±0.5%/0.2%/0.1%，E192 系列电阻精度高，价格较贵，优先使用性价比较高的 E96 系列等比例电阻。

根据等比数列公式可知，公比 $q = 1.025$，第 n 级电阻 $S_n = S_0 \times q^n$，考虑到实际情况，$R_{(2n+1)} = 0\Omega$、$m = 0$，总电阻值 $\text{Sum} = S_0 + S_1 + S_2 + S_3 + \cdots\cdots + S_n = S_0(1 - q^{n+1})/(1-q)$。

为方便推导和计算，对图 9.11 的限流电阻重新编号，得到 S_n、$\cdots\cdots S_3$、S_2、S_1、S_0（位号 $R_{(2n+2)}$ 改为 S_0），K_1 需要焊接 0Ω 电阻，电阻 $K_2 \sim K_n$ 不焊接。

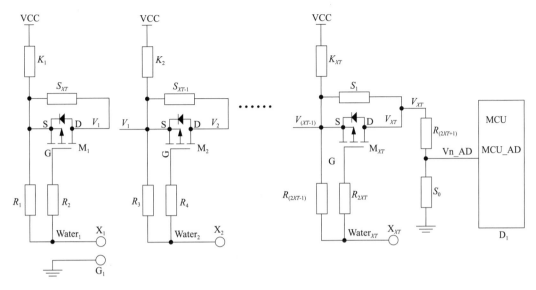

图 9.12 采用等比例电阻的三线串联式电子水尺电路原理图（一）

根 据 图 9.12 计 算 分 析 过 程 如 下， 未 监 测 到 水 时， 电 源 VCC 经 过 S_n、……、S_3、S_2、S_1 得 到 水 位 监 测 信 号 $V_n =$ Vn_AD，根 据 分 压 原 理，MCU 得 到 的 电 阻 分 压 信 号 值 Vn_AD 如 下 所 示：

$$\text{Vn\_AD} = \frac{\text{VCC} \times S_0}{S_0 + S_1 + \cdots + S_n} = \frac{\text{VCC} \times S_0}{S_0 \times \dfrac{\left(q^{n+1} - 1\right)}{(q-1)}} = \frac{\text{VCC} \times (q-1)}{q^{n+1} - 1} \quad (9.13)$$

第 一 级 监 测 到 水 时，电 源 VCC 经 过 M_1、$S_{(n-1)}$、……、S_3、S_2、S_1 得 到 水 位 监 测 信 号 $V_n =$ Vn_AD，MCU 得 到 的 电 阻 分 压 信 号 值 Vn_AD 如 下 所 示：

$$\text{Vn\_AD} = \frac{\text{VCC} \times S_0}{S_0 + S_1 + \cdots + S_{(n-1)}} = \frac{\text{VCC} \times S_0}{S_0 \times \dfrac{\left(q^{n} - 1\right)}{(q-1)}} = \frac{\text{VCC} \times (q-1)}{q^{n} - 1} \quad (9.14)$$

第 二 级 监 测 到 水 时，电 源 VCC 经 过 M_1、M_2、$S_{(n-2)}$、……、S_3、S_2、S_1 得 到 水 位 监 测 信 号 $V_n =$ Vn_AD，MCU 得 到 的 电 阻 分 压 信 号 值 Vn_AD 如 下 所 示：

$$\text{Vn\_AD} = \frac{\text{VCC} \times S_0}{S_0 + S_1 + \cdots + S_{(n-2)}} = \frac{\text{VCC} \times S_0}{S_0 \times \dfrac{\left(q^{n-1} - 1\right)}{(q-1)}} = \frac{\text{VCC} \times (q-1)}{q^{n-1} - 1} \quad (9.15)$$

第 N（$3 \leqslant N < n$）级 监 测 到 水 时，电 源 VCC 经 过 M_1、M_2、……、M_N、

$S_{(n-N)}$、……、S_1 得到水位监测信号 $V_n = \text{Vn\_AD}$，MCU 得到的电阻分压信号值 Vn_AD 如下所示：

$$\text{Vn\_AD} = \frac{\text{VCC} \times S_0}{S_0 + S_1 + \cdots + S_{(n-N)}} = \frac{\text{VCC} \times S_0}{S_0 \times \dfrac{\left(q^{n-N+1} - 1\right)}{(q-1)}} = \frac{\text{VCC} \times (q-1)}{q^{n-N+1} - 1} \quad （9.16）$$

第 n 级监测到水时，电源 VCC 经过 M_1、M_2、……、M_n 得到水位监测信号 $V_n = \text{Vn\_AD} = \text{VCC}$。

目前微控制器内置多位 ADC（$M = 12$、14、16、18、20bit），Vn_AD 是增函数，为了保证分辨力，无水时和第一级有水量化电压差满足：

$$\frac{\text{VCC} \times (q-1)}{q^n - 1} - \frac{\text{VCC} \times (q-1)}{q^{n+1} - 1} \geqslant \frac{\text{VCC}}{2^M - 1} \quad （9.17）$$

令 $X = q^n$，有

$$\frac{(q-1)}{X-1} - \frac{(q-1)}{qX-1} \geqslant \frac{1}{2^M - 1} \quad （9.18）$$

进一步化简，得

$$\frac{(q-1)^2 X}{(X-1)(qX-1)} \geqslant \frac{1}{2^M - 1} \quad （9.19）$$

$$qX - \left[1 + q + \left(2^M - 1\right)(q-1)^2\right]X + 1 \leqslant 0 \quad （9.20）$$

求解一元二次方程得到

$$X + \frac{\left[1 + q + \left(2^M - 1\right)(q-1)^2\right] \pm \sqrt{\left[1 + q + \left(2^M - 1\right)(q-1)^2\right]^2 - 4q}}{2q} \quad （9.21）$$

若 $M = 14$，$q = 1.025$，得到级联数量 n 的取值范围如下：

$$-101.2 \leqslant n = \log q(X) \leqslant 100.2 \quad （9.22）$$

考虑到实际值，即 $0 \leqslant n \leqslant 100$。其余级联数量 n 取值范围见表 9.3。

若信号监测电极的排列间距为 1cm，选取 $M = 14$，$q = 1.025$，目前电子水尺级联数量为 $n = 100$ 刚好可以满足要求，不足之处就是需要焊接的电阻种类达 100 种，相同 ADC 位数得到级联数量少于实施方式一的相同限流电阻，实施方案优先选择方式一。也可进行裁剪，具体见图 9.11 及其相应说明。

表 9.3 级联数量 n 取值范围

	$M=12\text{bit}$	$M=14\text{bit}$	$M=16\text{bit}$	$M=18\text{bit}$	$M=20\text{bit}$
E48，$q=1.052$	49	74	101	128	155
E96，$q=1.025$	58	100	151	205	261
E192，$q=1.012$	62	117	202	307	420

3. 电路特点

电路采用等间距串联排列的多级水位监测子电路级联构成电子水尺电路，利用水体是否接触监测电极来决定 PMOS 管的导通与截止，进而确定是否给水位信号传递提供一条低阻抗路径，经过多级级联传递，最后微处理器 MCU 使用 ADC 进行模数转换得到电压值并与参考电压进行比较，得到水位信息。

水位监测子电路根据不同工作电压和水体阻值 R_W（视监测电极 X_1、公共电极 G_1 的接触面积和距离、水体导电率而定），调整偏置电阻 R_1、R_3、……、$R_{(2n-1)}$，可以使用多个均匀分布的公共电极 G_1，满足接触水时能足够开启导通 PMOS 管，否则 PMOS 管截止。

本电路对外连接电源 VCC、水位信号 Vn_AD 和电源负极，因此只需三芯电缆即可，三线制取代以往的四线制（电源 VCC、485+/232TX、485-/232RX、电源负极）；水位信号 Vn_AD 是模拟信号，需要经过 ADC 处理，因此模拟信号取代数字信号，具有超低功耗、抗干扰性强等特点。

9.3.4 三线串联式电子水尺电路（二）

1. 电路组成

电路由等间距串联排列的水位监测子电路级联、分压电路、微处理器等组成。第一级水位监测子电路处于水位最低处，由 NMOS 管 M_1、电阻 S_1、R_1、W_1，监测电极 X_1 和公共电极 G_1 等组成。监测电极 X_1 同时连接电阻 R_1 和 NMOS 管 M_1 栅极，R_1 另一引脚同时连接 NMOS 管 M_1 源极、V_1 和电阻 S_1，电阻 S_1 另一引脚连接 NMOS 管 M_1 漏极、电源 VCC，VCC 为水位监测电源，偏置电源 V_B 通过电阻连接公共电极 G_1，偏置电源 V_B 至少比电源 VCC 高 $V_{GS(TH)}$（NMOS 管 M_1 导通阈值电压），如图 9.13 所示。由于 NMOS 管作为高端负载开关，且 V_B 至少比电源 VCC 高 $V_{GS(TH)}$，监测电极 X_1 遇到水时，V_B 的偏置电流经过电阻 W_1、水体电阻 R_W（图中未标出）、电阻 R_1 至 V_1，为降低偏置电流对信号电流的影响，要求 $R_1 \gg S_1$ 或者不焊接（推荐使用），V_B 偏置电流无法通过电阻 R_1（R_2、R_3、……、R_n）汇流至 V_1（V_2、V_3、……、V_n），对信号电流无影响。

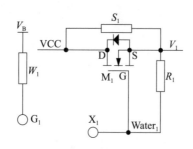

图 9.13 水位监测子电路原理图（二）

2．电路原理

1）实施方式一

NMOS 管选型：考虑到水位监测子电路级联数量较多，尽可能选用低导通阻抗 $R_{DS(ON)}$（数十毫欧）、小型化尺寸、低导通阈值电压、价格便宜的功率型 NMOS 管，多个 NMOS 管级联的导通阻抗比较低，整体导通压降小。

水位监测子电路中 NMOS 管的导通与截止条件，取决于 NMOS 管栅极、源极之间电压 V_{GS} 和导通阈值电压 $V_{GS(TH)}$，V_{GS} 与 R_1、W_1、水体阻值 R_W（视监测电极 X_1、公共电极 G_1 的接触面积和距离、水体导电率而定）有关，$V_{GS} = (V_B-VCC) \times R_1 / (R_1+W_1+R_W)$，$V_{GS}$ 大于导通阈值电压 $V_{GS(TH)}$ 时 NMOS 管导通，根据实际应用情况先确定水体阻值 R_W 范围再确定 R_1、W_1，三线串联式电子水尺电路原理图如图 9.14 所示。

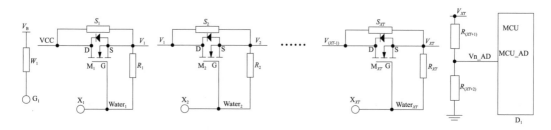

图 9.14 三线串联式电子水尺电路原理图（二）

当监测电极 X_1 和公共电极 G_1 未接触到水时，NMOS 管 M_1 栅极、源极之间的电压差小于 0V，NMOS 管 M_1 截止不导通，电源 VCC 经过 S_1 得到水位监测信号 V_1，由于 S_1 阻值较大，压降不可忽略，得到的 V_1 信号变弱；监测电极 X_1 和公共电极 G_1 被水淹没时，监测电极 X_1 信号 Water$_1$ 电压由低变高，大小

为电阻 R_1 与电阻 W_1、水体电阻 R_W 的分压值，NMOS 管 M_1 栅极、源极之间的电压差大于 NMOS 管导通阈值电压（$V_{GS(TH)}$ 为正电压），NMOS 管 M_1 导通阻抗非常小（数十毫欧，远小于电阻 S_1 阻值），电源 VCC 经过低阻抗路径（NMOS 管 M_1）变成信号 V_1，其压降可忽略不计，电源 VCC 经过 S_1 的电流可忽略不计。此外偏置电阻 R_1 的值很大，远大于 S_1（$R_1 \gg S_1$）或者 R_1 不焊接，经过 R_1 的偏置电流可忽略不计。

由以上分析可知，当第二级水位监测子电路监测电极 X_2 未接触到水时，M_2 管截止，V_1 经过 S_2 得到水位监测信号 V_2（有衰减）；反之 X_2 接触到水时，M_2 管导通，V_1 经过 NMOS 管 M_2 得到水位监测信号 V_2（几乎无衰减），其他级水位监测子电路依此类推。

同理，监测电极 X_n 遇到水时，V_B 的偏置电流经过电阻 W_1、水体电阻 R_W（图中未标出）、电阻 R_n 至 V_n，为减小偏置电流对信号电流的影响，$R_n \gg S_n$ 或者 R_n 不焊接。

关于限流电阻取值，考虑到 ADC 转换后 MCU 微处理器的数据处理方便，优先选用每级水位监测子电路的限流电阻相等，即 $S_1 = S_2 = S_3 = \cdots\cdots = S_n = R$、$R_{(n+2)} = R$、$R_{(n+1)} = m \times R$，$m$ 的取值视电源 VCC 和微处理器 MCU 的工作电压 VDD 而定，以免电源 VCC 直接进入 MCU 造成损坏，$m = $ VCC/VDD 且向下取整（如 VCC = 12V、VDD = 3.3V，则 $m = 3$），一般情况下 VCC = VDD，即 $m = 0$。由于一般 ADC 需要汲取一定的电流才能正常工作，因此，总限流电阻阻值 $(n+m+1) \times R$ 取值范围取决于 ADC 汲取的电流大小，$R_{DS(ON)}$ 为数十毫欧（远小于阻值 R），若 $n = 100$，$n \times R_{DS(ON)}$ 为数欧，相对于 $(n+m+1) \times R$ 来说可以忽略不计，总限流电阻阻值过大会使 ADC 转换电压误差变大，阻值过小会使限流电阻功耗较大，因此 R 的取值必须进行适当折中，满足使用要求。

计算分析过程如下，$R_{(n+1)} = 0\Omega$，$m = 0$，未监测到水时，电源 VCC 串联依次通过 S_1、S_2、S_3、$\cdots\cdots$、S_n 得到水位监测信号 V_n，MCU 得到的电阻分压信号值 Vn_AD = VCC/$(n+1)$。

第一级监测到水时，电源 VCC 依次通过 M_1、S_2、S_3、$\cdots\cdots$、S_n 得到水位监测信号 V_n，MCU 得到的电阻分压信号值 Vn_AD = VCC/n。

第二级监测到水时，电源 VCC 依次通过 M_1、M_2、S_3、$\cdots\cdots$、S_n 得到水位监测信号 V_n，MCU 得到的电阻分压信号值 Vn_AD = VCC/$(n-1)$。

第 N（$3 \leqslant N < n$）级监测到水时，电源 VCC 依次通过 M_1、M_2、$\cdots\cdots$、

M_N、$S_{(N+1)}$、……、S_n 得到水位监测信号 V_n，MCU 得到的电阻分压信号值 Vn_AD = VCC/(n+1−N)。

第 n 级监测到水时，电源 VCC 依次通过 M_1、M_2、……、M_n 得到水位监测信号 V_n，MCU 得到的电阻分压信号值 Vn_AD = VCC。

目前微控制器内置多位 ADC（M = 12、14、16、18、20bit），为了保证分辨力，无水时和第一级有水时量化电压差满足 VCC/n−VCC/(n+1) ≥ VCC/(2^M−1)，M = 12、n ≤ 63；M = 14、n ≤ 127；M = 16、n ≤ 255。量化级数最大值分别为 63、127、255，若信号监测电极的排列间距为 1cm，测量长度理论最大值分别为 63cm、127cm、255cm，目前电子水尺级联数量为 n = 100 左右即可满足要求。

因此，可以根据 MCU 采集得到的电压信号判断监测电极的级数，进而得到水位信息。

考虑偏置电流的影响，偏置电阻 R_1 的值很大，远大于 S_1，即 $R_1 \gg S_1$（如 $R_1 = 100 \times S_1$），且 $R_1 \gg W_1$，第 N（0 ≤ N ≤ n）级监测到水时，偏置电流为 $I_N = (V_B−VCC) \times N/(R_1+W_1+R_W) \approx (V_B−VCC) \times N/R_1$，当 N 较小时可以忽略，因此，在粗略计算时可以不考虑偏置电阻（R_1、R_2、……、R_n）的影响，当 N 较大时对其进行修正即可，降低偏置电流的影响，提高准确性。不焊接 R_1、R_2、……、R_n 则可以消除偏置电流对水位监测信号 V_n 的影响。

还可以任意裁剪电子水尺，如图 9.15 所示，不裁剪时，K_1 需要焊接 0Ω 电阻，电阻 K_2 ~ K_n 不焊接；裁剪第一级时，K_2 需要焊接 0Ω 电阻，电阻 K_3 ~ K_n 不焊接；裁剪第二级时，K_3 需要焊接 0Ω 电阻，电阻 K_4 ~ K_n 不焊接……裁剪第 N（3 ≤ N < n）级时，K_N 需要焊接 0Ω 电阻，电阻 $K_{(N+1)}$ ~ K_n 不焊接。对于裁剪的电路，只需修改 MCU 的内部参数即可，无须改动其他硬件电路，扩展了应用范围。

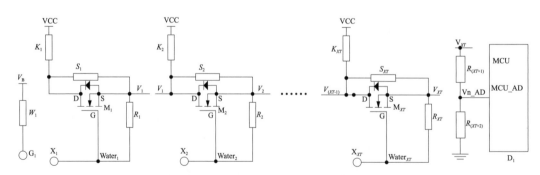

图 9.15　可裁剪的三线串联式电子水尺电路原理图（二）

2）实施方式二

实施方式二与实施方式一的不同之处在于限流电阻选取和计算方法，采用等比例电阻的三线串联式电子水尺电路如图 9.16 所示。

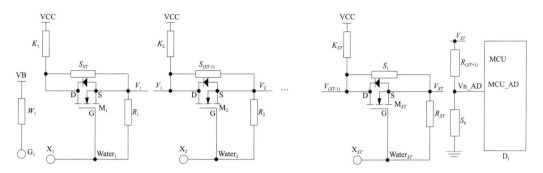

图 9.16 采用等比例电阻的三线串联式电子水尺电路原理图（二）

目前，E48、E96、E192 系列电阻为等比例电阻，其公比 q 分别为 1.052、1.025、1.012，其精度误差分别为 ±2%、±1%、±0.5%/0.2%/0.1%，E192 系列电阻精度高，价格较贵，优先使用性价比高的 E96 系列等比例电阻。

根据等比数列公式可知，公比 $q = 1.025$，第 n 级电阻 $S_n = S_0 \times q^n$，考虑到实际情况，即 $R_{(2n+1)} = 0\Omega$、$m = 0$，总电阻值 $\text{Sum} = S_0 + S_1 + S_2 + S_3 + \cdots + S_n = S_0(1-q^{n+1})/(1-q)$。

为方便推导和计算，对图 9.15 中的限流电阻重新进行编号，得到 S_n、$\cdots$、S_3、S_2、S_1、S_0（电阻位号 $R_{(2n+2)}$ 改为 S_0），K_1 需要焊接 0Ω 电阻，电阻 $K_2 \sim K_n$ 不焊接。

根据图 9.16 计算分析过程如下，未监测到水时，电源 VCC 经过 S_n、$\cdots$、S_3、S_2、S_1 得到水位监测信号 $V_n = \text{Vn\_AD}$，根据分压原理，MCU 得到的电阻分压信号值 Vn_AD 如下所示：

$$\text{Vn\_AD} = \frac{\text{VCC} \times S_0}{S_0 + S_1 + \cdots + S_n} = \frac{\text{VCC} \times S_0}{S_0 \times \dfrac{\left(q^{n+1} - 1\right)}{(q-1)}} = \frac{\text{VCC} \times (q-1)}{q^{n+1} - 1} \tag{9.23}$$

第一级监测到水时，电源 VCC 经过 M_1、$S_{(n-1)}$、$\cdots$、S_3、S_2、S_1 得到水位监测信号 $V_n = \text{Vn\_AD}$，MCU 得到的电阻分压信号值 Vn_AD 如下所示：

$$\text{Vn\_AD} = \frac{\text{VCC} \times S_0}{S_0 + S_1 + \cdots + S_{(n-1)}} = \frac{\text{VCC} \times S_0}{S_0 \times \dfrac{\left(q^n - 1\right)}{(q-1)}} = \frac{\text{VCC} \times (q-1)}{q^n - 1} \tag{9.24}$$

第二级监测到水时，电源 VCC 经过 M_1、M_2、$S_{(n-2)}$、……、S_3、S_2、S_1 得到水位监测信号 $V_n = $ Vn_AD，MCU 得到的电阻分压信号值 Vn_AD 如下所示：

$$\text{Vn\_AD} = \frac{\text{VCC} \times S_0}{S_0 + S_1 + \cdots + S_{(n-2)}} = \frac{\text{VCC} \times S_0}{S_0 \times \dfrac{\left(q^{n-1} - 1\right)}{(q-1)}} = \frac{\text{VCC} \times (q-1)}{q^{n-1} - 1} \qquad (9.25)$$

第 N（$3 \leqslant N < n$）级监测到水时，电源 VCC 经过 M_1、M_2、……、M_N、$S_{(n-N)}$、……、S_1 得到水位监测信号 $V_n = $ Vn_AD，MCU 得到的电阻分压信号值 Vn_AD 如下所示：

$$\text{Vn\_AD} = \frac{\text{VCC} \times S_0}{S_0 + S_1 + \cdots + S_{(n-N)}} = \frac{\text{VCC} \times S_0}{S_0 \times \dfrac{\left(q^{n-N+1} - 1\right)}{(q-1)}} = \frac{\text{VCC} \times (q-1)}{q^{n-N+1} - 1} \qquad (9.26)$$

第 n 级监测到水时，电源 VCC 经过 M_1、M_2、……、M_n 得到水位监测信号 $V_n = $ Vn_AD = VCC。

目前微控制器内置多位 ADC（$M = 12$、14、16、18、20bit），为了保证分辨力，无水时和第一级有水时量化电压差满足：

$$\frac{\text{VCC} \times (q-1)}{q^n - 1} - \frac{\text{VCC} \times (q-1)}{q^{n+1} - 1} \geqslant \frac{\text{VCC}}{2^M - 1} \qquad (9.27)$$

令 $X = q_n$，有

$$\frac{(q-1)}{X-1} - \frac{(q-1)}{qX-1} \geqslant \frac{1}{2^M - 1} \qquad (9.28)$$

对式（9.28）进行整理：

$$\frac{(q-1)^2 X}{(X-1)(qX-1)} \geqslant \frac{1}{2^M - 1} \qquad (9.29)$$

对式（9.29）进行整理：

$$qX^2 - \left[1 + q + \left(2^M - 1\right)(q-1)^2\right] X + 1 \leqslant 0 \qquad (9.30)$$

求解一元二次方程得到

$$X = \frac{\left[1 + q + \left(2^M - 1\right)(q-1)^2\right] \pm \sqrt{\left[1 + q + \left(2^M - 1\right)(q-1)^2\right]^2 - 4q}}{2q} \qquad (9.31)$$

若 $M = 14$，$q = 1.025$，得到级联数量 n 的取值范围如下：

$$-101.2 \leqslant n = \log q(X) \leqslant 100.2 \qquad (9.32)$$

考虑到实际值，即 $0 \leqslant n \leqslant 100$。其余级联数量 n 取值范围见表 9.4。

表 9.4　级联数量 n 取值范围

	$M = 12$bit	$M = 14$bit	$M = 16$bit	$M = 18$bit	$M = 20$bit
E48，$q = 1.052$	49	74	101	128	155
E96，$q = 1.025$	58	100	151	205	261
E192，$q = 1.012$	62	117	202	307	420

若信号监测电极的排列间距为 1cm，选取 $M = 14$，$q = 1.025$，目前电子水尺级联数量为 $n = 100$ 刚好可以满足要求，不足之处就是需要焊接的电阻种类达 100 种，相同 ADC 位数得到级联数量少于实施方式一的相同限流电阻，实施方案优先选择方式一。

3. 电路特点

电路采用等间距串联排列的多级水位监测子电路级联构成电子水尺电路，利用水体是否接触监测电极来决定 NMOS 管的导通与截止，进而确定是否给水位信号传递提供一条低阻抗路径，经过多级级联传递，最后微处理器 MCU 使用 ADC 进行模数转换得到电压值并与参考电压进行比较，得到水位信息。

水位监测子电路根据不同工作电压、电阻 W_1、水体阻值 R_W（视监测电极 X_1、公共电极 G_1 的接触面积和距离、水体导电率而定），调整偏置电阻 R_1、R_2、…、R_n，可以使用多个均匀分布的公共电极 G_1，满足接触水时能足够开启 NMOS 管，否则 NMOS 管截止。

本电路对外连接电源 VCC、偏置电源 V_B、水位信号 Vn_AD 和电源负极，NMOS 管一般用作低端负载开关，但在本电路中作为高端负载开关，因此，需要 NMOS 管栅极电压要比电源 VCC 要高才能开启导通，即电源 VCC 小于偏置电源 V_B（相当于 NMOS 管的偏置电源，NMOS 管导通阈值电压为 $V_{GS(TH)}$，VCC+$V_{GS(TH)}$ < V_B），需要四芯电缆即可，取代以往的四线制（电源 VCC、485+/232TX、485−/232RX、电源负极）；水位信号 Vn_AD 是模拟信号，需要经过 ADC 处理，因此模拟信号取代数字信号，具有超低功耗、供电电压范围广、工作温度范围广、质量小、尺寸小、响应速度快、抗干扰性强等特点。

第10章 低功耗设计

10.1 低功耗防拆电路

10.1.1 概 述

目前很多电子设备终端常备注着"未经授权不得拆卸"等说明，可能是为了售后维修的定位、知识产权的保护、终端内部的信息保护以及采用行政手段禁止拆卸（如防拆手表）等。

对于一些难以获取市电或者太阳能电池供电只能采用电池（锂电池或者铅酸蓄电池）供电的场所，由于电池电量有限，如不能降低设备功耗，可能会导致工作时间短，需要及时充电或者更换电池，否则会损坏电池，此外对于一些长时间休眠的应用场合，超低功耗设计也显得尤为重要。

10.1.2 电路设计

低功耗防拆电路由 PMOS 管，电阻 R_1、R_2、R_3，微处理器 MCU 组成。电阻 R_1、R_2 和 R_3 一引脚连在一起，电阻 R_1 的另一引脚连接 PMOS 管栅极，R_2 另一引脚连接 PMOS 管源极同时连接微处理器 MCU 输出引脚 I/O_1（输出高电平），PMOS 管的漏极连接微处理器 MCU 输入引脚 I/O_2，R_3 另一引脚通过开关 K_1 正常情况接地，微处理器 MCU 输入引脚 I/O_2 监测到高电平，反之拆卸后（相当于开关 K_1 断开）R_3 另一引脚不接地，V_1 管截止，I/O_2 监测到为低电平，电路原理图如图 10.1 所示。

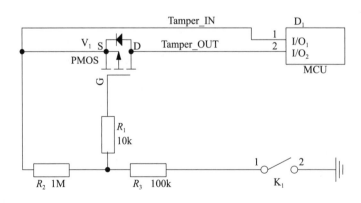

图 10.1 防拆电路

PMOS 管的型号为 AO3401，电阻 R_1、电阻 R_2 和电阻 R_3 的阻值分别为 10kΩ、1MΩ 和 100kΩ，实际可根据 PMOS 管的导通阈值电压调整电阻阻值。

工作时，微处理器 MCU 输出引脚 I/O_1 输出高电平（3.3V），电阻 R_3 正常情况接地，微处理器 MCU 输入引脚 I/O_2 监测到高电平，反之拆卸后电阻 R_3 与负极断开（模拟实际情况，使用一个开关 K_1），I/O_2 监测到低电平，起到防拆的作用，该电路结构简单，功耗很低；此外，为了达到更低的功耗要求，微处理器 MCU 输出引脚 I/O_1（Tamper_IN）定时输出高电平，输入引脚 I/O_2（Tamper_OUT）定期监测电平变化，其加权平均功耗更低。

10.1.3　电路特点

（1）防拆电路结构简单，物料便宜，具有低成本优势。

（2）防拆电路电流损耗为微安级，与传统防拆电路电流损耗毫安级相比，降低很多，特别适合用于防拆监测电路，具有低功耗等优点。

（3）微处理器 MCU 输出引脚 I/O_1 定时输出高电平，输入引脚 I/O_2 定期监测电平变化，其加权平均功耗更低。

10.2　低功耗延时开关电路

10.2.1　概　述

目前多数精确延时电路均使用微处理器的定时器实现延时精准控制，其优点是延时精度高，延时时间可编程控制，但缺点是成本较高，芯片体积较大。对不需要精确延时时间的场合一般使用 RC 电路进行延时，电源开关控制部分使用 NPN 管 +PNP 管、NPN 管 +MOS 管或基准管 + 光耦器件等方式，其电流损耗为毫安级或者是导通电流小，而对于很多电源而言，往往对于上电时序和延时电路启动电压要求较低，但对其功耗和通过电流大小有严格要求，对于低功耗的应用场合，低功耗设计显得尤为重要，因此设计一种能同时满足功耗和通过大电流的电路是非常具有实用价值。

目前存在多种技术实现方案，具体如下：

一种延时开关电路（实用新型专利，申请号：CN201721113752.4）：由光耦、基准管、电阻、电容组成，延时部分使用 RC 电路，RC 电路充电到一定程度时开启基准管，再开启光耦器件，最后控制信号。不足之处：这种延时开关电路只能用于普通信号控制，无法控制直流电源；存在一路直流偏置电流，基准管需要一直运行（工作电流为毫安级）；光耦器件存在最小工作电流（毫安级）、电流转换效率以及泄漏电流；加权平均电流损耗为毫安级。

开关电源电路及延时开关电路（实用新型专利，申请号：CN201521071474.1）：由 NPN 管、PNP 管、电阻、电容组成，延时部分使用 RC 电路，RC 电路充电，NPN 管基极电压为 0.6V 时开启 NPN 管，再开启 PNP 管导通电源。不足之处：这种延时开关电路只能控制普通信号和小电流直流电源，无法控制大电流直流电源（如安级）；存在 NPN 管直流偏置电流（偏置电阻为千欧级，工作电流为毫安级）和 PNP 管直流偏置电流（偏置电阻为千欧级，工作电流为毫安级）；加权平均电流损耗为毫安级。

延时开关电路（实用新型专利，申请号：CN201120102609.1）：由 NPN 管、PNP 管、MOS 管、二极管、齐纳二极管、电阻、电容、按键等组成，延时部分使用 RC 电路，使用 NPN 管控制 PNP 管。不足之处：只能控制普通信号和小电流直流电源，无法控制大电流直流电源（如安级）；NPN 管、PNP 管均存在偏置电阻（工作电流为毫安级），适用于遥控器等不工作时自动关闭电源，不适合大电流应用场合；加权平均电流损耗为毫安级。

延时开关电路（实用新型专利，申请号：CN201220543260.X）：由 NPN 管、双路 MOS 管、电阻、电容等组成，延时部分使用 RC 电路，使用 NPN 管控制双路 MOS 管，可以控制双路大电流直流电源（如安级）；NPN 管存在偏置电阻（工作电流毫安级），适合大电流应用场合。由于晶体管截止特性，晶体管集电极与发射极之间存在漏电流，工作时存在功耗，加权平均电流损耗为毫安级。

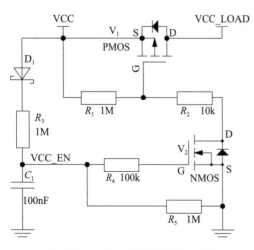

图 10.2 低功耗延时开关电路

10.2.2 电路设计

延时开关电路如图 10.2 所示，由 PMOS 管 V_1、NMOS 管 V_2、二极管 D_1、电容 C_1、电阻 R_1、电阻 R_2、电阻 R_3、电阻 R_4 和电阻 R_5 组成。

R_5 和 R_4 分别为 NMOS 管的偏置电阻和限流电阻，NMOS 管偏置电阻电流损耗为微安级，R_1 为 PMOS 管偏置电阻，PMOS 管偏置电阻电流损耗为微安级；

NMOS 管栅极与源极之间的电压差大于导通阈值电压（大于 0V），输入电源 VCC 接通电源时，VCC 通过肖特基二极管 D_1、电阻 R_3 对电容 C_1 充电，充电到一定电压大于 NMOS 管导通阈值电压时，NMOS 管导通，NMOS 管漏极电压接近 0V，PMOS 管栅极电压接近 0V；与此同时，PMOS 管栅极与源极之间的电压差小于导通阈值电压（负值，负电压），PMOS 管导通，VCC_LOAD 获得输入电源；PMOS 管漏极与源极之间的导通电阻为数十毫欧，电源电流达数安，通过 PMOS 管的压降为百毫伏级（数十毫欧乘以数安），PMOS 管的压降小，可以近似为一个较为理想的电源开关。输入电源 VCC 断开时，NMOS 管和 PMOS 管均不导通，电流损耗约为 0。

NMOS 管型号为 2N7002，PMOS 管型号为 AO3401A，电阻 R_1、电阻 R_2、电阻 R_3、电阻 R_4 和电阻 R_5 的阻值分别为 1MΩ、10kΩ、1MΩ、100kΩ 和 1MΩ，当然，可根据不同延时需求调整电阻 R_3、电容 C_1；可根据 PMOS 管参数调整偏置电阻 R_1 和 R_2（一般要求 $R_1 > 10 \times R_2$），满足开启电压需要；可根据 NMOS 管参数调整偏置电阻 R_4 和 R_5，满足静态功耗。

10.2.3 电路特点

MOS 管属于电压器件，导通和截止时其电流非常小，可以忽略不计。工作时（NMOS 管和 PMOS 管均导通）电流损耗为微安级，偏置电阻电流损耗为微安级；不工作时（NMOS 管和 PMOS 管均不导通）电流损耗几乎为 0，降低了设备的功耗，延长了电池的工作时间，降低了设备维护成本，与传统延时开关电流损耗毫安级相比，降低很多，适合 NB-IoT 低功耗延时开关电路应用，且具有低成本优势。

10.3 低功耗电源ADC采样电路

10.3.1 方案概述

方案一：无任何开关控制，如图 10.3 所示，直接用高精度电阻 R_1、R_2 串联进行分压，分压后的电压 BAT_ADC_IN 输入至微处理器的 ADC 的输入引脚，由于一直存在工作电流（电源经电阻 R_1、R_2 到电源负极），工作电流与电阻 R_1、R_2 串联之和成反比，电流损耗为毫安级，缺点是功耗较大，优点是无须微处理器控制，节省微处理器控制引脚。

方案二：使用 NPN 管低端开关，如图 10.4 所示，用高精度电阻 R_1、R_2 串联进行分压，在接地端用晶体管 NPN 管进行控制，采集电压时导通（微处理器输出信号 VCC_EN 为高电平），分压后的电压 BAT_ADC_IN 输入至微处理器 ADC 的输入引脚，由于晶体管 NPN 管存在偏置电阻必然存在偏置电流，电流损耗为毫安级；不采集时关闭晶体管（微处理器输出信号 VCC_EN 为低电平），由于晶体管特性，截止时（晶体管基极与发射极电压为 0V）晶体管集电极与发射极之间存在漏电流（微安级），电流与晶体管集电极与发射极之间电阻、电阻 R_1、R_2（分压电阻不能太大，电阻过大时驱动能力不足，无法驱动 ADC，因此电阻串联一般为千欧级）三者串联之和成反比，电流损耗为微安级，优点是加权平均功耗比方案一低，属于一种低功耗的电池电压采集电路；不足之处是需要微处理器控制，由于晶体管存在饱和压降，要想获得精确的电压采样值，需要对微处理器进一步修正，$BAT\_ADC\_IN = (VCC - V_{CE}) \times R_2/(R_1+R_2)$，即 $VCC = BAT\_ADC\_IN \times (R_1+R_2)/R_2 + V_{CE}$。

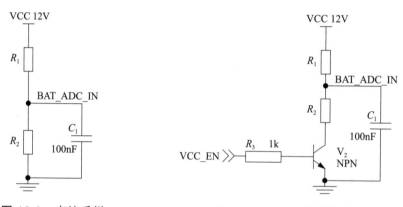

图 10.3　直接采样　　　　　图 10.4　NPN 管低端开关

　　方案三：使用 NMOS 管低端开关，如图 10.5 所示，直接用 NMOS 管替换 NPN 管，NMOS 管偏置电阻值大于 NPN 管偏置电阻值，静态功耗更低，加权平均功耗比方案二低，导通电阻 $R_{DS(ON)}$ 小，加之通过的电流小，NMOS 管漏源极之间的压降可以不考虑，无须对微处理器进行修正，即可获得精确的电压采样值，属于一种低功耗的电池电压采集电路；不足之处是需要微处理器控制。

　　方案四：如图 10.6 所示，低功耗的电池电压采集电路（实用新型专利，申请号：CN201520929665.0）用高精度电阻 R_1、R_2 串联进行分压，在电源端用晶体管 NPN 管和 PMOS 管组合控制，采集电压时导通（微处理器输出信号 VCC_EN 为高电平），分压后的电压 BAT_ADC_IN 输入至微处理器 ADC 的输入引脚，晶体管 NPN 管存在偏置电阻必然存在偏置电流，电流损耗为毫安级；不采集时关闭（微处理器输出信号 VCC_EN 为低电平），由于晶体管特性，截止时（基极与发射极电压为 0V）集电极与发射极之间也存在漏电流（微安级），电流与集电极与发射极之间限流电阻、偏置电阻（一般为千欧级）两者之和成反比，电流损耗为微安级，优点是加权平均功耗比方案二略小，缺点是需要微处理器控制。相比前面 3 个方案，方案四属于一种低功耗的电池电压采集电路。

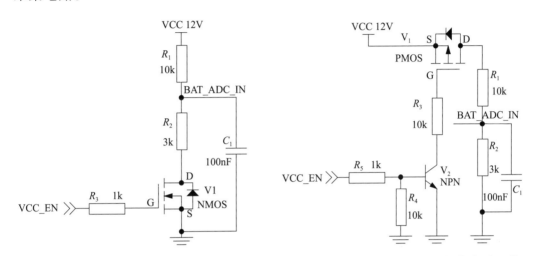

图 10.5　NMOS 管低端开关　　　图 10.6　PMOS 主管 +NPN 辅管高端开关

此外也可以用 PNP 管作为高端开关，NMOS 管作为低端开关等方案，不一一举例，可见前述的负载开关电路。

10.3.2　低功耗采样电路

低功耗电池电压采样电路如图 10.7 所示，由 NMOS 管、PMOS 管以及 6 个电阻（$R_1 \sim R_6$）组成，可进一步降低电压采样功耗。

R_5 和 R_6 为 NMOS 管 V_2 的栅极电阻、偏置电阻，R_4 为 PMOS 管 V_1 偏置电阻；微处理器输出的使能信号 VCC_EN 为高电平（3.3V）时，NMOS 管栅极与源极的电压大于导通阈值电压（大于 0V），NMOS 管导通，NMOS 管漏极电压接近 0V，NMOS 管偏置电流为微安级；与此同时，电阻 R_3 和 R_4 进行分压，PMOS 管栅极与源极的电压小于导通阈值电压（负值，负电压），PMOS 管导通，PMOS 管偏置电流为微安级；电压 VCC 通过 R_1 和 R_2 进行分压，分压信号 BAT_ADC_IN 输入至微处理器的 A_{DC} 引脚，漏极与源极之间的导通电阻为数十毫欧，采样电流（输入至微处理器的 ADC 引脚电流）不到 1mA，通过 PMOS 管的压降为数十微伏（数十毫欧乘以 1mA），PMOS 管的压降几乎可以忽略不计，可以作为一个理想的电源开关。

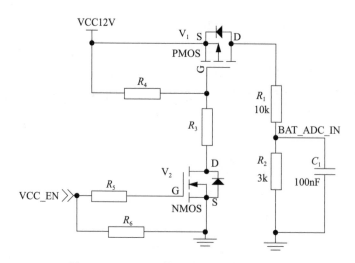

图 10.7 PMOS 管 +NMOS 管高端开关

不采集电压时，VCC_EN 为低电平（0V），NMOS 管和 PMOS 管均不导通，电流损耗为约 0，可以忽略不计，加权平均电流损耗为微安级。

电容 C_1 主要起滤波作用，提高采样电压稳定性。

10.3.3 电路特点

（1）根据不同电压调整分压电阻 R_1、R_2，阻值太大难以驱动 A_{DC} 引脚，阻值太小会增加功耗。

（2）根据 PMOS 管参数调整栅极电阻 R_3、偏置电阻 R_4，$R_4 \geqslant 10 \times R_3$。

（3）根据 NMOS 管参数调整栅极电阻 R_5、偏置电阻 R_6，一般 R_5 为千欧级，R_6 为兆欧级。

（4）根据不同需求使用不同的 MOS 管，使用高精度电阻 R_1、R_2 串联进行分压，在电源端用 PMOS 管和 NMOS 管进行组合控制，PMOS 管和 NMOS 管属于电压器件，导通电流非常小，导通阻值小，导通压降也很小，作为理想的超低功耗电源开关，采集电压时（NMOS 管和 PMOS 管均导通）电流损耗为十微安级；不采集电压时（NMOS 管和 PMOS 管均不导通），漏极与源极之间漏电流非常小，电流损耗为约 0，可以忽略不计，加权平均电流损耗为微安级，降低了设备的功耗，延长了电池的工作时间，降低了设备维护成本。

（5）现有电源电压采集时电流损耗为毫安级，不采集电压时电流损耗为微安级，其加权平均电流损耗为微安级；本方案电压采集时电流损耗为微安级，不采集电压时电流损耗约为 0，其加权平均电流损耗约为 0。本方案比现有电源方案小两个数量级，特别适合长时间休眠的 NB-IoT 应用，具有低成本的优点。

10.4 LED驱动电路

10.4.1 概 述

微处理器的输出电流很小，其输出电流能力有限，一般是数毫安，不能直接驱动大功率 LED，只能驱动小功率的 LED，但也不能驱动过多的小功率的 LED，否则会影响微处理器的性能，因此需要增加电流放大电路，最简单的就是使用一个 NPN 管作为低端负载开关驱动 LED。集电极接负载，发射极接地，基极接单片机 I/O 口。

LED 正向导通压降为 1.7 ~ 3.8V，颜色不同压降不同，电流一般控制在数毫安，不要超过额定电流。如果电流超过规定值，可能会损坏 LED。LED 是一种非线性电阻器件，正向导通内阻可变，不能把 LED 当成一个固定电阻。导通压降是固定的，流过 LED 的电流大小是由限流电阻决定。设电源为 VCC，LED 管压降为 V_{LED}，LED 需要的电流为 I_a，则限流电阻阻值的计算公式为 $R = (VCC - V_{LED})/I_a$，电流太小 LED 不够亮，电流太大 LED 会损坏。

假如 NPN 管发射极直接接地而基极不串联限流电阻，微处理器 I/O 口输出高电平且驱动能力很强，则加在 NPN 管的基极电流可能会过大而损坏 NPN 管。使用 PNP 管（发射极接 VCC，基极不串联限流电阻），微处理器 I/O 口输出低电平时流过 PNP 管的基极电流可能会过大进而损坏。因此 BJT 管基极有必要加限流电阻。

10.4.2 电路设计

图 10.8 是共集电极电路，VCC_EN 代表 3.3V 的 I/O 信号，NPN 管作为高端负载开关，VCC = 5V，LED 的导通电压 $V_{LED} = 2V$。随着 V_1 的导通，发射极电压上升为 2V，基极电压上升到 2.6V（硅管）时，V_1 的集电极与发射极之间电压为 $V_{CE} = 5 - V_{LED} = 3V > V_{CE(SAT)} = 0.2V$，$V_1$ 管无法进入饱和状态，处于模拟电路放大状态，而不是数字电路的饱和状态，V_1 的基极电压钳位为 2.6V，由于 $V_{BE(TH)} = 0.6V$（硅管），V_1 管的发射极输出电压相对较低，不可能超过 2.6V（若使用导通压降 V_{LED} 大于 2.6V 的 LED，无法正常发光），LED 负载不能获得满幅度的电压 VCC，NPN 管适合用作低端负载开关，推荐使用图 10.9 所示电路，不使用图 10.8 所示电路。

图 10.9 是共射极电路，为低端负载开关，电路简单，只要 NPN 管 $V_{BE(TH)}$ 电压达到 0.6V（硅管），V_1 管进入饱和导通，饱和电压 $V_{CE(SAT)}$ 为 0.2 ~ 0.3V，

VCC 大部分电压加载于 LED 负载，正常工作，LED 负载电压不受基极驱动电压的影响。

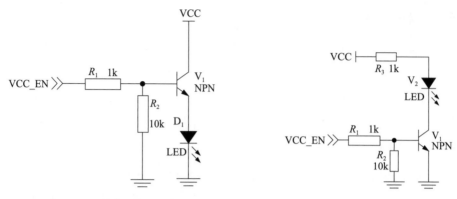

图 10.8　共集电极电路　　　　　　　图 10.9　共射极电路

两种电路在晶体管集电极与发射极上的压降不同，NPN 管采用共集电极接法时输出电压较低，晶体管集电极与发射极压降大且功耗大；NPN 管采用共射极接法时输出电压相对较高，NPN 管作为低端负载开关性能优于高端负载开关。

10.4.3　电路特点

综上所述，PNP 管与 NPN 管的用法有所不同，一般来说 NPN 管发射极接地（负极），基极串入限流电阻并接偏置电阻至负极，基极为高电平时导通；PNP 管发射极接电源，基极串入限流电阻并接偏置电阻至电源正极 VCC 以确保关断，基极为低电平导通。适用于相对较高输入阻抗电路，以提高抗干扰特性，防误触发。

如 LED 电流不是很大或并接数量较少时，可以采用共阳极设计，如图 10.10 所示，省去驱动电路，MCU 的供电电压为 VCC。LED 电流很大或并接数量很多时，尽量不采用 MCU 引脚供电的共阴极方式，以防 MCU 供电驱动不足导致 MCU 重新启动，可以采用 MCU 控制低端负载开关（NMOS 管或者 NPN 管）方式供电。

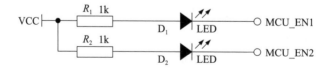

图 10.10　共阳极设计

10.5 蜂鸣器驱动电路

10.5.1 概 述

蜂鸣器是一种一体化结构的电子发声器，一般采用直流电压供电，广泛应用于计算机、打印机、复印机、报警器、电子玩具、电子设备、电话机、定时器等电子产品中作为发声器件。蜂鸣器主要分为压电式蜂鸣器和电磁式蜂鸣器两种类型。

10.5.2 电路设计

图 10.11 是共射极接法，PNP 管作为高端负载开关，发射极和基极间的电位差为 0.6V，近似为 $V_B = \text{VCC}-0.6\text{V}$，因此又叫作射极跟随器，PNP 管要么截止要么饱和导通，V_1 管的基极为低电平时 V_1 管饱和导通，V_1 管发射极和基极间压降很小，$V_{CE(SAT)}$ 为 0.2 ~ 0.3V，大部分电源电压加载到负载蜂鸣器 B_1 上，V_1 相当于负载开关，推荐使用。电路如果需要更可靠，偏置电阻并联一个 0.1μF 的电容。

图 10.12 是共集电极接法，V_1 的基极为低电平（假设 0V），V_1 导通时 V_{EB} 为 0.6V，对应导通压降 V_{EC} 为 0.6V，显然 V_1 无法完全饱和导通。虽然蜂鸣器也能工作，但因 PNP 管不会饱和导通，使得负载两端得不到接近电源的电压，反而会使 PNP 管的功耗增大，不推荐使用。PNP 管（低电平导通）采用共集电极接法时无法进入饱和导通状态，采用共射极接法时饱和导通压降低。蜂鸣器驱动电路工作在饱和状态下是为了提高电源的使用效率，如蜂鸣器额定电压低于电源电压，需要在集电极串联电阻或采用恒流电路来限制电流。

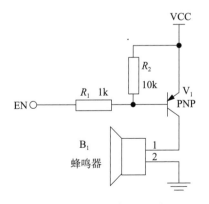

图 10.11 共射极电路

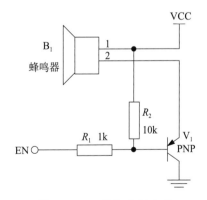

图 10.12 共集电极电路

10.5.3 电路特点

综上所述，不管是 NPN 管还是 PNP 管，负载可以接在集电极也可以接在发射极，若用于负载开关，推荐采用共射极接法，即集电极接负载。PNP 管作为高端负载开关性能优于低端负载开关。NPN 管作为低端负载开关性能优于高端负载开关。

10.6 继电器驱动电路

10.6.1 概 述

继电器是一种电子控制器件，它具有控制系统（又称输入回路）和被控制系统（又称输出回路），通常应用于自动控制电路中，实际上是用较小的电流去控制较大电流的一种"自动开关"。在电路中起着自动调节、安全保护、转换电路等作用。

10.6.2 电路设计

继电器线圈两端加上合适的电压，线圈流过的电流产生电磁感应，带动衔铁的动触点与静触点（常开触点）吸合（导通）。当线圈电压断电后，电磁的吸力消失，衔铁在弹簧的反作用力返回原来的位置，使动触点与静触点（常闭触点）释放（切断）。衔铁的吸合、释放，在电路中起到导通、切断的作用。继电器线圈未通电时处于断开状态的静触点称为"常开触点"，处于导通状态的静触点称为"常闭触点"。当 NPN 管用来驱动继电器时，必须将晶体管的发射极接地，具体电路如图 10.13 所示。

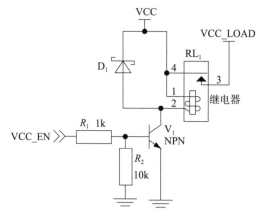

图 10.13 NPN 管驱动继电器电路

NPN 管驱动继电器电路，NPN 管 V_1 基极为高电平时，晶体管饱和导通，集电极变为低电平，继电器线圈通电，触点 RL_1 吸合（导通）；NPN 管 V_1 基极为低电平时，晶体管截止，继电器线圈无电，触点 RL_1 断开（切断）。

10.6.3　电路特点

电路中各元器件的作用：

（1）NPN 管 V_1 作为低端负载控制开关。

（2）电阻 R_1 主要起限流作用，降低晶体管 V_1 功耗。

（3）电阻 R_2 使晶体管 V_1 可靠截止。

（4）肖特基二极管 D_1 为续流二极管，不可缺少，提供反向续流通道，当晶体管由导通转向截止（关断）时为继电器线圈产生的反电动势（楞次定律，产生的电压非常大，可能击穿晶体管）提供电流泄放通道，并将其电压钳位在 VCC 上。

使用低导通阈值电压 $V_{GS(TH)}$ 的 NMOS 管，并考虑 V_{DS} 的耐压值与 NPN 管相当，则可以用 NMOS 管替换 NPN 管；若继电器控制的电流很大，可以使用 NPN 型达林顿管驱动继电器，也可以用功率型 NMOS 管驱动继电器。

PNP 管驱动继电器电路如图 10.14 所示，工作原理与图 10.13 一样，使用低导通阈值电压 $V_{GS(TH)}$ 的 PMOS 管，并考虑 V_{DS} 的耐压值与 PNP 管相当（如 NUD3105LT1 为继电器 / 电感负载驱动专用芯片），则可以用 PMOS 管替换 PNP 管；若继电器控制的电流很大，可以使用 PNP 型达林顿管驱动继电器。

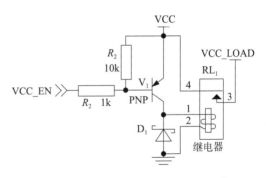

图 10.14　PNP 管驱动继电器电路

若工作电压 VCC = 12V，只要 VCC_EN 为低电平，PNP 管可以饱和导通，驱动继电器工作，但要想让 PNP 管充分截止，在不加电阻 R_2 时，要求前级电路输出高电平的幅度达到 12V，才能使 PNP 管充分截止。为了使 PNP 管能够充分截止，一般要在 PNP 管发射极和基极两端并联一个合适的电阻，但会增加电路的静态功耗。

从成本上来考虑，使用晶体管驱动继电器更好；从功耗考虑，PMOS 管更合适。这种电路适合 VCC 与 EN 高电平一样的情况。

10.7　数传终端低功耗设计

目前市面上存在多种不同的数传终端，集数据采集、无线传输、存储功能于一体，采用低功耗设计，适用于太阳能电池供电的监测现场，供电成本低并可降低施工难度，广泛应用于气象、水文水利、地质等行业，可以实现对各种数据的连续自动监测。

主要特点如下：

（1）数据采集、传输一体化设计。

（2）4G、5G、NB-IoT 通信实时在线，功耗低，在线平均电流小。

（3）可选配各种数据传输规约、监测数据通信规约等。

（4）支持域名解析功能。

（5）支持厂家组态软件和用户自行开发软件系统。

10.7.1　工作原理

静态功耗是指一个电路维持一个逻辑状态时所需要的功率，可以测量流过每一个元器件的电流 I_n 和压降 V_n 来计算每一个元器件的功率 P_n，并求和得到总功率 P，通常指没有负载情况下的静态功耗，一般在微安（μA）级，故可忽略。

动态功耗是指逻辑电路每一次跳变，都要消耗的正常静态功耗之外的额外功率，一般在毫安级。动态功耗最常见的两个起因是负载电容和叠加的偏置电流。如果以频率 F（Hz）循环运行，则电容充电和放电消耗的动态功耗 P_d 可以表示如下：

$$P_d = R \times C_L \times V^2_{CC} \times F \tag{10.1}$$

其中，R 为能量状态转换活动率，又称"开关活动率"；C_L 为负载电容；V_{CC} 为电源电压；F 为工作频率。由式（10.1）可知，降低动态功耗的主要途径有降低开关活动率、减少负载电容、降低工作电压、降低工作频率等。

开关活动率指一个周期内进行状态转换所用的时间与时钟周期之比，与电路结构、逻辑功能、输入数据的组合状态及节点的初始状态有关，一般在芯片设计时考虑，电路设计阶段难以更改。随着集成电路制造工艺的发展，器件选型种类也越来越多，从低功耗设计的角度考虑器件的选型，在保障系统性能的前提条件下尽量选择可低电压工作的 CMOS 器件，同样负载电容、工作电压在芯片设计时已经完成优化设计，电路设计阶段也难以更改。在电路设计阶段，降低动态功耗的主要途径只剩下工作频率 F 这一要素，显然如果工作频率 $F \approx 0\text{Hz}$，那将获得最低的功耗，基于这一思路，围绕工作频率 $F \approx 0\text{Hz}$ 开展设计。

雨量计、浸水报警仪等数传终端设备获得低功耗主要是通过外面的传感器触发（分别为下雨、触水）工作，但是普通的数传终端设备一般没有这种外部触发工作条件，低功耗设计需要采用其他的思路进行。

围绕降低工作频率开展设计，数传终端使用双处理器和双电池方案，增加超低功耗单片机，使用单颗高容量锂电池并运行在非常低的工作频率上，定期开启电源、微处理器等模块进行工作；完成工作后定期关闭电源、微处理器，除单片机正常工作外其余模块不消耗电池电量，适合定期监测数据采集的应用场合，由于工作时间短，两种工作频率加权平均运行频率为"0Hz"量级，从而降低工作频率获得低功耗。静态工作电流为微安级，与传统数传终端数毫安相比，功耗降低了一个数量级左右，超低功耗单片机和锂电池价格便宜，具有很强的成本优势。

10.7.2 低功耗设计

一种液位仪的传感器电路（实用新型专利，申请号：CN200920165292.9）：采用双处理器结构，即数据通信和数据采样电路分开设计，时钟频率分别为 1.8432MHz、20MHz，数据通信使用低频率的工作时钟可减少功耗，数据采集在高频率下工作，工作时间极短，总体来说比传统的数传终端功耗有一定改进，但由于负责数据通信的处理器一直处于较低功耗运行状态，加上电源的转换效率，在低功耗处理方面还有进一步的优化空间。

鉴于现有技术的缺陷，要解决的技术问题是提供数传终端低功耗处理电路的设计方法，解决现有数传终端难以长时间工作的技术问题。工作功耗与微处理器的工作频率成正比，借鉴上述专利的设计思想，在原有基础上进行改进，使用双处理器和双电池方案，实现工作频率 $F \approx 0\text{Hz}$ 这一设计思路。

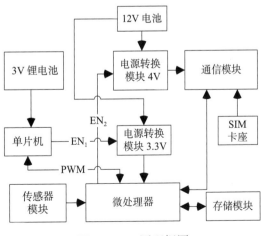

图 10.15　原理框图

在定期监测应用中，增加超低功耗单片机和单颗高容量锂电池并运行在非常低的工作频率上，定期开启电源、微处理器（运行频率为 8MHz）采集数据并发送出去；完成任务后定期关闭电源、微处理器（运行频率为 0Hz），适合定期监测液位的应用场合，由于工作时间短，两种工作频率加权平均运行频率在"0Hz"量级，从而降低工作频率获得低功耗。电路原理框图如图 10.15 所示，包括超低功耗单片机、微处理器、通信模块、传感器模块（如温湿度、气压等）、存储模块、SIM 卡座、电源转换模块、3V 锂电池、12V 电池，通信模块包含通信天线。

超低功耗单片机工作频率为 0 ~ 20MHz，工作电流典型值为 8.5×10^{-6}A/2.0V，支持电压 2 ~ 5.5V，一直处于供电工作状态且具有非常低的功耗，其待机电流典型值为 1×10^{-9}A/2.0V，电路时钟工作频率为 32kHz。

传感器模块通过相关传感器采集数据（温湿度传感器采集温度和湿度数据），经数字编码处理实现数字化采样、数字化传输，经过本地存储、数据处理以及协议封装等，由通信模块将液位信息发送到至监控管理中心。

存储模块用于存储传感器信息、IP 地址等关键信息。

通信模块用于与上级监控管理中心通信和信息传输。

电池模块支持充电，充电模块为高级线性充电管理控制器，具有高低压、过充、过放保护功能。

电源模块具有低电压、高电压、过电流、防反接等保护功能，输出两种工作电压：4.0V 用于通信模块的供电，3.3V 用于传感器模块、存储模块等模块的供电。模块所需电源均需要微处理器通过负载开关控制输出，进行低功耗控制，单片机直接使用锂电池供电，不存在电源转换带来的转换效率问题，可以延长设备的工作时间。

10.7.3　处理流程

数传终端低功耗处理电路的处理流程如图 10.16 所示，具体如下：

步骤一，超低功耗单片机在静态工作（计时器未到）时不开启主电源 3.3V，不唤醒微处理器，微处理器无法开启任何电源模块，除单片机正常工作外，其余芯片均不工作，不消耗 12V 电池电量。单片机内部运行计时器，计时时间一到立刻开启（EN_1 信号电平由低变高）主电源 3.3V 唤醒微处理器。

步骤二，微处理器采集传感器模块的数据后开启（EN_2 信号电平由低变高）

电源 4.0V 用于通信模块供电，同时将采集
数据传给通信模块并发送出去，一旦收到发
送成功信息，微处理器关闭（EN$_2$ 信号电平
由高变低）电源 4.0V。

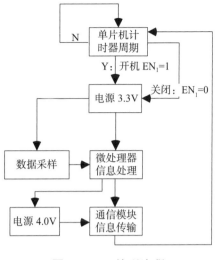

图 10.16 处理流程

步骤三，微处理器通过 PWM（脉宽调制）
信号告知单片机，本轮周期任务已经完成，
单片机可以关闭（EN$_1$ 信号电平由高变低）
主电源 3.3V，一旦关闭主电源 3.3V，立刻
关闭微处理器等模块，整块电路板上只有单
片机在运行工作，处于计时状态一直等到计
时结束开始新的一轮循环，返回步骤一进行
处理。单片机也可以根据微处理器发出不同
的 PWM 信号调整定期发送的周期。这种处理机制对定期监测的应用场合非常
有效，可以延迟工作时间，节省人力物力，达到很好的低功耗效果。

10.7.4 设计特点

本电路利用超低功耗单片机计时器作为判断数传终端是否开机工作，给出
数传终端低功耗处理电路的设计方法，解决现有数传终端难以长时间工作的技
术问题，特别是定期监测应用中，使用超低功耗单片机计时器获得很低的功耗，
静态工作电流（只有单片机工作）功耗为微安级，与传统数传终端数毫安的损
耗（微处理器处于待机状态、电源模块等在工作）相比，功耗降低了一个数量
级，相比传统数传终端，使用单片机具有低成本优势。

10.8 电子水尺低功耗设计

10.8.1 工作原理

目前市面上存在很多不同的电子水尺，集水位传感器（电阻式柔性、电容
式柔性、磁致伸缩式等方式）和无线数据通信于一体的水位测量装置可以实现
对水位数据的连续自动监测。

目前市面上电子水尺的主要特点是测量精度高，不受环境如温度、湿度、
泥沙、波浪、降雨等因素的影响，适用于测量精度要求高，水位变幅不大的场
合。电子水尺采用棒体结构，法兰连接，并有不锈钢防护外壳，内部用高性能

环氧树脂材料进行特殊密封处理，产品具有防腐、防冻、耐热、耐老化等特点，可在泥浆、污液和腐蚀性液体、冰冻等各种恶劣的环境中使用。缺点是质量大，体积大，较难安装，量程在 80 ~ 160cm 不等，需要单独的外置电池、太阳能电池或者市电供电。目前，大多数电子水尺是按照预先设定的时间间隔自动上报至信息管理中心。这意味着设备一直处于工作状态，虽然有部分时间设备处于休眠模式，功耗稍低，但由于电源转换模块一直处于工作状态且转换存在一定的效率问题，整体功耗还是不低，对于一些难以获取市电或者太阳能电池供电只能采用电池（锂电池或者铅酸蓄电池）供电的场所，频繁给电池充电或者更换电池会增加不少人力成本，特别是对于一些长时间无水的应用场合（地下停车场、地下室），超低功耗设计显得尤为重要。

10.8.2 低功耗设计

鉴于现有技术缺陷，要解决的技术问题是提供电子水尺低功耗处理电路的设计方法，解决现有电子水尺难以长时间工作的技术问题，特别是长时间无水的水位监测环节，增加一个监测模块，如有水则开启电源、微处理器（运行频率为 8MHz）采集数据并发送出去；如没有水则关闭电源、微处理器（运行频率为 0Hz）不工作，其工作时间非常短，长时间工作时两种工作频率加权平均运行频率在"0Hz"量级，从而降低工作频率获得低功耗，电路原理框如图 10.17 所示。

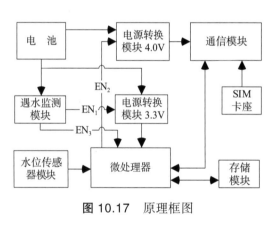

图 10.17 原理框图

电路原理框图包括微处理器、遇水监测模块、通信模块（包含通信天线）、水位传感器模块、存储模块、SIM 卡座、电源转换模块、电池模块。

遇水监测模块支持电压范围为 2 ~ 36V，一直处于供电工作状态且具有非常低的功耗，仅为 0.5mA/5V，如果没有监测到水，则不开启主电源 3.3V，不唤醒 MCU，不开启任何电源模块，除遇水监测模块正常工作外，其余芯片均不工作，不消耗电池电量。遇水监测模块具有双通道监测功能，用于监测是否有水以及警戒水位加速上报。

水位传感器模块通过电感应装置感应水位变化，测量的水位值经数字编码处理，实现数字化分度、数字化采样、数字化传输，经过本地存储、数据处理以及协议封装等，由通信模块将水位信息发送至监控管理中心，同时将监测到的道路水位信息更新至信息显示屏，提醒过往行人和车辆注意安全。

存储模块用于存储水位值、IP 地址等关键信息。

通信模块用于与上级监控管理中心通信和信息传输，支持 NB-IoT、GPRS 等通信模式，可以来回切换 NB-IoT，是针对物联网特性的全新设计。通信模块具有低功耗、低成本、强链接、高覆盖等特点。

电池模块支持充电，充电模块为高级线性充电管理控制器，功能包括高精度恒压、恒流调节，预充，温度监视，自动充电终止，内部电流监测，反向阻断保护，充电状态和故障指示等；采用固态电解质大容量锂电池，具有高密度能量、高安全性和长寿命等优点，满足长时间工作需求。

电源模块具有低电压、高电压、过电流、防反接等保护功能，电源模块采用高效率的 DC-DC 开关电源芯片输出两种工作电压，DC-DC 芯片产生 3.3V/1A 电流、4.0V/2A 以满足不同模块电源的需要，4.0V 用于通信模块的供电，通信模块在发射瞬间消耗电流大，为避免降低发射效率，需要在通信模块附近安装大容量的电容以满足瞬间放电的需要。3.3V 用于水位传感器模块、存储模块等模块的供电，模块所需电源均需要微处理器通过 PMOS 管控制输出，进行低功耗控制，遇水监测模块直接使用电池电压，大大延长了设备工作时间。

10.8.3 处理流程

电子水尺低功耗处理电路的处理流程如图 10.18 所示。

步骤一，遇水监测模块具有双通道监测功能，用于监测是否有水以及警戒水位加速上报。一直处于供电工作状态监测是否有水，未监测到水则不开启（EN_1）3.3V 电源，不唤醒 MCU，除遇水监测模块正常工作外，其余芯片均不工作，不消耗电池电量；安装在水尺底部的监测点一旦监测到水立即（EN_1）开启主电源 3.3V，唤醒微处理器，微处理器采集水位信息并开启（EN_2）4.0V 电源定期发送给通信模块，最后传到监控管理中心。

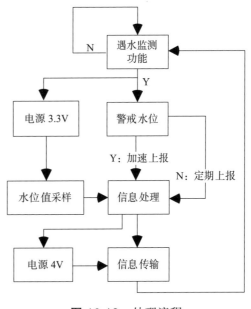

图 10.18 处理流程

步骤二，判断水位值是否超过警戒水位（如 0.5m 处）。一旦监测到超过

警戒水位将用 EN_3 信号通知微处理器增加上传水位信息的频率或者产生报警，同时将监测到的道路水位信息更新至信息显示屏，提醒过往行人和车辆注意安全；水位低于警戒水位（如 0.5m 处）关闭信号（EN_3）解除报警，定期上报水位信息，水消失至未监测到水则关闭 EN_1 信号，EN_2 信号自动关闭，设备获得最低功耗。

步骤三，处理完后，返回步骤一进行处理。

10.8.4　设计特点

本电路利用遇水监测模块判断电子水尺是否开机工作，给出了电子水尺低功耗处理电路的设计方法，解决了现有电子水尺难以长时间工作的技术问题，在长时间无水的水位监测环节中非常有效，可以大大延长工作时间，节省人力物力，达到很好的低功耗效果。使用遇水监测模块可以获得很低的功耗，静态工作时电流损耗小于 1mA，与传统电子水尺 10mA 相比，降低 1 个数量级；使用遇水监测模块具有很强的成本优势；相比传统的定期上报，本电路获得的突发警戒水位信息具有实时性。

10.9　小型化电子水尺低功耗设计

10.9.1　工作原理

小型化电子水尺主板集成了遇水监测模块、微处理器、锂电池、电源转换模块、Wi-Fi/LORA 通信模块、水位传感器、存储模块、电量监测模块等，如图 10.19 所示。

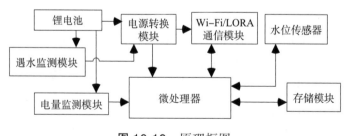

图 10.19　原理框图

超低功耗遇水监测模块使用 PMOS 管作为高端负载开关，PMOS 管属于电压器件，导通和截止时电流非常小，可以忽略不计，遇水开启，无水关闭整个电源。

微处理器负责与各模块进行通信，协调各模块有序工作。

3.7V 锂电池采用可充电式锂电池，内置低压保护。

电源转换模块 LDO 高效率产生 3.3V 电压。

Wi-Fi/LORA 通信模块通过无线网络与网络管理中心通信。

水位传感器获得水位信息，最大量程为 50cm。

存储模块用于存储水位信息、IP 地址等关键信息。

电量监测模块采集电池的电压，换算成电量信息并上传至管理中心，电压不足时通知用户更换电池。

小型化电子水尺适用于有 Wi-Fi/LORA 网络的室内场合，监测是否有水的存在，由于超低功耗，大大延长了工作时间。

使用 Wi-Fi、LORA 两种通信模块，以 Wi-Fi 为主、LORA 为辅，互为备份。Wi-Fi 通信模块具有超低功耗和超宽工作温度范围，是智慧城市各行业物联网的理想选择，可以提供完善的短信和数据传输服务。LORA 通信模块使用扩频技术通信，在同样的城市、工业应用环境，性能优于使用传统调制方式工作的射频产品，在恶劣的噪声环境下（电表中、电机旁等强干扰源附近，电梯井、矿井、地下室、水淹等天然屏蔽环境）优势尤为明显，可以通过降低传输速率来提高接收灵敏度和通信距离，相比 Wi-Fi 通信模块，LORA 在低速率时具有更高的接收灵敏度和较远的有效通信距离（提高通信成功概率）。Wi-Fi 模块有一定穿透积水能力，同等条件下 LORA 模块穿透积水能力比 Wi-Fi 模块更强。

10.9.2 低功耗设计

小型化电子水尺注入环氧树脂可以长时间在深水中浸泡，达到 IP68 防水等级，提高了产品的可靠性。

小型化电子水尺使用超低功耗遇水监测模块，采用 PMOS 管，PMOS 管属于电压器件，导通和截止时其电流非常小，可以忽略不计，大大降低整个设备的功耗。工作原理：整机一直处于超低功耗工作状态（几乎没有工作电流），如果未监测到水，则不开启 PMOS 管，无法产生 3.3V 电源，不唤醒微处理器；一旦监测到水，立即开启 PMOS 管主电源 3.3V，唤醒微处理器，微处理器采集水位传感器信息并将水位信息发送给 Wi-Fi 通信模块，最后利用 Wi-Fi 网络传到管理中心。

10.9.3 处理流程

在无水或者水位很低（水深 12cm）的时候，设备使用 Wi-Fi 通信模块通过中继与监控平台通信，设备 Wi-Fi 模块射频信号的穿透积水能力与设备到基站距离有关（距离越短，信号强度越强，穿透积水能力越强），设备可以根据穿透积水通信成功率来记录穿透水位高度信息（水深 h_1）。一旦水位高度超过穿透水位高度值（水深 h_1），Wi-Fi 通信模式切换到 LORA 通信模式，设备与附近的中继进行点对点的 LORA 通信。由于设备与中继设备距离很短（数米至几十米），可以利用两者的 LORA 模块强穿透积水能力进行通信，最后使用中继设备自带的 Wi-Fi 模块与基站通信。如 LORA 通信成功率过低，可以设置 LORA 模块使用更低的通信速率来提高通信成功概率，其通信透水深度为 h_2，一旦水深度超过 h_2，暂停传输。通过这种中继方式，设备的透水能力大大提高，满足很多使用场景需要（如下穿隧道、立交桥下、城市道路、低洼处大量）。

传输方式流程如图 10.20 所示。

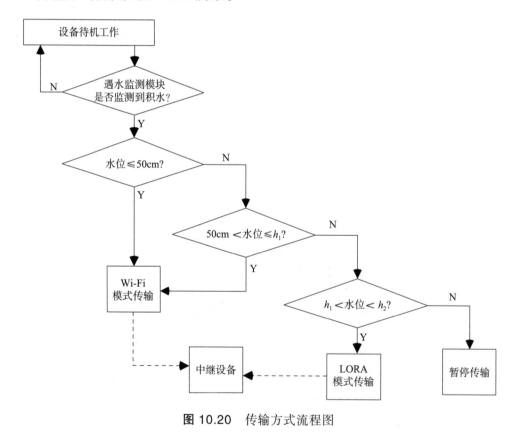

图 10.20 传输方式流程图

10.9.4 设计特点

（1）在无水的情况下几乎不消耗电流，具有超低功耗，大大降低了设备的功耗，延长了电池的工作时间，降低了设备维护成本。

（2）小型化设计成本低，安装方便。

（3）使用 Wi-Fi/LORA 通信模块无需通信资费，可以节省运维成本。

（4）可大量布置于监测是否有水且有 Wi-Fi/LORA 网络的应用场合。

10.10 NB-IoT终端低功耗设计

2015 年 9 月，窄带物联网（NB-IoT）标准立项，全球业界包括华为在内的 50 家公司积极参与，2016 年 6 月，正式确定完成标准协议核心部分，并正式发布基于 3GPP LTE R13 版本的第 1 套 NB-IoT 标准体系。随着 NB-IoT 标准的发布，NB-IoT 系统技术和生态链逐步成熟，或将开启物联网发展的新篇章。NB-IoT 系统在 180kHz 的传输带宽下具有超强覆盖（提升 20dB 的覆盖能力）、超低功耗（5W·h 电池可供终端使用 10 年）、巨量终端接入（单扇区可支持50000 个终端连接）等特点。

NB-IoT 标准为了满足物联网的需求应运而生，中国市场启动迅速，中国移动、中国联通、中国电信都已经完成实验室测试，并且开始商用。在运营商的推动下，NB-IoT 网络成为未来物联网的主流通信网之一，随着应用场景的扩展，NB-IoT 网络将会不断演进以满足各种不同需求。

目前 NB-IoT 的应用如火如荼地开展，各种终端应运而生。市面上集无线数据通信（如 4G、5G、NB-IoT）于一体的物联网终端，一般是连续自动采集传感器信息，并按照预先设定的时间间隔自动上报至信息管理中心。这意味着设备一直处于工作状态中，虽然有部分时间设备处于休眠模式，功耗稍低，但由于电源转换模块一直处于工作状态且转换存在一定的效率问题，或者是使用晶体管和 MOS 管作为电源开关其偏置电流为毫安级，整体功耗还是不低，对于一些难以获取市电或者太阳能电池供电只能采用电池（锂电池或者铅酸蓄电池）供电的场所，频繁给电池充电或者更换电池会增加不少人力成本，特别是对于一些长时间休眠的应用场合，超低功耗设计显得尤为重要。

10.10.1 工作原理

利用锂电池作为超低功耗定时器的电源，电流损耗为数微安，单颗锂电池可以使用好几年，达到了低功耗的目的。使用负载开关作为整个电源的开关，使用超低功耗定时器开启和关闭电源，可以获得很低的功耗，静态（只有定时器工作）功耗非常小，可以不考虑，与 NB-IoT 终端功耗（微控制器处于待机状态，电源模块等工作）相比，功耗降低了一个数量级以上，具有很强的成本优势。

10.10.2 低功耗设计

电路包含微处理器、超低功耗定时器、NB-IoT 通信模块、负载开关、传感器模块、12V 电池、3.3V 电源转换模块、SIM 卡座、3V 锂电池、4V 电源转换模块。微处理器与超低功耗定时器、NB-IoT 通信模块、负载开关、传感器模块、12V 电池相连；超低功耗定时器输入端连接 3V 锂电池，输出端连接负载开关 A；3.3V 电源转换模块输入端连接负载开关 A，输出 3.3V 电源用于设备供电；4V 电源转换模块输入端连接负载开关 B，输出端连接 NB-IoT 通信模块，NB-IoT 通信模块输入端连接 SIM 卡座，如图 10.21 所示。

微处理器负责与各模块进行通信，协调各模块有序工作。

超低功耗定时器使用高容量锂电池，并工作在非常低的频率上，主要是计时功能，定时开启和关闭整个 12V 电池电源，并与微处理器通过 PWM 进行通信。

NB-IoT 通信模块用于与上级管理中心通信和信息传输。

负载开关使用 MOS 管进行组合，导通电阻仅为数十毫欧，NB-IoT 终端工作电流一般不超过 1A，负载开关导通压降仅为毫伏级，导通电流非常小，可以忽略不计，可作为非常理想的超低功耗电源开关。

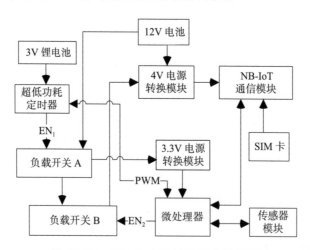

图 10.21 NB-IoT 超低功耗电路框图

传感器模块获取各种有用信息，如温度、湿度、气压等。

12V 电池支持充电，具有低压保护、过充过放保护功能。

10.10.3 处理流程

NB-IoT 终端低功耗电路的处理流程如下：

步骤一，超低功耗定时器在计时未到时，不闭合负载开关 A，3.3V 电源转换模块无法输出 3.3V 电压，除定时器正常工作外，其余芯片均不工作，不消耗电池的电流，超低功定时器内部运行计时器，计时时间一到立刻开启（EN_1 信号电平由低变高）负载开关 A，产生 3.3V 电源，进而唤醒微处理器。

步骤二，微处理器采集传感器模块的相关信息后开启（EN_2 信号电平由低变高）负载开关 B，产生 4V 电源用于 NB-IoT 通信模块供电，同时将传感器信息传给 NB-IoT 通信模块并发送出去，一旦收到发送成功信息，微处理器立刻关闭（EN_2 信号电平由高变低）。

步骤三，微处理器通过 PWM 信号告知定时器，本轮周期任务已经完成，定时器可以关闭（EN_1 信号电平由高变低），整块电路板上只有定时器在运行工作，处于计时状态一直等到计时结束开始新的一轮循环，返回步骤一进行处理。

注意：微处理器发出的 PWM 信号周期不限于一种。

10.10.4 设计特点

使用超低功耗定时器和负载开关可以获得超低的功耗，工作时（只有定时器工作）单颗锂电池电流为微安级，负载开关导通 12V 电源为其他模块供电，工作时间较短；待机（休眠）时（定时器工作）单颗锂电池电流为微安级，负载开关关闭 12V 电源（导通电流非常小，不考虑），无 3.3V 电源输出，其他模块不消耗电池电量，待机（休眠）时间很长，两者加权平均功耗非常低，与传统的 NB-IoT 终端待机功耗（微控制器处于待机状态，电源模块等工作）相比，功耗降低了几个数量级。

相比 NB-IoT 终端，超低功耗定时器、负载开关等价格便宜，具有低成本优势。使用负载开关关闭电源其静态电流损耗非常小，可以忽略不计，与传统电源开关（或电源芯片）电流损耗数百微安相比，功耗降低非常大，特别适合长时间休眠的 NB-IoT 应用。

参 考 文 献

［1］童诗白, 华成英. 模拟电子技术基础[M]. 5 版. 北京: 高等教育出版社, 2015.

［2］阎石主. 数字电子技术基础[M]. 6 版. 北京: 高等教育出版社, 2016.

［3］康华光. 电子技术基础: 数字部分[M]. 6 版. 北京: 高等教育出版社, 2018.

［4］康华光. 电子技术基础: 模拟部分[M]. 6 版. 北京: 高等教育出版社, 2018.

［5］周南生. 晶体管电路设计（上）. 北京: 科学出版社, 2018.

［6］彭军. 晶体管电路设计（下）. 北京: 科学出版社, 2018.

［7］周南生. 晶体管电路设计与制作[M]. 北京: 科学出版社, 2018.

［8］张秀琴. 电子元器件的选择与应用[M]. 北京: 科学出版社, 2014.

［9］关静, 胡圣尧. 模拟技术应用技巧[M]. 北京: 科学出版社, 2018.

［10］段吉海. CMOS 射频集成电路设计[M]. 西安电子科技大学出版社, 2019.

［11］段吉海, 王志功, 李智群. TH-UWB 通信集成电路设计[M]. 北京: 科学出版社, 2012.

［12］王卫东. 模拟电子电路基础[M]. 西安电子科技大学出版社, 2003.

［13］江国强. 现代数字逻辑电路[M]. 北京: 电子工业出版社, 2002.

［14］邓学. 高低频电路设计与制作[M]. 北京: 科学出版社, 2018.

［15］朱正涌. 半导体集成电路[M]. 北京: 清华大学出版社, 2004

［16］沈立等. 高速数字电路[M]. 北京. 电子工业出版社, 2008.

［17］彭刚, 范华婵, 刘朝楠. 晶体管电路实用设计 [M]. 北京: 科学出版社, 2016.

［18］汤祥林. 低功耗、高精度超声波水位计的研制[J]. 水电自动化与大坝监测. 2014, 38(3): 14-17.

［19］陈石平, 林时君, 庄桂玉, 等. 电子水尺低功耗处理电路设计[J]. 电子技术. 2018, 1.

［20］王辉等. 检索式数字水位数据采集系统的低功耗途径探讨[J]. 太原理工大学学报. 2008, 39(2).

［21］谢自美. 电子线路设计实验测试[M]. 武汉: 科技大学出版社, 2006.

［22］赵毅强等译. 半导体物理与器件 [M]. 4 版. 北京: 电子工业出版社, 2018.

［23］杨宁恩, 商加瑞. 遇水快速断电的电源开关. 中国, CN201310245937. 0[P]. 2013. 10. 2.

［24］李国辉. 一种智能电子设备遇水自动关机的电路结构: 中国, CN201520168777. 9[P]. 2015. 8. 5.

［25］李强, 彭恩文, 张建清. 遥测电子水尺: 中国, CN201520716037. 4[P]. 2016-02-03.

［26］康代涛, 陈朝滨, 张荣东, 何翔, 周洁琳. 一种延时开关电路: 中国, CN201721113752. 4[P]. 2018. 4. 17.

［27］薛文宝. 一种液位仪的传感器电路: 中国, CN200920165292. 9[P]. 2010. 5. 26.

［28］李方秋. 延时开关电路: 中国, CN201120102609. 1[P]. 2011. 11. 23.

［29］陈信文. 延时开关电路: 中国, CN201220543260. X[P]. 2013. 5. 8.

［30］马逢奇, 廖武. 开关电源电路及延时开关电路: 中国, CN201521071474. 1[P]. 2016. 5. 18.

［31］陈石平, 谈书才, 彭进双, 丁榕, 徐彬雄. 一种超低功耗遇水检测电路: 中国, CN201820651447. 9[P]. 2018. 5. 3.

［32］邢磊, 詹顺宇. 一种定位水浸线缆型传感器及水浸报警仪: 中国, CN201420041706. 8[P]. 2014. 1. 22.

［33］陈石平, 彭进双, 谈书才, 徐彬雄, 谭志. 一种超低损耗防拆电路: 中国, CN201821113968. 5[P]. 2018-7-14.

［34］陈石平, 彭进双, 谈书才, 徐彬雄, 徐恒兴. 一种低损耗延时开关电路: 中国, CN201821113970. 2[P]. 2018. 7. 14.

［35］陈石平, 陈顺清, 郑彩霞, 彭进双, 谈书才. 一种超低损耗双路电源切换防倒灌电路: 中国, CN201821304874. 6[P]. 2018. 8. 14.

［36］陈石平, 陈顺清, 郑彩霞, 彭进双. 一种超低损耗理想二极管: 中国, CN201821304820. X[P]. 2018. 8. 14.

［37］陈石平, 陈顺清, 郑彩霞, 彭进双, 谈书才. 一种超低损耗两路电源切换防倒灌电路: 中国, CN201920215663. 3[P]. 2019. 2. 20.

［38］陈石平, 彭进双. 一种超低损耗低端理想二极管: 中国, CN202020206261. X[P]. 2020. 9. 22.

［39］陈石平, 彭进双. 一种超低损耗防倒灌高端负载开关电路: 中国, CN202020206642. 8[P]. 2020. 9. 22.

［40］陈石平, 彭进双. 一种低损耗高端理想二极管: 中国, CN202020206281. 7[P]. 2020. 9. 22.

［41］陈石平, 彭进双. 一种超低功耗触水检测电路: 中国, CN202020206643. 2[P]. 2020. 11. 10.

［42］陈石平, 谈书才, 徐彬雄, 庄桂玉, 丁榕. 一种液位仪超低功耗处理电路及其节能检测方法: 中国, CN201711171301. 0[P]. 2018. 4. 27.

［43］陈石平, 谈书才, 徐彬雄, 石金双, 吴海权. 一种电子水尺低功耗处理电路及其节能检测方法: 中国, CN201711171408. 5[P]. 2018. 5. 4.

［44］陈石平, 彭进双, 谈书才, 丁榕, 张海彬, 徐彬雄, 庄桂玉, 石金双. 一种物联网NB-IOT超低功耗定时电源开关电路及其节能检测方法: 中国, CN201810414780. 2[P]. 2018. 9. 4.

［45］陈石平, 谈书才, 彭进双, 丁榕, 张海彬, 庄桂玉, 谢宇雷, 徐彬雄. 一种超低功耗电池电压采样电路: 中国, CN201820651442. 6[P]. 2018. 5. 3.

［46］李朝龙, 吕坡. 低功耗的电池电压采集电路: 中国, CN201520929665. 0[P]. 2016. 04. 20.

［47］佟强, 刘贺, 魏志丽, 王新伟, 穆校江. 一种理想二极管电路: 中国, CN202110901717. 3[P]. 2023. 4. 18.

［48］丁榕, 江冠华, 彭进双, 何伟飘, 庞家锋. 一体化多段检索式智能电子水尺: 中国, CN201520468625. 0[P]. 2015. 10. 21.

［49］陈石平, 谈书才, 彭进双, 丁榕, 徐彬雄. 一种超低功耗遇水检测电路: 中国, CN201820651447. 9[P]. 2018. 5. 3.

［50］陈石平, 彭进双, 谈书才, 石金双, 徐彬雄, 丁榕. 一种超低功耗小型化电子水尺: 中国, CN20182650953. 6[P]. 2018. 5. 3.

［51］陈石平, 彭进双, 石金双, 张海彬, 谈书才, 丁榕. 一种多传感器组合型变送器: 中国, CN201820651433. 7[P]. 2018. 5. 3.

［52］陈石平, 彭进双, 谈书才, 石金双, 徐彬雄, 丁榕. 一种新型电极式电子水尺: 中国, CN201821113969. X[P]. 2018. 7. 14.

［53］陈石平, 陈顺清, 郑彩霞, 彭进双, 谈书才. 一种防水型投入式压力传感器: 中国, CN201920120942. 1[P]. 2019. 1. 23.

［54］陈石平, 陈顺清, 郑彩霞, 彭进双, 谈书才. 一种窨井防水型投入式压力液位计: 中国, CN201920111853. 0[P]. 2019. 1. 23.

［55］陈石平, 彭进双. 一种三线并联式电子水尺电路: 中国, CN202020206240. 8[P]. 2020. 7. 31.

［56］陈石平, 彭进双. 一种两线并联式电子水尺电路: 中国, CN202020206626. 9[P]. 2020. 9. 22.

［57］陈石平, 彭进双, 谈书才, 张海彬, 石金双, 何传志, 吴海权. 一种三线串联式电子水尺电路: 中国, CN202020206268. 1[P]. 2020. 9. 22.

［58］陈石平, 彭进双, 谈书才, 张海彬, 何传志, 吴海权, 徐恒兴. 一种三线串联式电子水尺电路: 中国, CN202020206602. 3[P]. 2020. 11. 10.

［59］李志刚, 刘志荣, 杨尧凯. 一种新型电子水尺: 中国, CN201721276232. 5[P]. 2017. 9. 30

［60］陈石平, 彭进双, 庄桂玉, 丁榕, 石金双, 钟晓伟, 徐恒兴, 吴海权. 多传感器融合的高精度水位测量装置及方法: 中国, CN202111669002. 6[P]. 2022. 1. 2

［61］https://www. csdn. net.

［62］https://www. amobbs. com.

［63］https://www. raspberrypi. org.